U0309894

金属间化合物的焊接

于启湛　史春元　编著

机 械 工 业 出 版 社

本书主要讨论了铝基金属间化合物的焊接，即铝-镍、铝-钛和铝-铁之间化合物的焊接，以及它们与金属之间的焊接，也讨论了这些金属间化合物与陶瓷之间的焊接，最后还介绍了在金属表面涂覆陶瓷和金属间化合物。全书将各种金属间化合物的扩散焊和钎焊作为讨论的重点，用一章的篇幅专门讨论元素的扩散，研究固态材料的表面性能。

本书可以作为高等院校材料类专业师生的参考书，也适合从事材料科学研究的工作者和有关设计、生产方面的技术人员参考。

图书在版编目（CIP）数据

金属间化合物的焊接/于启湛，史春元编著. —北京：机械工业出版社，2016.4

ISBN 978-7-111-53038-1

Ⅰ.①金… Ⅱ.①于…②史… Ⅲ.①金属互化物－焊接
Ⅳ.①TG457.1

中国版本图书馆 CIP 数据核字（2016）第 036386 号

机械工业出版社（北京市百万庄大街22号　邮政编码100037）
策划编辑：吕德齐　责任编辑：吕德齐
版式设计：霍永明　责任校对：陈延翔
封面设计：马精明　责任印制：李　洋
北京瑞德印刷有限公司印刷（三河市胜利装订厂装订）
2016 年 4 月第 1 版第 1 次印刷
184mm×260mm · 16.5 印张 · 404 千字
0001—2000册
标准书号：ISBN 978-7-111-53038-1
定价：69.00元

前　言

金属间化合物是指由两个或者更多金属组元按比例组成的、具有不同于其组成元素的长程有序晶体结构和金属基本特性（有金属光泽、金属导电性和导热性）的化合物。金属间化合物的金属元素之间通过共价键和金属键共存的混合键结合，性能介于陶瓷和金属之间：塑性和韧性低于一般金属而高于陶瓷材料；高温性能低于一般金属而高于陶瓷材料。由于金属间化合物具有长程有序晶体结构，保持很强的金属键结合，使其具有独特的物理化学特性，如独特的电学性能、磁学性能、光学性能、声学性能、电子发射性能、催化性能、化学稳定性、热稳定性和高温强度（随着温度的提高，强度先是提高，然后才降低）等，已经发展成为各类新型材料，如高参数超导材料、强永磁材料、储氢材料、形状记忆材料、热电子发射材料、耐高温和耐腐蚀涂层、高温结构材料等。

以铝化物为基的金属间化合物是最有发展前景的一种新型高温结构材料，和高强度镍基合金相比，它具有更高的高温强度、优异的抗氧化和抗腐蚀能力、较低的密度和较高的熔点，可以在更高的温度和恶劣的环境下工作，在航空航天等高技术领域有着广阔的应用前景。

由于金属间化合物具有其他材料无法取代的作用，因此，作为很有应用前景的新型材料日益受到人们的关注。我国的科学技术工作者，在这一领域也取得了不少重要成就，并且已经在一些重要机构上得到应用。为了适时总结这些成果，使其得到进一步的推广应用，所以撰写此书，以供参考。

由于金属间化合物是以化合物为基体的材料，而多数元素之间又存在多种化合物，金属间化合物自身或者金属间化合物与其他材料（比如金属或者陶瓷）之间的焊接，往往有多个元素参与其中。也就是说，金属间化合物的焊接往往有多个元素的相互作用、相互扩散、相互反应，从而形成了十分复杂的系统。这个系统在外界条件的作用下，能够形成非常复杂的组织。随着外界条件的些许改变，系统的组织就会发生剧烈的变化，其性能也就会发生巨大的变化。换句话说，就是焊接条件的些许改变，就会使接头组织和性能发生很大变化。也就是说，焊接条件对金属间化合物接头的组织和性能有着巨大的影响。所以，在讨论金属间化合物焊接时，将重点放在焊接接头的界面反应所产生的接头组织的分析上。

由于金属间化合物不太适合于熔焊，比较适合于固相焊接，特别是比较适合于扩散焊和钎焊，所以，本书将金属间化合物的扩散焊和钎焊作为讨论的重点，这也是许多研究者研究的重点。在本书中，特别用了一章的篇幅专门讨论元素的扩散，研究固态材料的表面性能。其次，主要讨论了铝基金属间化合物的焊接，即铝-镍、铝-钛和铝-铁之间化合物的焊接，以及它们与金属之间的焊接，也讨论了这些金属间化合物与陶瓷之间的焊接，最后还介绍了金属间化合物与涂层的涂层，以满足对这一技术的特别需要。

本书在理论上尽可能说清楚，尽可能多介绍一些资料供读者参考。本书可以作为高等院校材料类专业师生的参考书，也适合从事材料科学研究的工作者和有关设计、生产方面的技术人员参考。

　　如果本书对有关人员能够有所裨益的话，作者不胜荣幸。由于作者水平有限，书中难免有不足之处，敬请广大读者批评指正，并对本书引用资料的作者们表示感谢！

大连交通大学　于启湛

目 录

第1章 材料固相焊接的理论基础

1.1 材料固相焊接中的元素扩散

　　固态及液态材料中的原子也会如同气态中的原子一样而发生微观运动。对于匀质材料来说，这种原子的微观运动在宏观上显示不出任何变化。但是对于一个非匀质材料系统来说，这种原子的微观运动就朝着使材料系统向匀质化方向发展，在宏观上就显现出材料在组织及性能上的变化，这种现象就叫作"扩散"。异种材料焊接中，由于材料存在着较大差异，因而不可避免地存在着扩散现象，这种扩散往往会伴随着组织和性能的变化。因此，研究这种扩散及异种材料焊接中组织和性能的变化规律有着十分重要的意义。金属间化合物与其他材料的焊接就是异种材料的焊接，因此都普遍地存在扩散现象。

1.1.1 菲克第一定律

　　设想有两根碳体积浓度分别为 C_1 及 C_2（假定 $C_2 > C_1$）的钢棒，当其一端的接近距离达到分子距离的程度时，就形成了一个扩散偶。在某一温度 T 加热 t 时间后，在其接触端对两金属棒分别逐层分析其化学成分，其各点的碳体积浓度将发生如图1-1所示的变化。在经历了 $t = \infty$ 之后，原则上已扩散均匀。这一扩散过程可用式（1-1）表示。

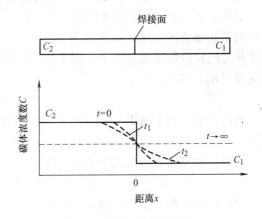

图1-1　扩散偶中的成分变化

$$J = -D(dC/dx) \tag{1-1}$$

式中　J——扩散通量，即单位时间内通过垂直于扩散方向单位面积的物质流量 $[g/(cm^2 \cdot s)]$；

　　　C——扩散物质的体积浓度（g/cm^3）或质量分数（%）；

　　　x——沿扩散方向的距离（cm）；

　　　D——比例常数，也称扩散系数（cm^2/s）；

　　dC/dx——物质的浓度梯度或化学活度梯度。

　　式（1-1）中的负号是必需的，因为一般情况下，物质是由高浓度区向低浓度区扩散，或者说物质是由化学活度高的区域流向化学活度低的区域。但是物质并不总是由高浓度区流向低浓度区，有时则相反，由低浓度区流向高浓度区，即所谓上坡扩散（1.1.6中将会详细讨论）。

　　式（1-1）可以这样表述：在单位时间内，通过垂直于扩散方向的单位面积的扩散物质的量，与该截面处的浓度梯度成正比。这就是菲克第一定律，或者叫作扩散第一定律。

　　扩散系数 D 是决定扩散过程的一个重要的物理量，它实际上是一个变量，与温度、材质、扩散元素有关。在上述参数一定的条件下，可近似地看作是一个常数。

　　菲克第一定律只适用于稳态扩散，即在扩散过程中，材料各处的浓度 C 不随时间 t 而改变，即 $dC/dt = 0$。但实际上并非如此，往往扩散是处于非稳态，这时，菲克第一定律已不适用，而应用菲克第二定律。

1.1.2　菲克第二定律

　　实际上，在扩散偶的扩散过程中，其扩散物质的浓度不会随时间变化始终不变，一般都会随时间而发生变化。对于图 1-1 所示的扩散偶，由于其界面两侧存在着碳体积浓度差，加热中，根据加热温度的不同，碳原子将沿着轴向（x 方向），从浓度高的区域流向浓度低的区域，形成扩散流，称为"碳迁移"。随时间的增加，扩散偶的浓度梯度逐渐减小，碳原子的分布逐渐趋于均匀。可以看出，在这种扩散过程中，碳的浓度分布和浓度梯度是随距离 x 和时间 t 而变化的。不同时间在不同位置的扩散通量也不相同，因此，实际的扩散过程是一个非稳态扩散问题。

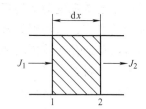

图 1-2　扩散体中的微体
积元模型

　　如图 1-2 所示，在扩散体中取一微体积元，宽度为 dx，两平行的平面垂直于 x 轴，面积相等（为 A）。若从平面 1 流入此体积元的扩散物质通量为 J_1，则单位时间内物质流入体积元的速率（R_1）应为

$$R_1 = J_1 A \tag{1-2}$$

　　而由平面 1 到平面 2，在 dx 距离内，物质流动速率的变化应为

$$(\partial R_1/\partial x)dx = [\partial(J_1 A)/\partial x]dx$$

　　所以，在平面 2 物质流出的速率应为

$$R_2 = J_2 A = J_1 A + [\partial(J_1 A)/\partial x]dx$$

　　则物质在体积元内积存的速率应为

$$R_3 = R_1 - R_2 = -[\partial(J_1 A)/\partial x]dx = -Adx(\partial J_1/\partial x) \tag{1-3}$$

　　积存的物质必然使体积元内的浓度发生变化，因此，可以用体积元内的浓度 $CAdx$ 随时间 t 的变化率来表示积存率，即

$$R_3 = \partial(CAdx)/\partial t = Adx(\partial C/\partial t) \tag{1-4}$$

　　由式（1-3）及式（1-4）得

$$\partial C/\partial t = \partial J_1/\partial x \tag{1-5}$$

　　将式（1-1）代入式（1-5）得

$$\partial C/\partial t = \partial[D(\partial C/\partial x)]/\partial x \tag{1-6}$$

　　这就是菲克第二定律的数学表达式，若把 D 看作常数，则可写作

$$\partial C/\partial t = D(\partial C/\partial x^2) \tag{1-7}$$

　　式（1-6）及式（1-7）为一维方向的扩散方程，对三维的体扩散，菲克第二定律的数学表达式为

$$\partial C/\partial t = \partial[D_X(\partial C/\partial x)]/\partial x + \partial[D_Y(\partial C/\partial y)]/\partial y + \partial[D_Z(\partial C/\partial z)]/\partial z \tag{1-8}$$

式中　D_X、D_Y、D_Z——三维方向（x、y、z）上的扩散系数。

菲克第二定律的物理概念可表述为：扩散过程中，扩散物质的浓度随时间的变化率，与沿扩散方向上扩散物质的浓度梯度随扩散距离的变化率成正比。若 $\partial C/\partial t = 0$，即为菲克第一定律的表达式。

1.1.3　菲克第二定律的解

菲克第二定律的数学表达式（1-7）尚不能实际应用，因为它只是表述扩散物质在扩散过程中各有关物理量与空间位量之间的关系，我们必须求出物质扩散的结果。比如，求出一维扩散过程中，某个时刻 t 在扩散偶的某个位置 x 的物质浓度的函数表达式。

假设图 1-1 所示的棒很长，物质从一端扩散到另一端所需时间很长，棒两端溶质的体积浓度不受扩散的影响而保持恒定，即

初始条件为：当 $t = 0$ 时，若 $x > 0$，则 $C = C_1$；

若 $x < 0$，则 $C = C_2$。

边界条件为：若 $x = +\infty$，则 $C = C_1$；

若 $x = -\infty$，则 $C = C_2$。

假设 $\lambda = x/t^{1/2}$，代入式（1-7）就变为单一变量 λ 的函数，于是

$$\partial C/\partial t = (dC/d\lambda)(\partial\lambda/\partial t) = -(dC/d\lambda)[x/(2t^{3/2})] = (dC/-d\lambda)(\lambda/2t)$$

$$\partial^2 C/\partial x^2 = (d^2 C/d\lambda^2)(\partial\lambda/\partial x)^2 = (d^2 C/d\lambda^2)(\lambda/2t)$$

再代入式（1-6），变为一个常微分方程，即

$$\lambda(dC/d\lambda) + 2D(d2C/d\lambda 2) = 0 \tag{1-9}$$

此方程的解为

$$C = A\int \partial^{(-\lambda 2/4D)} d\lambda + B \tag{1-10}$$

令 $\beta = \lambda/(2D^{1/2}) = X/[2(Dt)^{1/2}]$，代入式（1-10），则

$$C = 2D^{1/2}A\int \partial^{-\beta 2} d\beta + B = A'\int \partial^{-\beta 2} d\beta + B \tag{1-11}$$

式中　A'，B——积分常数。

由初始条件确定积分常数，

$t = 0$ 时，若 $x > 0$，则 $C = C_1$，$\beta = x/[2(Dt)^{1/2}] = +\infty$；

若 $x < 0$，则 $C = C_2$，$\beta = x/[2(Dt)^{1/2}] = -\infty$。

代入式（1-10），则

$$C_1 = A'\int \partial^{-\beta 2} d\beta + B, \quad C_2 = -A'\int \partial^{-\beta 2} d\beta + B$$

根据高斯误差积分得

$$\int \partial^{-\beta 2} d\beta = \pi^{1/2}/2$$

于是

$$C_1 = A'(\pi^{1/2}/2) + B, \quad C_2 = -A'(\pi^{1/2}/2) + B$$

则 $A' = [2C(C_1 - C_2)]/(2\pi^{1/2})$，$B = (C_1 + C_2)/2$

代入式（1-10）得

$$C = (C_1 + C_2)/2 + [(C_1 - C_2)/2](2/\pi^{1/2})\int \partial^{-\beta 2} d\beta \tag{1-12}$$

式中，$2/\pi^{1/2}\int \partial^{-\beta 2} d\beta$ 定义为误差函数 erf (β)，即

$$\mathrm{erf}(\beta) = 2/\pi^{1/2}\int \partial^{-\beta 2} d\beta \tag{1-13}$$

β 与 erf (β) 的对应值见表 1-1。

表 1-1 β 与 erf (β) 的对应值 ($\beta = 0 \sim 2.7$)

β	0	1	2	3	4	5	6	7	8	9
0.0	0.0000	0.0113	0.0226	0.0338	0.0451	0.0564	0.0676	0.0789	0.0901	0.1013
0.1	0.1125	0.1236	0.1348	0.1459	0.1569	0.1680	0.1790	0.1900	0.2009	0.2118
0.2	0.2227	0.2335	0.2443	0.2550	0.2657	0.2763	0.2869	0.2974	0.3079	0.3183
0.3	0.3286	0.3389	0.3491	0.3593	0.3694	0.3794	0.3893	0.3992	0.4090	0.4187
0.4	0.4284	0.4380	0.4475	0.4569	0.4662	0.4755	0.4847	0.4927	0.5027	0.5117
0.5	0.5205	0.5292	0.5397	0.5465	0.5549	0.5633	0.5716	0.5798	0.5879	0.5959
0.6	0.6039	0.6117	0.6194	0.6270	0.6346	0.6420	0.6494	0.6566	0.6638	0.6708
0.7	0.6778	0.6847	0.6914	0.6981	0.7047	0.7112	0.7115	0.7238	0.7300	0.7361
0.8	0.7421	0.7480	0.7538	0.7595	0.7651	0.7707	0.7761	0.7814	0.7867	0.7918
0.9	0.7969	0.8019	0.8068	0.8116	0.8263	0.8209	0.8254	0.8299	0.8322	0.8385
1.0	0.8427	0.8468	0.8508	0.8548	0.8586	0.8624	0.8661	0.8698	0.8733	0.8768
1.1	0.8802	0.8835	0.8868	0.8900	0.8931	0.8961	0.8991	0.9020	0.9043	0.9076
1.2	0.9103	0.9130	0.9155	0.9181	0.9205	0.9229	0.9252	0.9275	0.9397	0.9319
1.3	0.9340	0.9361	0.9381	0.9400	0.9419	0.9438	0.9456	0.9473	0.9490	0.9507
1.4	0.9523	0.9539	0.9554	0.9569	0.9583	0.9592	0.9611	0.9624	0.9687	0.9649
1.5	0.9661	0.9673	0.9687	0.9695	0.9706	0.9716	0.9726	0.9736	0.9745	0.9755
β	1.55	1.60	1.65	1.70	1.75	1.80	1.90	2.00	2.20	2.70
erf (β)	0.9716	0.9763	0.9804	0.9838	0.9867	0.9891	0.9928	0.9953	0.9981	0.9990

误差函数有如下性质：

$\mathrm{erf}(0) = 0$

$\mathrm{erf}(\infty) = 1$

$\mathrm{erf}(-\beta) = -\mathrm{erf}(\beta)$

将式 (1-13) 代入式 (1-12)，得

$$C = (C_1 + C_2)/2 + [(C_1 - C_2)/2]\mathrm{erf}[\{x/[2(Dt)^{1/2}]\}] \qquad (1\text{-}14)$$
$$= (C_1 + C_2)/2 + [(C_1 - C_2)/2]\mathrm{erf}(\beta)$$

式 (1-14) 反映了不同时间 t 在扩散偶中物质沿 x 方向的分布规律。若已知扩散中的 t、x 等参数，式 (1-14) 就表述了 C 与 D 之间的关系。

这样，如果已知某温度 T 下，某物质在时刻 t，在扩散距离 x 点的扩散物质浓度为 C，就可以求出该物质在其中的扩散系数 D；若已知扩散系数 D，当然也可求出在某温度下，时刻 t 在扩散距离 x 的某物质浓度 C。

1.1.4 扩散激活能

溶质原子的扩散有间隙扩散及空位扩散，但不管哪类扩散，如图 1-3a、b 所示，如原子要从 1 位跳到 2 位，都必须推开原子 3 及 4，才能跳越。这就必须使原子获得一定的额外能量，溶质原子才能从 1 位跳到 2 位。如图 1-3c 所示，原子需要获得 ΔG 的能量。以自由能变化 ΔG 来表示这种变化，则

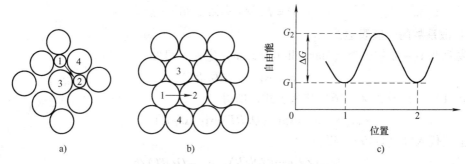

图 1-3　原子扩散机制及其能量示意图

a) 间隙扩散的原子跳动　b) 空位扩散的原子跳动　c) 自由能变化

$$\Delta G = \Delta H - T\Delta S \approx \Delta U - T\Delta S \tag{1-15}$$

式中　ΔG——吉布斯函数；

　　　ΔS——熵的变化；

　　　ΔU——内能的变化；

　　　ΔH——焓的变化；

　　　T——温度。

式中 ΔU 为实现原子扩散所需的内能，称激活能，通常以 Q 表示，即

$$Q = \Delta U \tag{1-16}$$

1.1.5　扩散系数及其影响因素

1. 扩散系数的微观本质

在上述的扩散定律中，都出现了扩散系数 D，它是决定扩散过程的重要物理量，与扩散过程中原子的微观活动有关。

我们在固溶体中取相距为 d、相互平行的单位面积的晶面 I 和 II，如图 1-4 所示。设晶面 I 和 II 上的原子数分别为 n_1 和 n_2；任一溶质原子沿三维方向的跳动几率相同，即单方向跳动几率为 1/6；溶质只有得到能量 ΔG 才能克服周围原子的壁垒而实现扩散，而可以进行这种扩散的几率为 p；溶质原子振动的频率为 v；单位时间能实现这种扩散的原子数为 Z。于是单位时间能跳至相邻位置的几率为

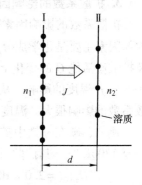

图 1-4　晶面 I、II 之间溶质原子扩散示意图

$$\Gamma = vZp$$

在单位时间内沿 x 方向由晶面 I 跳至晶面 II 的原子数即为 $f_1 = n_1\Gamma/6$，而由晶面 II 跳至晶面 I 的原子数即为 $f_2 = n_2\Gamma/6$。于是从晶面 I 跳至晶面 II 的扩散通量即为

$$J = f_1 - f_2 = \Gamma(n_1 - n_2)/6 \tag{1-17}$$

用浓度替代原子数，则

$$n_1 - n_2 = -(\mathrm{d}C/\mathrm{d}x)d^2$$

式 (1-17) 就变为

$$J = -\Gamma d^2(\mathrm{d}C/\mathrm{d}x)/6 \tag{1-18}$$

将式 (1-1) 与式 (1-17) 比较，可得

$$D = \Gamma d^2 / 6 = vZpd^2 / 6 \tag{1-19}$$

2. 扩散系数的一般表达式

由麦克斯韦－波尔兹曼（Maxwell-Boltzman）定律，可知

$$p = \exp\left(-\Delta G / RT\right)$$

把式（1-15）及式（1-16）代入上式，即得

$$p = \exp(-Q / RT)\exp(\Delta S / R)$$

将上式代入式（1-19），得

$$D = vZd^2 \exp\left(\Delta S / R\right)\exp\left(-Q / RT\right) / 6$$

令

$$D_0 = vZd^2 \exp\left(\Delta S / R\right) / 6 \tag{1-20}$$

则

$$D = D_0 \exp\left(-Q / RT\right) \tag{1-21}$$

式中　D_0——扩散常数；

　　　Q——扩散激活能；

　　　R——气体常数；

　　　T——开氏温度。

式（1-21）为扩散系数的一般表达式，它反映了宏观物理量 Q 及 T 对扩散系数的影响：Q 升高及 T 降低，都会使 D 呈指数下降，即扩散过程显著减慢，而其他微观物理量的影响则由 D_0 反映出来。

3. 扩散系数的影响因素

扩散系数的影响因素已包含在式（1-20）及式（1-21）中。除温度是外部影响因素外，内部因素主要是化学成分及组织结构等。这些内部因素的作用，主要是体现在扩散常数 D_0 及扩散激活能 Q 的变化上。

（1）温度的影响　从式（1-21）可以看出，温度 T 与扩散系数呈指数关系变化，对扩散系数的影响很大。温度越高，原子能量越大，空位浓度也越高，因而容易进行扩散。

例如，碳在 γ 铁中扩散时，$D_0 = 2.0 \times 10^{-5} \mathrm{m^2/s}$，$Q = 1.4 \times 10^5 \mathrm{J/mol}$，温度 T 由 1200K 升至 1300K 时，其扩散系数分别为

$$D_{1200K} = 2.0 \times 10^{-5} \exp\left[-(1.4 \times 10^5)/(8.31 \times 1200)\right] = 1.61 \times 10^{-11} \mathrm{m^2/s}$$

$$D_{1300K} = 2.0 \times 10^{-5} \exp\left[-(1.4 \times 10^5)/(8.31 \times 1300)\right] = 4.74 \times 10^{-11} \mathrm{m^2/s}$$

可见温度提高 100℃，扩散系数 D 增加约两倍。试验证明，不同金属在接近熔点时的 D 值大体相同。而一般金属在室温下的 D 值都相当小，尤其是置换固溶体，可认为在室温下不发生扩散（熔点很低的金属除外）。

将式（1-21）取对数，则

$$\ln D = \ln D_0 - Q / (RT) \tag{1-22}$$

可以看出，$\ln D$ 与 $1/T$ 之间呈线性关系。测出不同温度下的 D 值，并以 $\ln D$ 为纵轴，$1/T$ 为横轴，标于直角坐标中，就可以测出 D_0（直线与纵轴交点的对数）及扩散激活能 Q（$= R\tan\alpha$，α 为直线与横轴的交角）。

表 1-2 给出了一些元素在铝熔液中的扩散系数与温度关系的数学表达式。

表1-2　一些元素在铝熔液中的扩散系数与温度关系的数学表达式

元素	$D/10^{-5}cm^2/s$	$D = D_0\ln(-Q/RT)$	元素	$D/10^{-5}cm^2/s$	$D = D_0\ln(-Q/RT)$
Si	12.80	$D = 0.234\ln(-61.1/RT)$	Ni	2.40	$D = 2.273\ln(-93.3/RT)$
Fe	1.60	$D = 168.7\ln(-131.7/RT)$	Mn	0.70	$D = 2.150\ln(-102.5/RT)$
Cu	1.30	$D = 0.34\ln(-32.5/RT)$	Cr	0.15	$D = 24.22\ln(-134.8/RT)$
Ti	0.07	$D = 21.82\ln(-158.7/RT)$			

（2）晶体结构的影响　不同的晶体结构中，原子具有不同的扩散系数。具有同素异构转变的金属，其发生异构转变时，扩散系数也发生变化。通常致密度大的晶体结构的扩散系数比致密度小的晶体结构的扩散系数要小，扩散激活能要大，扩散要慢。这一规律对溶剂－溶质置换原子及间隙原子都适用。例如，在910℃时，碳在α相中的扩散系数要比在γ相中的扩散系数大，$D(\alpha)/D(\gamma) \approx 10^2$；在850℃时，铁在铁中的自扩散，在α相中的扩散系数要比在γ相中的扩散系数大，$D(\alpha)/D(\gamma) \approx 10^2$；锆在825℃进行自扩散时，其在β相中的扩散系数要比在α相中的扩散系数大，$D(\beta)/D(\alpha) \approx 10$。而对氢在钢中的扩散系数也因钢的晶体结构的不同而不同：

$$D(\alpha) = 2.2 \times 10^{-3}\exp(-2900/RT)cm^2/s$$
$$D(\gamma) = 1.1 \times 10^{-2}\exp(-9950/RT)cm^2/s$$

排列紧密的晶体的原子迁移时造成的点阵畸变能比较大，因此，扩散激活能也比较大，根据式（1-21）；可知，其扩散系数要小。

（3）固溶体类型的影响　不同类型的固溶体，扩散物质原子具有不同的扩散机制。间隙固溶体中溶质原子以间隙机制进行扩散，扩散激活能仅有点阵畸变能。而置换固溶体中，扩散的溶质原子一般以空位机制进行扩散，其扩散激活能不仅要克服点阵畸变能，还要形成空位才能进行扩散，所以，还要克服空位形成能，才能进行扩散。因此，往往间隙扩散激活能比置换扩散激活能要小，扩散系数要大，因此，扩散较容易。所以，在异种材料焊接中，形成置换固溶体元素的原子的扩散比形成间隙固溶体元素的原子的扩散要困难一些。例如，H、C、N等间隙原子在γ-Fe中的扩散激活能分别为10、31.4、34.6千卡/克原子；而Al、Ni、Mn、Mo、W、Cr等在γ-Fe中形成置换固溶体的元素，其扩散激活能分别为44、67.5、66、59、62.5、80千卡/克原子，区别是明显的。

（4）扩散物质浓度的影响　无论是置换固溶体还是间隙固溶体，扩散物质浓度越高，扩散系数也越大。这是因为获得足够能量可以进行扩散的原子数越多，扩散几率p也越大，使D_0越高的缘故。

（5）第三组元的影响　在二元合金中加入第三组元，也会对原二元合金中溶质原子的扩散产生影响，扩散系数也会发生变化。例如，在钢中加入W、Mo、Cr等元素后，由于它们对碳的亲和力大，易形成碳化物，可强烈地降低碳的扩散系数。显而易见，这种结合为碳化物的碳原子，要想扩散迁移，必须从碳化物中脱离而形成自由原子才有可能，这就必须具有克服形成碳化物的化学能。这就使得碳进行扩散所需要的能量，即扩散激活能增大，从而使扩散系数减小。但若钢中加入不能形成碳化物的元素Si、Co、Ni等元素时，则表现有所不同：Si能降低碳的扩散系数，而Co、Ni却反而使碳的扩散系数增大。

（6）化学位的影响　将一个Fe-0.4%C的钢棒同一个Fe-0.4%C-4%Si钢棒焊在一起，

在1050℃进行保温。由于碳不存在浓度梯度，根据菲克第一定律，应该不发生碳的扩散，但如图1-5所示，却发生了碳的扩散。这是由于硅增加了碳的化学位，使两侧碳的化学位出现了差异，使碳从有硅的一侧向无硅的一侧扩散。

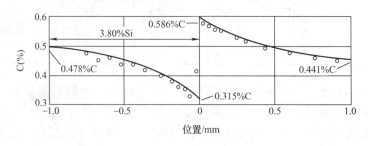

图1-5　1050℃下保温13天后碳原子的分布

（7）晶体缺陷的影响　空位对以空位机制进行扩散的原子的迁移有直接的促进作用，因为它无须提供空位能，因而降低了扩散激活能，提高了扩散系数，加快了扩散速度。若将高温形成的较高的平衡空位浓度保留到低温，也能使低温下的扩散系数增大。

位错造成的晶格畸变使在位错附近的置换型原子的扩散激活能显著降低（约为正常晶格中扩散激活能的一半）。因此，以空位机制进行扩散的原子，通过位错造成的扩散"管道"进行扩散要快得多。所以，焊接接头中应力及变形区可促进原子的扩散。

空位及位错造成的晶格畸变可加快原子的扩散，通常是对置换型原子的扩散而言。但是对间隙扩散的原子来说，则恰恰相反，因为这种晶格畸变处的能级较低，扩散的原子一旦"掉入"，要再想"逃出"就必须获得更大的能量才有可能，这就形成了这种原子的"陷阱"。若在此处再由原子复合为分子，其本身所具有的能量进一步降低，就更难"逃出"这种"陷阱"。所以，这种晶格畸变可造成这里氢的集聚。

在晶体的表面及晶界处，原子排列较不规则，与晶内原子相比，处于较高能量状态，因而扩散系数增大。例如，银沿表面、晶界及晶内的扩散激活能大体有如下的关系

$$Q_{表面} = Q_{晶界}/2 = Q_{晶内}/3 \tag{1-23}$$

1.1.6　上坡扩散与反应扩散

1. 上坡扩散

从扩散定律可知，扩散物质原子应该是由高浓度向低浓度迁移的，这种扩散叫下坡扩散。下坡扩散主要是存在浓度梯度 dC/dx 的缘故。但在一些条件下，扩散物质原子却是由低浓度向高浓度迁移的，这种扩散叫上坡扩散。因此，扩散的驱动力并非真正是浓度梯度的存在，而是另有原因。

根据热力学分析，扩散物质原子的迁移应该是系统自由能降低的过程，是自动进行的。那么，上坡扩散表明，低浓度物质原子却是可以向高浓度方向迁移的。也就是说，上坡扩散是发生在物质浓度高的一方的自由能反而比物质浓度低的一方的自由能低。其实，扩散的驱动力实质上是化学位梯度的存在，扩散物质原子是从高化学位向低化学位方向迁移的。这也说明扩散物质原子浓度的高低，并不表明其化学位的高低。其化学位梯度，或者说自由能的梯度并不总与浓度梯度相一致。在一般情况下，浓度梯度与化学位梯度是一致的；但在特定

条件下，浓度梯度与化学位梯度又是不一致的。物质原子的浓度是一个容易测量、容易感知的物理概念；而化学位的高低，或者说，自由能的高低的测量就困难得多，浓度的高低掩盖了化学位的高低。用浓度梯度来观察，当然就是上坡扩散；而用化学位梯度来观察，仍然是下坡扩散。这样，菲克第一定律的普遍表达式就是

$$J = -M \, (\partial U / \partial x) \tag{1-24}$$

在实际金属中，上坡扩散是普遍存在的。第二相的析出、新相的形成、晶界溶质偏聚、过饱和、固溶体溶质的偏聚等，其溶质原子的扩散都是上坡扩散。若金属处于不均匀的能量场，如应力场、温度场、电场、磁场等外界条件下，也会发生上坡扩散。

2. 反应扩散

通过扩散使固溶体中的溶质组元达到饱和后而析出新相的扩散过程叫反应扩散，它是产生上坡扩散的原因。

反应扩散的典型例子如钢的渗碳过程。钢的渗碳往往在 γ 相区的温度，因此，不会形成新相，不发生反应扩散，但若对纯铁渗碳过程在 α 相区进行，将发生反应扩散，如图1-6所示。

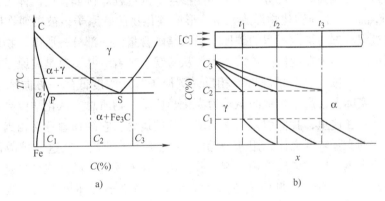

图1-6　纯铁在 α 相区温度渗碳的反应扩散分析示意图
a）Fe-Fe$_3$C 相图左下角　b）碳浓度分布

若渗碳在800℃时进行，则渗碳一开始，自渗碳表面的碳浓度就逐步达到此温度对应的 α 的浓度 C_1 之后，其晶体结构将发生由 α 相向 γ 相的转变，即发生了反应扩散。根据图1-6a 所示的相平衡状态可以确定，在 α 相与 γ 相交界处，α 相和 γ 相始终分别保持为 C_1 和 C_2 的饱和浓度。且 α 相逐渐减少，而 γ 相逐渐增多。当渗碳到浓度超过 C_2 之后，表层的 γ 相的碳浓度就一直保持 C_2 的浓度，而会析出 Fe$_3$C 相。

还有一种情况，上坡扩散和反应扩散几乎是相辅相成同时发生的。最典型的例子发生在低碳钢与铬－镍不锈钢的连接面上，例如在低碳钢与铬－镍不锈钢的爆炸连接面上，以及采用铬－镍不锈钢作为填充材料焊接低碳钢或者低合金钢的熔合区的界面上，都会发生碳从低碳钢或者低合金钢向铬－镍不锈钢的上坡扩散，而同时在低碳钢或者低合金钢与铬－镍不锈钢交界面的铬－镍不锈钢一侧就形成铬的碳化物。可以这样说，反应扩散是因，上坡扩散是果。正是由于铬－镍不锈钢一侧含有强碳化物形成元素铬，降低了铬－镍不锈钢中碳的活度，使得低碳钢或者低合金钢的碳活度大于铬－镍不锈钢一侧的碳活度，于是使得碳可能从含碳量低的低碳钢或者低合金钢一侧向含碳量高的铬－镍不锈钢一侧扩散，这就同时发生了

上坡扩散和反应扩散。

这种上坡扩散和反应扩散与温度有关，随着温度的提高，元素的扩散能力加强，达到平衡的条件也会变化。一般来说，随着温度的提高，原来不会发生上坡扩散和反应扩散的扩散偶，也会发生扩散。可以说，温度的提高促进了上坡扩散和反应扩散的发生。由于这种扩散以接受碳的一方产生了碳化物，而输出碳的一方的碳含量降低。因此，上坡扩散和反应扩散的结果，使得扩散偶的组织发生了变化，这就必然会发生性能的变化。

1.1.7　菲克第二定律在异种材料焊接中的应用

用奥氏体不锈钢焊条来焊接低合金钢是改善低合金钢焊接性的行之有效的方法；用奥氏体不锈钢的焊接材料在低合金钢板表面堆焊来制造复合板材料，以适应某些工业领域对材料的特殊需求，也有广泛的应用空间。这种异种钢焊接接头在焊接加热过程及随后可能的高温运行中，会发生明显的扩散过程，特别是碳的扩散过程。这个扩散所引起的接头区的成分、组织和性能的变化，可以用菲克第二定律进行解释。

实际上，在奥氏体不锈钢与低合金钢这一扩散偶中，参与扩散的碳原子，并非所含的全部碳原子，因为，可能会有一部分碳原子不能参与扩散过程。例如，奥氏体不锈钢，由于它含有大量的 Cr，而 Cr 是强碳化物形成元素，形成碳化物的碳原子，被束缚在碳化物中，而不能参与扩散过程。参与扩散过程的碳原子，只是碳含量的一部分，所以，物质浓度并不是物质扩散的驱动力。因为在我们的扩散偶中，从宏观上来看，并不总是碳原子从浓度高的一方向浓度低的一方扩散；有时情况恰恰相反，碳原子将从浓度低的一方向浓度高的一方扩散。如前所述，实际上，产生扩散的驱动力为化学位差，物质总是从化学位高的一方向化学位低的一方扩散。在这里，我们引入化学活度系数的概念，它的物理意义相当于参与物质扩散的浓度与物质的实际浓度之比，用 Ai 表示，Ai 为小于 1 的数。在这一扩散偶中，一般来说，碳是从低合金钢一侧向奥氏体钢一侧扩散。还存在着反应扩散，往往也是上坡扩散。一方面，由于奥氏体钢中有大量的 Cr 存在，大大降低了碳在奥氏体钢中的扩散系数，也就大大降低了碳在奥氏体钢中的扩散速度；另一方面，在低合金钢中，往往都含有 Si，它有增大碳的扩散系数的作用，增大了碳的扩散速度。这样低合金钢一侧增加扩散速度，另一方面奥氏体钢一侧降低扩散速度，于是，就在焊接交界区的奥氏体钢一侧出现了碳的集聚，我们把这一现象叫作"增碳"，这个区域叫作"增碳层"；而在低合金钢一侧出现了碳的下降，我们把这一现象叫作"脱碳"，这个区域叫作"脱碳层"。这种由于碳的扩散而形成的"增碳层"和"脱碳层"会对焊接接头的使用性能（包括力学性能及耐腐蚀性能等）产生不利影响，这是碳的扩散发生在异种钢焊接中的一个重要问题。

1.2　压焊连接理论

1.2.1　固相焊接的特征

一般来说，材料的焊接有如下一些方式：使被焊接材料的焊接表面被熔化，然后凝固而使它们焊接为一个整体，这就是熔焊；被焊接材料的焊接表面不熔化，而用加压的方法使它们焊接为一个整体，这就是压焊；被焊接材料的焊接表面不熔化，而用第三种处于液态的材料置于被焊接材料的焊接表面，待第三种液态材料凝固后就将被焊接材料焊接为一个整体，这就是钎焊。

若欲实现材料的焊接必须加热及加压，图 1-7 所示为两者之间的关系，可以看出：在 I、II 两区为温度较低的压焊区。I 区焊接，其压力太大，接头变形大，焊后需整形及热处理。II 区是合适的压焊范围；III、IV 区为通常的压焊的区域；而 V 区为熔焊的区域。II、III、IV 区特别适合于异种材料的连接。

所以，压焊可区分为不加热及加热两种。加热温度低，所加的压力就应该大；加热温度高，所加的压力就应该小。图 1-8 所示为不需要加大压力（也就不会发生很大变形）时各种材料压焊的下限温度。

存在较大的变形是压焊共同的缺点，应尽可能地减小变形。扩散焊就可用较低的压力施焊，如

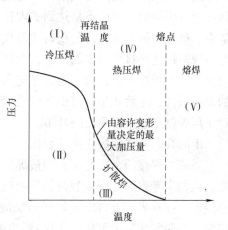

图 1-7 焊接温度与压力之间的关系

图 1-7 所示，因此，变形小。所以，它特别适合于精密零件的连接。扩散焊的驱动力是原子的热扩散，要得到优良的扩散焊焊接接头，必须在一定温度下，有充分的原子扩散，这就要有足够的时间。

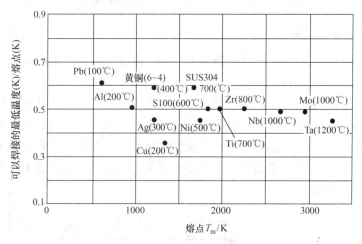

图 1-8 各种材料压焊的下限温度

注：（ ）内为可能焊接的最低温度，可能焊接的最低温度 = (0.4 ~ 0.6) T_m。

对于压焊来说，表面处理是非常重要的，说表面处理是左右压焊焊接接头质量的一个重要因素丝毫不过分。历来人们对表面处理或者说清洗的方法，以及在焊接过程中与大气的阻隔的方法，都是焊接工作者研究的重要问题。扩散焊时，这一问题更加重要。

压焊时，必须使被焊两材料表面接触到相互产生引力的距离（达金属晶格常数的距离，约数埃，$1 Å = 10^{-10} m$）。但是，材料的表面状态是很复杂的。一般来说，其表面都会有一层氧化物，还会有吸附的气体、水分、其他污垢及杂质等。它妨碍了处于下层的未被污染的纯净的金属原子的接近，不会产生足以达到原子结合力的距离。为了使被焊接的两个表面接近到这个距离，必须去除这个表面层。熔焊时，用溶剂或气体，由于冶金过程用熔渣来除掉这

个表面层。即使是熔焊也不是焊前完全无须去除这个表面层，有些情况下，甚至还要仔细地去除这个表面层。比如高强钢、高合金钢、非铁金属及其合金、难焊接的金属等。不过，去除这个表面层的目的已不是达到被焊接件的表面原子接近到原子引力的作用距离这么一个最基本、最起码的要求，而是获得优质接头所必须。对于压焊来说，去除这个表面层，则是能否实现两被连接材料的表面原子接近到原子引力的作用距离这么一个最基本最起码的要求。因此，对于压焊来说，切实地去除这么一个被氧化及被污染的表面层，是实现两个材料连接的先决条件，之后才是如何得到优质接头的问题。所以，去除这个被氧化及被污染的表面层对于压焊就是一个很重要的环节。

下面我们先假定被连接的表面已经清洗得很好，来考察其焊接现象：

以两被焊接的金属为例，两被焊接的表面都是液相，或者说一个是液相，而另一个是固相，我们来考察两金属接触时的界面现象。当两个液相或者一个液相表面与另一个固相表面相接触，在其界面上将发生怎样的反应呢（譬如相互间将发生怎样的扩散现象，由于相互接触，表面能将发生怎样的变化）？也就是说，一块金属的存在，将对另一块金属的表面状态产生怎样的影响？如果使它回复到接触前的状态，那就必须赋予将接触面拉开的能量，也就是金属间结合的能量。当两个固相互相接触时，将发生扩散而形成合金，这时，接触面的表面能将发生变化才能实现焊接。由于相互接触，系统内的能量将朝着减少的方向进行。如果再返回到原有的两个自由表面所需要的能量就是使其界面结合的结合能。

1.2.2　固相连接的机构

我们知道，金属在高温下是气体；随温度下降，将变为液体；温度继续下降，将变为固体。其他材料皆如此。只不过物质不同，这些物态的转变温度不同而已。金属由气态变为固态，从能量上来说，是更稳定了。如果使其以固态变为气态，那么，就要首先将金属晶体的原子间距逐渐增大，打乱原子间的晶格排列，最后变为气态。这一过程都必须是在外加能量的条件下才能得以进行。这一能量就叫作凝聚能或结合能。实际上，在数值上它是从绝对零度对金属晶体加热，直到全部变为气体所需要的能量，也即升华能。表1-3及图1-9所示为元素的结合能与周期率的关系。

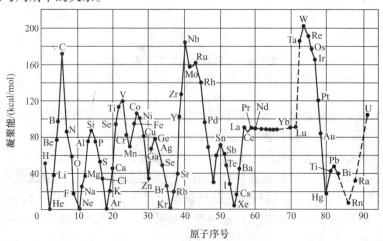

图1-9　各元素一个原子结晶的凝聚能

表 1-3　金属的结合能（室温）及熔点

Li 36.5 180	Be 76.6 1278														
Na 26.0 97.7	Mg 36 650	Al 74.4 660													
K 22.6 63.5	Ca 46 850	Sc 93 1200	Ti 112 1690	V 120 1900	Cr 80 1550	Mn 68 1250	Fe 97 1530	Co 105 1490	Ni 101 1452	Cu 81 1083	Zn 31 419.5	Ga 66 30.2	Ge 78 958.5	As 61 817	Se 48 217
Rb 18.9 39.0	Sr 89 800	Y 103 1452	Zr 125 1830	Nb 184 2415	Mo 155 2600	Tc 2700	Ru 160 2400	Rh 138 1970	Pd 93 1553	Ag 69 960.5	Cd 27 320.5	In 58 155	Sn 72 231.9	Sb 60 630.5	Te 48 453
Cs 18.8 28.5	Ba 42 710	La 88 826	Hf (72) 2230	Ta 185 3027	W 201 3390	Re 189 3167	Os 174 2700	Ir 165 2454	Pt 122 1771	Au 82 1063	Ag 15 −38.9	Tl 43 303.5	Pb 46 327	Bi 50 271	Po

注：上面数字为结合能（kcal/mol），下面数字为熔点（℃）。

我们研究金属的结合机构时，就是把金属原子间的结合力作为使金属在固态具有强大凝聚力的原因，但是，要直接地、具体地揭示金属的结合力是很困难的。结合力也就是金属具有晶体结构的原因，其结合方式是带正电荷的原子占据晶格的结点，其间有着可以自由运动的电子，元素的原子因这些电子而结合在一起。如果这样来看金属原子的能量，那么，金属自由表面的原子就处于较高的能量状态，而晶体内部的原子显然就处于相对平衡条件下的低能量状态。

如果从金属内部一分为二，被撕裂形成自由表面所需要的能量将是很高的。这个能量就是金属表面能的两倍，即为了分离金属形成两个表面所必须从外部施加的能量。

反之，为了将两块金属连接在一起，就要去除这个表面能，这是个能量降低的过程，应该是容易实现的。这就要求双方金属的表面非常干净，表面原子接近到斥力和引力相互平衡的距离。这时，原子具有极小的能量。这就需要原子发生必要的移动，即必须使之发生相当的热运动。为此，应对被焊接的材料加热以使其容易发生塑性变形及热运动。

被焊两固态金属的表面有少数原子间的距离接近到斥力与引力相互平衡的程度是可能的，但要大面积地达到这种程度是很难的。这就需要从两个方面来实现这一愿望：施加压力，使其发生塑性变形；加热，以提高原子的热运动，同时加压，使之发生塑性变形，以增加表面原子之间接近到斥力与引力相互平衡的数量。前者，需要很大的压力，即冷压焊；后者，即其他形式的压焊。

1. 固相压接的机构

但是，除金元素外，其他金属表面都存在一层氧化膜，在室温下，其氧化膜厚度将达到

20～100Å。此外，其表面还附着有潮气及油污等。不去除这些物质就不可能得到优良的焊接产品。因此，固相压接的机构有如下两种学说：

一是表面膜理论：只有两个清洁的金属表面接触才能结合，因此，金属焊接性的好坏与金属和氧化物的硬度有关，与氧化膜是否容易破坏有关。根据扫描电子显微镜的观察，铝、铜、银等的表面氧化膜在受到比焊接所需要的变形更小的变形就能够被破坏，因此，连接未开始，氧化膜就已破坏。

二是能量理论：仅有清洁的表面接触还不能实现焊接，必须给予超过某一定的阈能量值的能量才能够实现焊接。这个能量就是再结晶能或者扩散能。即使在液氮的低温下，铝、铜、银的压焊也是可能的。如果圆棒对接中夹具夹得过紧而阻止其变形，就难以得到牢固的焊接。

2. 固体金属的固相焊接性

固相焊接的现象根据不同的焊接方法而变化，但是，金属固相焊接性则是固相焊接中共同具有的金属固有的基本性能，而与连接方法无关。影响金属固相焊接性的因素如下：

① 被焊接材料的表面状况。

② 焊接后去除压力时焊接区域弹性应力的释放。

③ 使之结合所必需的能量（超过阈能量）。

作为影响固相焊接性的因素，具体地说，既有金属的力学性能，又有物理化学性能。表1-4给出了金属固相焊接性的影响因素。

另外，固相焊接特性与摩擦特性也有关系，摩擦系数与固相焊着系数呈直线关系，因此，固相焊着系数可以作为判断固相焊接性的标准。虽然把原子间的结合力作为判断固相焊接性的标准还不是很明确，但从表1-4中表明，表面清洁与否同表面之间接触的紧密度与固相焊接性有很大关系。因此，在测定固相焊接性时，应避免表面的污染及再污染，应使用真空装置。

表1-4　金属固相焊接性的影响因素

因　素	表面污染	晶体结构	加工硬化度	纯度	硬度	弹性	熔点	再结晶温度	原子半径	表面能
种类与量	大	立方，六方	高	高	高	高	高	低	小	高
固相焊着系数	小	大，小	小	①	小	小	小	小	小	②

①HCP 的锌的纯度无影响，FCC 的铜有影响。

②从物理学来说，表面能高，固相焊着系数应该高，但从力学来说，表面能高，通常硬度也高，固相焊着系数又应该降低。

起初，所谓固相焊接性，乃是两物体相互接触而产生的原子间的作用力，与固体蒸发所需要的能量，即凝聚能有关。作为固体之间固相焊接性的评价方法，固体压接时，其接头的断裂负荷与焊接时需要的压力之比（接头断裂负荷/压接压力），作为固相焊着系数。

对软金属 Cu-Ni、Ag-Ag、Ag-Ni 在高真空下的研究表明，对固相焊接作用影响最大的还是表面污染，其他的影响很小。图1-10所示为超高真空中银结合面的固相焊接特性。

图1-10a 所示为直径 0.75mm 的线材在 10^{-4} 毛（1 毛 = 133.310Pa）下用 Ar 离子轰击干净的表面，在 10^{-10} 毛的真空下以十字形接触时压接的结果，用接触压力与试件间的接触电

阻之间的关系来表示其固相焊接特性。由图1-10a可知，接触一开始，随着接触压力的增加接触电阻就减小，而后，减小压力直到破坏，其电阻值不变。

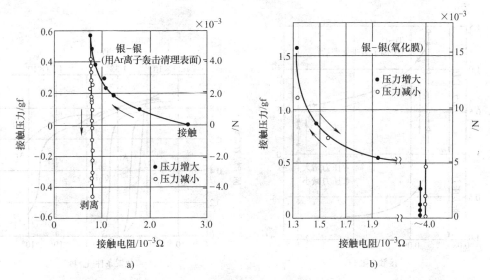

图1-10　超高真空中银结合面的固相焊接特性
a）干净表面　b）氧化物表面
注：1gf = 9.80665×10⁻³N。

　　在弹性变形范围内当压力较小时，离子轰击处理的清洁表面是比较容易结合的。如果表面被污染，就如同图1-10b所示的那样，其接触电阻不是随压力的增大而下降，及伴随着接触压力的释放接触面积减小，这与清洁表面有明显的不同。表面污染物在真空中只能进行脱气处理，它没有离子轰击、化学清洁严格。

　　对于异种金属，如 Cu-Ni、Ag-Ni 的组合，也有类似的现象。因此，影响固相焊接的最大障碍就是表面污染。表面清洁，使得固着就容易。

　　对于硬金属来说，看不到软金属那样的情况。Ti、Mo、W 即为此，图1-11所示为钛结合面固相焊接的特性，与 Ag-Ag 连接有明显的不同，这是离子轰击的情况。对于 Mo、W 来说，用离子轰击表面时也和 Ti 相同，即看不到固相焊接的出现。因此，可以说，硬金属比软金属难以进行固相焊接。

　　图1-12所示为铝的固相焊着系数与环境气体的关系，这是一个仅仅表面被污染就能显著妨碍固相焊接特性的例子。它是在真空度为 10⁻¹⁰ 乇的情况下，用图中给出的不同气体以不同压力注入容器内，对 99.99% 纯度的铝在室温下放置一定时间得到的固相焊着系数的结果。银也能得到类似的结果。

　　（1）同种金属焊接　图1-13所示为各种金属的熔点与固相焊着系数之间的关系，可以看到，金、铂、钯的固相焊接性是良好的，其原因就是因为它们是面心立方晶格以及在大气中不被氧化。从表1-4中可以看到，从第二项到第七项，共六项与金属的塑性变形能力有关。立方晶格比六方晶格变形的自由度多，因此，固相焊接性就好。固相焊接性与熔点的关系及硬度的关系与此相类似，但一般来说，硬度高的金属其熔点也高。而再结晶温度与其熔点及硬度也有密切的关系。硬度或弹性模量等与在压接后卸载时弹性应力释放的大小有很大

关系。关于金属晶格的影响，则是以面心立方→体心立方→密排六方的顺序使固相焊接性
下降。

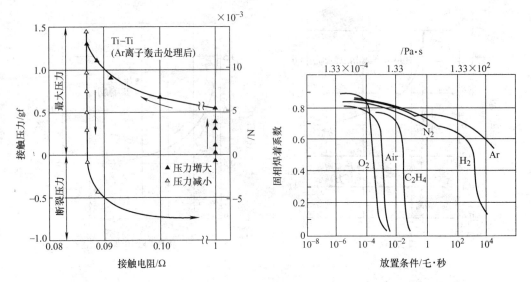

图 1-11　钛结合面固相焊接的特性　　　　图 1-12　铝的固相焊着系数与环境气体
　　　　　　　　　　　　　　　　　　　　　　　　　　的关系（25℃）

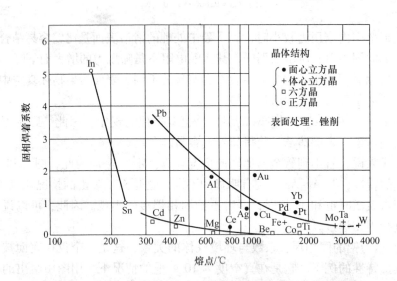

图 1-13　各种金属的熔点与固相焊着系数之间的关系

　　图 1-14 所示为面心立方金属二元合金的成分与固相焊着系数之间的关系。可以看到，
成分的变化直接引起硬度的变化，而硬度的变化又引起固相焊着系数的变化。表 1-5 给出了
弹性模量与固相焊着系数之间的关系，其中，试验环境真空度为 $1.333 \times 10^{-9} \sim 10^{-7}$ Pa。固
相焊着系数与弹性模量成反比例关系，进一步验证了固相焊着系数与硬度的关系。一般来
说，硬度大的金属，即表面能高的金属，其固相焊着系数就小，这从日常经验与机械接触的
感受也能体会到这一点。固相焊着能大的金属，即表面能大的金属，需要强大的压力才能进
行固相焊接，这是容易想象的。

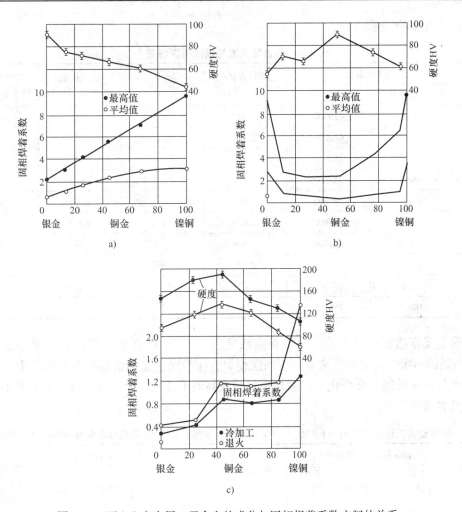

图 1-14　面心立方金属二元合金的成分与固相焊着系数之间的关系

表 1-5　弹性模量与固相焊着系数之间的关系

金　属	晶格结构	弹性模量 $E/$（$10^3\,kgf/mm^2$）	固相焊着系数 α
Cu	fcc	11.3	0.65 ~ 0.75
Ag	fcc	7.7	0.84
Fe	bcc	20.4	0.35

（2）异种金属焊接　异种金属之间的焊接与同种金属之间的焊接相比是较容易进行固相焊接的。例如 Al 与 Cu、Fe、Ni 等异种金属的焊接比 Al-Al 焊接需要较小的变形即可实现焊接，这可能是由于表面氧化膜容易被破坏的缘故。

各金属元素与铁的固相焊着力见表 1-6。表中还给出了一些物理性能的数据，但它们之间看不出有什么特殊的规律。对于互相不能溶解的金属的组合，如 Fe-Cd、Fe-Pb、Cu-Pb 等在室温下也能压接，但 Fe-Cd 的组合比较弱。若组合中有六方晶的金属时，压力变形就要增大，接头强度也增大而接近低强度的金属。但是，对于 Cu-Pb、Cu-Mo 的压接，不进行焊后热处理就达不到应有的强度。这个结果说明，无论固相焊着力的大小，相互溶解与否与固相焊接性没有直接的关系。

表1-6　各金属元素与铁的固相焊着力

金属	固相焊着能		原子直径/Å（10^{-10}m）	原子价	在铁中的溶解度（%）	与铁的固相焊着力/10^{-5}N
	卡/克原子	J/克原子				
Fe	99.4	415000	2.86	2，3	—	>400
Co	101.7	426000	2.50	2，3	35	120
Ni	102.3	429000	2.49	2，3	9.5	160
Cu	80.8	338000	2.551	1，2	<0.25	130
Ag	68.3	286000	2.883	1	0.13	60
Au	87.6	366000	2.877	1	<1.5	50
Pt	134.8	564000	2.769	2，4	20	100
Al	76.9	323000	2.80	3	22	250
Pb	47.0	197000	3.494	2，4	不溶解	140
Ta	186.7	781000	2.94	5	0.20	230

　　异种金属在超高真空中的固相焊着系数见表1-7，它综合了一些试验结果，显示出与表1-6相同的结果。从宏观上来看，影响固相焊着性的因素是晶格结构及塑性等力学性能大于溶解性等化学性能。合金化及扩散现象只是在高温下才能发生，室温及低温下是不会发生合金化及扩散的。

表1-7　异种金属在超高真空中（$1 \times 10^{-9} \sim 5 \times 10^{-8}$乇，加压5min）的固相焊着系数（结合力/接触压力）

互不溶解的金属组合	接触压力/屈服应力[1]			互能溶解的金属组合	接触压力/屈服应力			
	1.25（25℃）	1.5（25℃）	1.5（150℃）		1.25（25℃）	1.5（25℃）	1.5（150℃）	2.0（25℃）
Pb-Au	0.57	0.59	[2]	Au-Ag	0.11	0.02 0.09	0.42	0.07
Ag-Ni	0.15	0.03 0.17	0.17	Au-Cu	0.07	0.21	0.48	—
Ag-Fe	0.11	0.18	0.25	Cu-Ni	0.12	0.23	0.42	—
Cu-Ta	0.05	0.01 0.07	0.34	Nb-Ta	—	0.00	0.02	0.01

①低强金属的屈服应力。
②在Pb上未断。

1.2.3　金属的表面状态

　　压焊时，要达到被焊材料原子间的结合，被焊材料的表面必须是平滑、清洁的。但是，实际上材料的表面都会有氧化物存在，还会吸附气体及其他污物等。因此，现成的表面还不可能实现材料原子间的直接结合。在实施焊接之前必须清理被焊接材料的表面，并在这一固相焊接过程中使之不再被污染，而一直保持清洁状态到焊接过程结束。

　　不难想象，建立于材料表面原子间结合上的材料的压焊，必须高度重视材料的表面状态，绕开材料的表面状态来研究固相焊接现象是不可能的。但是，对材料的表面状态进行定量的评价以及再现表面状态都是很困难的。

1. 金属的表面结构

一般的金属材料表面都是经过机械加工或压力加工的，其表面的晶体结构受到了破坏，与空气接触很容易发生氧化。另外，金属表面还存在自由电子，因此，很容易同外界物质发生反应。在大气中，在常温下，金属表面就非常容易产生一层氧化物，还可以吸附水蒸气等气体。这些污染物在金属材料表面的存在是焊接过程极大的障碍。图 1-15 所示为机械加工后表面晶粒的变形及其伴随的应力及加工硬化。

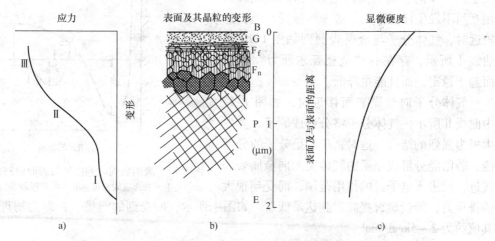

图 1-15　机械加工后表面晶粒的变形及其伴随的应力及加工硬化
a）表面附近的应力及应变分布　b）表面附近的晶粒变形模型　c）表面附近的显微硬度分布
E—弹性变形区　P—塑性变形区　F_n、F_f、G—晶粒破碎区　B—外层吸附层

工业上经常采用机械的和化学的方法清理材料表面。如图 1-15 所示，从表面向内依次存在表面吸附层、晶粒破碎层和塑性变形层。晶粒破碎层为破碎晶粒的集合体，厚度约 $10 \sim 100 \text{Å}$，其下面为塑性变形层。机械加工研磨面凸凹不平的宽度约为 1000Å，深约 100Å。在晶粒破碎层存在有位错、缺位、孔洞、平台、台阶、扭曲等，如图 1-16 所示。若假定金属内部原子的结合能为 Φ，从一个完整的晶面中脱离一个原子就需要 5Φ 的能量；扭曲一个原子需要 3Φ 的能量；台阶及平台上失去一个原子需要 4Φ 的能量；刃形位错失去一个原子也需要 4Φ 的能量。这种晶体结构的缺陷很容易产生氧化及吸附。

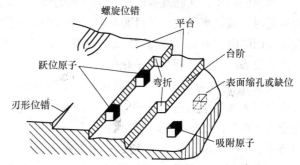

图 1-16　晶面附近存在的缺陷类型

2. 表面吸附

由于金属表面有过剩的能量，因此，一旦有其他的原子或分子与表面接触就容易被吸引而附着在表面。由于其他的原子或分子被黏着在表面，表面能就降低。这种现象就叫作"吸附"。吸附层的厚度一般只有几埃。

在表面吸附的这些原子或分子与表面的结合力叫作"范德瓦尔斯力"。一旦加热或减压，它就很容易的挣脱这种结合而脱离表面。这种吸附叫作"物理吸附"。与此相对应，如果被吸附的原子或分子与表面的原子之间发生了电子的转移，结合力就强，被吸附的原子或分子就不容易从表面脱离。这种吸附叫作"化学吸附"。吸附及脱离（或解脱）如果是可逆的就是物理吸附；如果吸附及脱离是不可逆的就是化学吸附。

图 1-17 所示为表面吸附时的能量与表面距离的关系，它也是化学吸附能与表面距离的关系。气体向金属表面接近，距离相当远时，相互间不发生任何作用。进一步接近，但仍然较远时，气体分子与金属表面则如图 1-17 中曲线 I 所示，存在有"范德瓦尔斯力"作用而趋于稳定，而且能量降低。

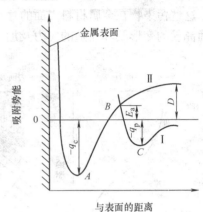

图 1-17　表面吸附时的能量与表面距离的关系
I—物理吸附势能　II—化学吸附势能

气体分子向金属表面接近时，如图 1-17 中曲线 II 所示。气体分子将分解成原子，并发生极为强烈的结合。这时，D 就是分子的分解能。若已经分解成原子的气体更加向金属表面接近，就进入电子云的作用范围，而受到很大的排斥力，能量显著提高而到达最低点。如图中所示，所受到的能量 q_p，即为物理吸附能，其值约为 $2\sim5\text{kcal/mol}$。

被物理吸附的气体分解成原子后受到金属表面的作用而与金属表面的原子相结合，就进入更深的能量最低点而稳定下来。这就是化学吸附，化学吸附能 q_c 较大，约为 $10\sim150\text{kcal/mol}$。

曲线表示气体与金属表面的结合能。化学吸附之前需经过物理吸附，一般需经过一定的临界距离。这时气体原子具有能量 E_a，即化学吸附活化能。

吸附的原子，从物理吸附向化学吸附的转变可以这样理解：原子向带有自由电子的金属表面接近时，就被离子化。其过程是：因为这个吸附的原子的离子化能 I 比金属的逆出功 Φ 大，金属表面的电子就向气体离子运动，吸附的原子就被离子化。系统力图降低其表面能，电子就脱离金属表面的原子而与离子化的气体原子相吸引。比如钨的逆出功 Φ 值约为 4.5eV，而 Sc 的逆出功 Φ 值约为 3.87eV。与此相反，受到下面金属表面电子吸附的原子与电子的亲和力 A，又比金属表面电子的逆出功 Φ 小。如 Sc 的 A 约为 1.8eV，而吸附的原子若是氟（F），其离子化能为 3.6eV，而形成 Sc 的氟化物。$I>\Phi>A$ 时，吸附的原子呈中性状态。例如，氢的 $I=13.6\text{eV}$，$A=0.7\text{eV}$，而金属的 Φ 几乎都在 $4\sim6\text{eV}$ 之间，就为中性的结合。

以上的讨论，是假定吸附的原子与金属的原子之间的电位互不干涉的情况下得出的。

3. 氧化

对氧亲和力比较大的金属在自然环境下能够形成稳定的氧化物，即一方面，氧化物的氧分压如果稳定也就形成了稳定的氧化物；另一方面，化学吸附可以在较低的氧分压下进行，也能在金属表面形成 $1\sim2$ 个原子的原子层。常温之下，两者皆可发生。即使在常温下，金属表面也能形成数十埃以下厚度的氧化物层，高温时，就增厚。氧化物层很薄时，它受下面金属晶格的支配，也有很明显的金属晶格的特征，也具有金属晶格的密实性。

金属有无与氧反应的倾向，就看形成氧化物时自由能的变化。表1-8 给出了各种金属形成氧化物的自由能。氧化过程将伴随自由能的减少，反之，生成氧化物时，自由能的变化如果是正的，金属就不氧化。表1-8 中所列大部分金属形成氧化物时，自由能的变化都是负的，因此，可以与氧反应。

表1-8　各种金属形成氧化物的自由能（在227℃时1g氧原子的卡数）

金属	钙	镁	铝	钛	钠	铬	锌
自由能	−138.2	−130.8	−120.7	−101.2	−83.0	−81.6	−71.3
金属	氢	铁	钴	镍	铜	银	金
自由能	−58.3	−55.5	−47.9	−46.1	−31.5	+0.6	+10.5

图1-18 所示为各种金属常温时的氧化特性。虽然氧化的速度各不相同，但在表面处理后，都迅速被氧化，15s 就基本达到了饱和。表1-9 就是根据图1-18 所给出的数据得出的表面处理后 2h 氧化膜的厚度。

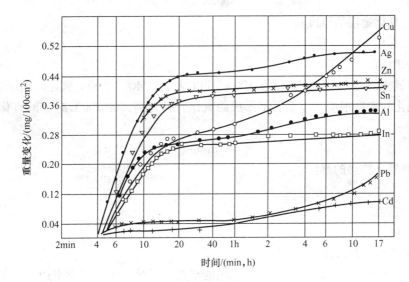

图1-18　各种金属常温时的氧化特性

表1-9　氧化膜的厚度

金　　属		铝	锌	铟	银	铜
2h 后氧化膜厚度/Å	粗磨表面	60	130	70	300	175
	细磨表面	27	50	23	—	—

金属表面的氧化现象一般呈现如下状况：金属表面一旦产生了氧化物层，氧化物层就起到保护内部金属的作用，阻止了氧与金属继续结合。如果氧化物层存在孔隙，氧容易透过时，氧化物层起不了保护作用，金属的氧化就以相同的速度继续进行。这时的氧化就依下式进行

$$x = K_L t \tag{1-25}$$

式中　x——氧化物层的厚度；

K_L——常数；

t——时间。

金属氧化物层的厚度与时间呈线性增大，叫作氧化的直线法则。碱金属就是这类金属。

当氧化物层起保护作用时，金属离子或氧离子通过这个氧化物层的扩散就受到限制，金属原子就难以与氧原子结合。这时，氧化物层的增长速度受氧化物中这些离子的扩散速度所支配。这时的氧化依下式进行

$$x^2 = K_S t \qquad (1-26)$$

式中　x——氧化物层的厚度；

K_S——常数；

t——时间。

金属氧化物层的厚度与时间的平方根呈比例的增大，叫作氧化平方根法则。一般金属的高温氧化，大体上就服从这一法则。一般金属在中温区的氧化，则服从立方根法则，如下式所示

$$x^3 = K_S t \qquad (1-27)$$

式中　x——氧化物层的厚度；

K_S——常数；

t——时间。

这叫作氧化的立方根法则。铜在 $100 \sim 250℃$ 及钛在 $400 \sim 500℃$ 氧化时就服从这个关系。

如果氧化的速度很慢，以低温下形成的氧化薄膜为例，如 $200℃$ 时镍的氧化，即按下式进行

$$x = K_e \ln (at + 1) \qquad (1-28)$$

式中　x——氧化物层的厚度；

K_e——常数；

a——常数；

t——时间。

4. 表面能及表面张力

表面的原子与内部的原子不同，其周围的半边原子被移去，只有半边有原子，处于不平衡的势能场中。存在着与除去这半边原子所消耗的能量相当的能量过剩，即处于高能量状态。因此，这个表面就存在有过剩的能量，使其处于收缩状态。这个能量就是表面能。

表面张力即将原子或分子在周围的下半边原子引力作用下移开所需要的力，与物体的结合力有关。表面能为 U_A，表面张力为 σ，熵为 S_A，σ 即为产生单位面积表面需要增加的表面自由能，自由能 F 与能量 E 的关系相同。

$$\sigma = U_A - TS_A = U_A + T (\partial \gamma / \partial T) \qquad (1-29)$$

U_A 与温度无关，但 σ 却随温度的变化而变化。表 1-10 为金属液体和离子性液体的表面张力，表 1-11 为各种物质的表面能。图 1-19 所示为铜的表面张力与温度的关系。

表面能与金属的强度有密切的关系，由于某些原因表面能降低，其抗拉强度也降低。表面能还会随周围气体的变化而改变。由于加热，会使一部分不稳定的物质蒸发成为周围的气体，所以，也可以研究加热温度对金属表面组织的影响，这种方法叫作热腐蚀法。如可以利用热腐蚀法，则可以结合干涉显微镜的干涉图像来测定铜的晶界能。

表 1-10　金属液体和离子性液体的表面张力（σ）

金属液体	σ/（dyn/cm）[①]	离子性液体	σ/（dyn/cm）[①]
Cu（1140℃）	1120	AgCl（450℃）	125
Zn（510℃）	785	KBr（775℃）	85.7
Ag（995℃）	923	KCl（880℃）	95.8
Au（1120℃）	1128	NaPO$_3$（827℃）	197.5
Pb（350℃）	453	Na$_2$SO$_4$（900℃）	194.8

①1dyn/cm = 10^{-3}N/m。

表 1-11　各种物质的表面能

物质	Ag	Au	Cu	Cu/Pb/蒸气	MgO	CdO	SiO$_2$	CaF
表面能/erg[①]	1140±90（900℃），1140±35（650~850℃）	1400±90（1300℃）、1550（650~850℃）二者平均值，1450±80（900~1020℃）	1430±15（1050℃），1800（800~900℃）	760±30（800~900℃）二者平均值	1040	500±10	133	2500

①1erg = 10^{-7}J。

1.3　钎焊的理论基础

1.3.1　材料表面的润湿现象

液态与固态间的界面现象与吸附、润湿、溶解、扩散等有关。除润湿之外，Gibbs 的吸附等温式、Langmuir 吸附速度式、Nernst 溶解速度式等都符合菲克（Fick）定律。

1. 润湿

液体之间的润湿，首先是溶质被吸附

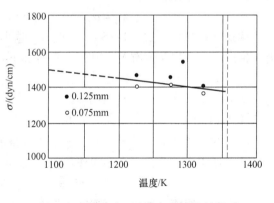

图 1-19　铜的表面张力与温度的关系

于溶剂表面而呈现一个液 – 液界面，然后溶质向溶剂内部均匀地扩散而成为溶液，这就是溶解。固 – 气相之间也一样，但固 – 液相之间就稍微有些不同。首先，固体浸入液体中，在固 – 液界面的液相侧含有固相原子溶入液相的饱和层（合金与液体反应的成分），然后，固体原子向液体内部扩散，即固体溶入液体。这样，在液 – 固相间界面发生的现象不叫它为吸附。从液体方来看，表面上有一个饱和层，也是一种吸附。

（1）润湿的定义　如果在玻璃板上滴一滴水，就会呈现如图 1-20 所示的形态，这就叫作润湿。

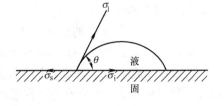

图 1-20　润湿状态下表面张力之间的平衡

从热力学的观点来看这个现象，玻璃的表面张力 σ_s 为了与液体接触，变成为固 – 液间的界面张力

$$\sigma_s - \sigma_i = A \tag{1-30}$$

这个 A 值越大，润湿就越好。A 就叫作吸附张力。σ_s 或 σ_i 可直接测定，但比较困难。但可以导出下式

$$\sigma_s = \sigma_1\cos\theta + \sigma_i \tag{1-31}$$

这就是有名的 Young-Dupres 式，由式（1-30）及式（1-31）可得出下式

$$A = \sigma_1\cos\theta \tag{1-32}$$

σ_i 及 θ 可以直接测出。这样，就间接求出了 A 值。如果已知液态的表面张力 σ_1 为常数，只要直接测出 θ 值就可以知道 A 值。

从式（1-31）也可以将润湿定义为从固 – 气变为固 – 液时表面自由能的变化。

（2）润湿三状态　如果液体在固体表面无限制的铺展而成为薄膜状，则叫作扩张润湿（Spreading）。这时有

$$W_s = \sigma_s - \sigma_i - \sigma_1 = \sigma_1(\cos\theta - 1) = A - \sigma_1 \tag{1-33}$$

如果是在毛细管内来看这种润湿现象，则叫作浸渍润湿（immersional）。这时有

$$W_1 = \sigma_s - \sigma_i = \sigma_1\cos\theta = A \tag{1-34}$$

如果液体与固体的接触，不是无限铺展成薄膜状，也不是成球状，而是接触成一个角度 θ，则叫作黏附润湿。这时有

$$W_a = \sigma_s - \sigma_i + \sigma_1 = \sigma_1(\cos\theta + 1) = A + \sigma_1 \tag{1-35}$$

从式（1-33）~ 式（1-35）可知：σ_1 越小，越容易成为扩张润湿。实际上，存在着如上三种润湿，都与 A 值有关。其判定条件如下：

① $\theta = 0°$，$W \geqslant 0$，为扩张润湿；

② $\theta \leqslant 90°$，$W \geqslant 0$，为浸渍润湿；

③ $\theta \leqslant 180°$，$W \geqslant 0$，为黏附润湿。

（3）扩展系数　黏附润湿 W_a 与液体自身的凝聚力 W_c（即 W_a 式中 $\sigma_s = \sigma_1$，而 $\sigma_i = 0$，$W_a = \sigma_1$，所以 $W_c = 2\sigma_1$）之差叫作扩展系数 ϕ。

$$\phi = W_a - W_c = \sigma_s - \sigma_i + \sigma_1 - 2\sigma_1 = \sigma_s - \sigma_i - \sigma_1 \tag{1-36}$$

若水面上滴落一滴苯，一瞬间苯就在水面上扩展。进而水与苯就相互溶解。苯刚滴入水面上时，就在水面上收缩成凸透镜状。两者初期的扩展系数为（20℃时）

$$\phi = \sigma_水 - \sigma_{水/苯} - \sigma_苯 = 72.8\text{dyn/cm} - 28.9\text{dyn/cm} - 34.6\text{dyn/cm} = 9.3\text{dyn/cm}$$

达到饱和后为

$$\phi' = \sigma'_水 - \sigma'_{水/苯} - \sigma'_苯 = 63.2\text{dyn/cm} - 28.8\text{dyn/cm} - 34.6\text{dyn/cm} = -0.2\text{dyn/cm}$$

在液体与液体之间不叫润湿，叫作扩展。

2. 表面与界面张力

（1）表（界）面张力的意义　大家知道，物质是由分子、分子集团、离子等粒子所组成。如果我们将水倒入烧杯中，微观上来看，液体表面的分子与内部的分子是不同的，所受的水平力可以达到平衡，但垂直方向的受力受到内部分子的拉扯，使其向内部移动，在表面就形成空洞，从而就立即有水分子向表面移动来填补这个孔洞，而保持水平面不变（当然，液面上还有蒸发和凝缩作用）。这个移动非常快，约在5000万分之一秒以下。这样，表面层

的分子在物理上就与内部分子有所不同，换言之，表面层分子比内部分子具有较高能量。这个能量是接近表面层的液体分子受到不平衡凝聚力的结果，这就表现为表面张力。定义为：液体分子从内部向表面做等温运动时，液体表面增加单位面积所需要的能量，单位为 dyn/cm。

（2）Gibbs 自由能与表（界）面张力之间的关系　前面所说的水的表面张力，严格来说，是气相（空气或水蒸气）同液相（水）之间的界面张力。气体或蒸汽没有表面张力，但液 – 液、固 – 固或固 – 液的两方都具有表面张力，仍可以用同样的方法来处理。

如果 A 和 B 两相以一个平面相接触，其界面将存在一个界面张力 σ_1，要想使界面面积增加 dA，就必须做功。

$$dW = -\sigma_1 dA \tag{1-37}$$

因为

$$dU = Q - dW$$

而逆过程

$$dU = TdS + \sigma_1 dA \tag{1-38}$$

由 $H = U + PV$ 得

$$dH = dU + PdV + VdP$$

若体积和压力不变，则

$$dH = dU \tag{1-39}$$

Gibbs 自由能为

$$G = H - TS$$

所以

$$dG = dH - TdS - SdT$$

温度不变时，将式（1-36）及式（1-37）代入，得

$$dG = \sigma_1 dA$$

若界面面积不变，则得

$$G = \sigma_1 A \quad 或 \quad \sigma_1 = G/A \tag{1-40}$$

式（1-40）即表示表（界）面张力与温度压力和组织成分之间的关系。自然界中，G 值总是趋向最小化。若 σ_1 一定，则液滴将成为球形；若面积 A 一定，则 σ_1 趋于最小化。

由式（1-40）得

$$\sigma_1 = (H - TS)/A = \sigma_0 - bT \tag{1-41}$$

此公式适用于从熔点到沸点之间的液态条件下，当 $T = 0$ 时，$\sigma_1 = \sigma_0$。可见，随温度升高，表（界）面张力是直线下降的。

（3）溶液和合金的表面张力

1）溶液的表面张力。溶液的表面张力，根据溶质的种类及浓度不同，可分为三类，如图 1-21 所示。第Ⅰ类为如食盐水那样的无机电解质水溶液；第Ⅱ类如乙醇那样的有机化合物的水溶液，表面张力随浓度的提高而下降；第Ⅲ类为界面活性剂（高级脂肪酸）之类的化合物的水溶液所特有，低浓度

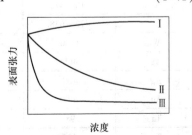

图 1-21　典型的溶液表面张力的例子

时，表面张力随浓度的提高而下降，浓度提高到某值后，表面张力就保持不变。

这种倾向，因溶质的吸附条件不同而异，溶液的表面张力 σ_1 与吸附量 Γ 的关系满足 Gibbs 的吸附等温式。

$$\Gamma = - \ (1/RT) \ (d\sigma_1/d\ln C) \tag{1-42}$$

式中　C——溶质的摩尔浓度；

　　　R——气体常数；

　　　T——绝对温度（K）；

　　　Γ——1cm^2 溶液表面吸附溶质的摩尔数，也叫表面过剩浓度。

对于第 I 类 $d\sigma_1/d\ln C > 0$，即 $\Gamma < 0$，这时的溶质对溶剂为表面惰性，即内部的溶质浓度比表面的溶质浓度大，称为负吸附，或者说，溶液已经过饱和，溶质将从表面析出。对第 II 类、第 III 类 $(d\sigma_1/d\ln C) < 0$，因此 $\Gamma > 0$，这时的溶质对溶剂为表面活性，即内部的溶质浓度比表面的溶质浓度小，称为正吸附，或者说，溶液尚未达到饱和，溶质可以继续溶解。

2）合金的表面张力。对于 A、B 二元系合金，在某温度下，A、B 二元素的活度分别为 α_1、α_2，在这个温度下，纯金属 A、B 的表面张力分别为 σ_1、σ_2，而这个合金的表面张力为 σ_1，如果表面层的溶质未处于过饱和浓度，则

$$\sigma_1 = \left[1/ \ (\alpha_1 + \alpha_2) \right] \ (\sigma_1\alpha_1 + \sigma_2\alpha_2) \tag{1-43}$$

3. 相互溶解和润湿

表 1-12 给出了一些液态金属在固态金属表面的润湿性的例子。可以看出，形成化合物及固溶体时容易润湿；无相互作用的 Fe-Hg 系，在真空中因其固体 Fe 表面上吸附的气体被解吸，固体 Fe 的表面张力增大其润湿度也增大。Cu-Pb 系则随温度的提高，虽然它们之间不发生相互作用，其润湿性也有改善。

表 1-12　液态金属在固态金属表面的润湿性

固体金属	温度/℃	液态金属	互相作用	氛围气体	润湿性
α-Fe	20	Hg	不	空气	○
α-Fe	20	Hg	不	真空	●
Cu	850	Ag	固溶体	H$_2$	●○
Cu	350	Pb	不	H$_2$	○
Cu	400	Pb	不	H$_2$	◇
Cu	700	Pb	不	H$_2$	●
Cu	950	Pb	不	H$_2$	◎
Ni	310～472	Bi	化合物	H$_2$	◎
Ni	472～638	Bi	化合物	H$_2$	●
W	1100	Cu	不	真空	○
Ag	400	Cd	化合物	H$_2$	●
Ag	400	Pb	固溶体	H$_2$	●
Au	1000	Ag	固溶体	H$_2$	●
Ta	98	Na	—	H$_2$	●
Ta	400	Bi，Pb	—	H$_2$	○
钢	98	Na	—	H$_2$	●

注：○—不润湿，●—润湿，◇—小小的润湿，◎—明显的润湿。

4. 接触角

钎焊连接时的接触角就如图 1-22 所示的那样，它可以作为评价钎焊中钎料润湿的标准。严格来说，其接触角应是 $\theta_1 + \theta_2$，但钎焊过程中，一般来说，被钎焊材料并不熔化，或者熔化深度很浅，因此，θ_2 可以忽略，而认为 θ_1 即为接触角。它对钎焊连接是非常重要的。

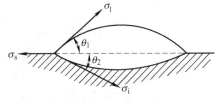

图 1-22　钎焊时的接触角

（1）接触角的物理意义　将液体的凝聚力 $W_c = 2\sigma_1$ 代入式（1-34）得

$$\cos\theta = (W_a/\sigma_1) + 1 = (2W_a/W_c) - 1 \quad (1\text{-}44)$$

从式（1-44）中可以看到，接触角 θ 即为固/液间的结合能与液体自身的凝聚能之比。

$W_a = W_c$ 时，$\theta = 0$；

$W_a > W_c$ 时，也是 $\theta = 0$，即与 W_s 相等。

（2）影响接触角的因素

1）钎料化学成分的影响。化学成分的变化，将引起接触角 θ 的变化。图 1-23 所示为 Sn-Pb 钎料的成分对接触角的影响，图 1-24 所示为母材在 Sn-Pb 中的溶解速度。两图相对照可以看出，母材溶解得多，接触角 θ 就小。由于铜的溶解，钎料变成为 Cu-Sn-Pb 三元合金，使式（1-44）中的原子结合能 W_c 发生了变化，逐渐接近于 W_a，接触角 θ 也趋于 0°。还可看出，共晶成分的钎料的接触角 θ 最小。

2）温度的影响。式（1-44）中的 W_a 与 W_c 都与温度有关。图 1-25 所示为 Bi-Sn 钎料在铜板上的接触角 θ 随温度的变化曲线，图 1-26 所示为将图 1-25 中的接触角换算为 $\cos\theta$ 时随温度的变化曲线。可以看到，它们都是一条渐近线，也就是说，随温度的变化，θ 及 $\cos\theta$ 都趋于一个定值，也即不同成分的钎料存在一个最佳润湿状态。这是因为表面张力与温度有关，温度提高，表面张力降低，因此，引起 W_a 及 W_c 的变化，所以，使得接触角也发生变化。

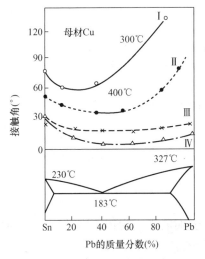

图 1-23　Sn-Pb 钎料的成分对接触角的影响
Ⅰ，Ⅱ—在真空中熔化
Ⅲ—高于液相线 50℃，钎剂为 $ZnCl_2 + NH_4Cl$ 共晶成分
Ⅳ—结晶后，钎剂为 $ZnCl_2 + NH_4Cl$ 共晶成分

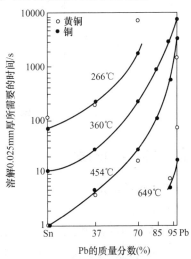

图 1-24　母材在 Sn-Pb 中的溶解速度

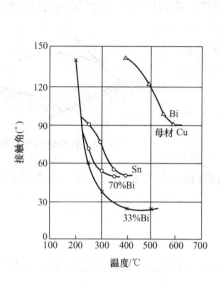

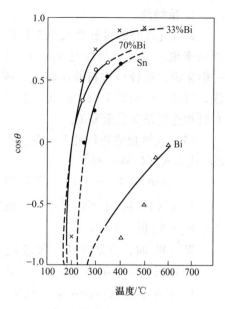

图 1-25　Bi-Sn 钎料在铜板上的接触角 θ 随温度的变化曲线　　　图 1-26　cosθ 随温度的变化曲线

　　3）时间的影响。图 1-27 所示为在真空中 1000℃的情况下 Ag-0.2% Cu（质量分数，后同）钎料在 Fe-6% Ni 钢上 cosθ 与时间的关系曲线。可以看出，在 50s 内 cosθ 的值急速提高，而后基本不变，为一定值。

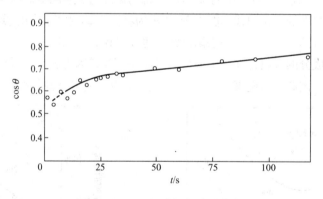

图 1-27　cosθ 与时间的关系曲线

1.3.2　润湿性的测定

1. 接触角的测定

接触角测定的要点如下：

　　① 固体表面即使很清洁，但与液体相比，其表面能也不均匀。因此，要得到精确的接触角，必须要多测几个点，取其平均值，以减少误差。

　　② 固体的表面张力比液体大，其表面还易于被氧化而附有氧化物及吸附有油脂等污物，它严重影响钎料的润湿。所以，必须经过脱脂、酸洗及研磨其表面后才能测定。钎料也要清洁，最好用箔状物。

③ 母材背面要焊铂－铑热电偶。加热时应缓慢进行，以排除炉壁及被试材料的附着气体。若被试材料蒸气压高，应通以流动的低露点的氩气；若被试材料的蒸气压低，则应以高真空进行排气。最好从窗口以水平位置对钎料的扩展过程进行摄影，以摄下其扩展状态来测定其接触角。冷却后，从中央切开并研磨，以宏观及微观来测定其接触角。也可以用 X 射线摄影。

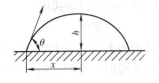

图 1-28 接触角的滴形测定法

④ 接触角的测定通常用切线法进行，可把它看作球形的一部分，如图 1-28 所示。以下式计算

$$\theta = 2\arctan h/x \tag{1-45}$$

⑤ 若在大气中进行母材上涂布钎剂的测试，则应将足够大的面积上都涂布钎剂。测定时还应记录钎剂的种类和浓度，以及周围气体的露点等。

2. 液体表（界）面张力的测定

液体表（界）面张力有许多测定的方法，对液体金属就有泡压法、液滴法、静滴法等。

（1）泡压法 它是最大气泡法，如图 1-29 所示。在毛细管内液体上升，我们反其道而行之，在毛细管内用惰性气体加压，压力为 p_1，毛细管内的液面就下降，管内外的压力差就为

$$p_1 - p_3 = p_1 - p_2 + p_2 - p_3 = (2\sigma_1/R) + gh(\rho_1 - \rho_2) \tag{1-46}$$

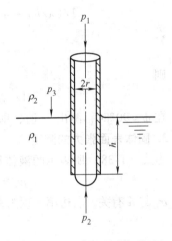

图 1-29 泡压法（最大气泡法）测液体表面张力

液面的曲率半径为 R，它随压力 p_1 而变化，使之停留在毛细管端部成为以管半径 r 为半径的半球形，于是，就可求出液体的表面张力 σ_1。

（2）液滴法 将外径为 $2r$ 的毛细管垂直放置，从其下端静静地掉下一液滴，设一个液滴重 W，沿管端部周长 $2r$ 垂直向上作用有表面张力与之相平衡，即

$$W = 2\pi r\sigma_1 \tag{1-47}$$

实际上液滴掉下去之前，在管子端部将发生缩颈，大部分会掉下去，但之后继续掉下去的将是小滴，在管子端部会有少许残留，因此，用式（1-47）计算可能会出现大约百分之几十的误差。这里 $W = mg$，并乘以一个修正系数 F，得

$$\sigma_1 = (mg/r)F \tag{1-48}$$

式中 m——掉下去液滴的质量，可用掉下去液滴数除其体积，再乘以液体的密度 ρ 计算；
  g——重力加速度。

（3）静滴法 如图 1-30 所示，液滴在固体上不润湿，液滴受重力的作用与液体的表面张力之间处于平衡状态。

$$\sigma_1 [(1/R_1) + (1/R_2)] = gz(\rho_1 - \rho_2) + c \tag{1-49}$$

式中 σ_1——表面张力；
  R_1，R_2——曲率半径；

ρ_1，ρ_2——密度；

　　　　g——重力加速度；

　　　　c——常数。

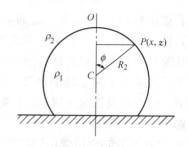

图 1-30　静滴法测液体表面张力

　　设曲面上任一点 P（x，z），通过 P 点与球心的连线与法线的交角为 $\angle PCO = \phi$，$R_2 = x/\sin\phi$，通过 P 点的曲率半径为 $R_1 = \lambda$，式（1-49）变为

$$\sigma_1 = [1/\lambda + (\sin\phi/x)] = gz(\rho_1 - \rho_2) + c$$

　　顶点的曲率半径假设为 b，则 $c = 2\sigma_1/b$，所以

$$\sigma_1(1/\lambda + \sin\phi/x) = 2\sigma_1/b + gz(\rho_1 - \rho_2)$$

两端各乘以 b/σ_1 得

$$1/(\lambda/b) + \sin\phi/(x/b) = 2 + [g(\rho_1 - \rho_2)b^2/\sigma_1](z/b) \tag{1-50}$$

设

$$g(\rho_1 + \rho_2)b^2/\sigma_1 = \beta$$

则

$$1/(\lambda/b) + \sin\phi/(x/b) = 2 + \beta(z/b)$$

在 $\phi = 90°$ 时，测出 zx 值，即可求出 β 和 b，代入上式，即可求出 σ_1。

3. 固体表面张力的测定

由式（1-38）所表示的液体每单位面积的表面自由能与表面张力相等，微分得

$$\sigma_s = d(AG)/dA = G + A[dG/dA] \tag{1-51}$$

σ_s 与 A 有关。右边第一项为每单位面积的表面自由能，第二项则表示面积为 A 的畸变能。

参 考 文 献

[1] 赵熹华，冯吉才. 压焊方法及设备 [M]. 北京：机械工业出版社，2005.

[2] 桥本达哉，冈本郁男. 固相溶接·ろう付溶接全书 [M]. 产报出版，1979.

[3] 赵熹华. 压力焊 [M]. 北京：机械工业出版社，1989.

[4] 中国机械工程学会，焊接学会. 焊接手册（1）焊接方法及设备 [M]. 北京：机械工业出版社，1992.

[5] 张柯柯，涂益民. 特种先进连接方法 [M]. 哈尔滨：哈尔滨工业大学出版社，2008.

[6] 李志远，钱乙余，张九海. 先进连接方法 [M]. 北京：机械工业出版社，2000.

[7] 美国焊接学会焊接手册（第四卷）：焊接方法 [M]. 黄静文，等译. 北京：机械工业出版社，1991.

[8] 史春元，薛继仁，于启湛，等. 高温下碳在 αγ 型异种钢焊接接头中的扩散 [J]. 焊接学报，1999（4）：258 – 263.

[9] 史春元，李小刚，于启湛，等. 异种钢焊接接头加热后碳迁移区力学性能的变化规律 [J]. 焊接学报，2000（3）：59 – 61.

[10] 丁成钢，于启湛. 爆炸焊接复合板交界区的冶金行为 [J]. 焊接学报，2006（1）：85 – 88.

[11] 于启湛，薛继仁，杨蔚，等. 碳迁移后爆炸焊接复合板交界区的脆化 [J]. 压力容器，1995（6）：36 – 40.

第2章 金属间化合物

2.1 概述

金属间化合物是指由两种或者更多种金属组元按比例组成的、具有不同于其组成元素的长程有序晶体结构和金属基本特性（有金属光泽、金属导电性和导热性）的化合物。金属元素之间通过共价键和金属键共存的混合键结合，性能介于陶瓷和金属之间：塑性和韧性低于一般金属而高于陶瓷材料；高温性能低于一般金属而高于陶瓷材料。由于金属间化合物具有长程有序晶体结构，保持很强的金属键结合，使其具有独特的物理化学特性：例如独特的电学性能、磁学性能、光学性能、声学性能、电子发射性能、催化性能、化学稳定性、热稳定性和高温强度（随着温度的提高，强度先是提高，然后才降低）等，已经发展成为各类新型材料，如高参数超导材料、强永磁材料、储氢材料、形状记忆材料、热电子发射材料、耐高温和耐腐蚀涂层、高温结构材料等。

以铝化物为基的金属间化合物是最有希望的一种新型高温结构材料，比高强度镍基合金有更高的高温强度、优异的抗氧化和抗腐蚀能力、较低的密度和较高的熔点，可以在更高的温度和恶劣的环境下工作，在航空航天等高技术领域有着广阔的应用前景。

传统的钛合金在代替镍基和铁基耐热超合金之后，由于减轻了重量，在工作效率上有所提高。但是，在温度超过600℃之后，钛合金的高温强度和蠕变强度较差，而且氧化后表面氧化物层的脆性会导致过早的发生疲劳断裂。

钛基的金属间化合物 Ti_3Al 和 TiAl 是比较理想的高温结构材料，与钛相比，具有较高的弹性模量、较低的密度、更高的高温强度和更高的抗氧化性，还有良好的体积稳定性（热膨胀系数随着温度的变化而变化很小）。与陶瓷材料相比，在高温下有着较好的塑性和热传导性。钛铝基金属间化合物与钛合金和镍合金的性能比较见表2-1。

表 2-1 钛铝基金属间化合物与钛合金和镍合金的性能比较

性能	Ti_3Al 基合金	$\gamma - TiAl$	Ti 基合金	Ni 基合金
结构	D019	L10	hcp/bcc	fcc/L12
密度/（g/cm^3）	4.1 ~ 4.7	3.7 ~ 3.9	4.5	7.9 ~ 9.5
弹性模量/GPa	100 ~ 145	160 ~ 180	96 ~ 115	206
屈服强度/MPa	700 ~ 990	350 ~ 600	380 ~ 1150	800 ~ 1200
拉抗强度/MPa	800 ~ 1140	440 ~ 700	480 ~ 1200	1250 ~ 1450
蠕变极限温度/℃	750	750[1] ~ 950[2]	600	800 ~ 1090
氧化极限温度/℃	650	800[3] ~ 950[4]	600	870 ~ 1090
室温伸长率（%）	2 ~ 10	1 ~ 4	10 ~ 25	3 ~ 50

（续）

性能	Ti₃Al 基合金	γ – TiAl	Ti 基合金	Ni 基合金
高温伸长率（%）	10 ~ 20 660（超塑性）	10 ~ 600 870（超塑性）	12 ~ 50	20 ~ 80 870（超塑性）
室温 K_{IC}／（MPa·m$^{1/2}$）	13 ~ 30	12 ~ 35	12 ~ 80	30 ~ 100

①双态组织。
②全片状组织。
③无涂层。
④涂层/控制冷却。

2.1.1　金属间化合物的意义和分类

金属间化合物的种类繁多，它包括所有金属与金属之间的化合物，它并不遵循传统的化合价规律，属金属键结合，具有金属的特性。

金属间化合物有三种类型：

第一种类型金属间化合物为常见的有序合金，如 Cu - Au 二元系合金中的 CuAu 和 Cu₃Au 两种化合物就是典型的金属间化合物，它在化学式规定的成分两侧有个成分范围，在低于熔点的某个温度以上，其原子的有序排列消失，即发生有序 – 无序转变，产生这种转变的温度以 T_c 表示。这类金属间化合物具有金属键结合。

第二种类型金属间化合物，在化学式规定的成分两侧也有个成分范围，但在低于熔点或在相图上的反应分解以前原子的排列是稳定有序的，如 Ni – Al 二元系合金即属于这一类。NiAl 相就是其典型范例。Ni₂Al₃ 和 Ni₃Al 都在包晶反应分解以前是稳定的化合物。随着金属间化合物的移动，离子键、共价键越来越强。

第三种类型金属间化合物，在其化学式规定的成分两侧没有了成分范围，如 Pt-Si 二元系合金即属于这一类。它有 Pt₂Si 和 PtSi 两类金属间化合物。随着金属间化合物的移动，离子键、共价键越来越强。

如果从强度和塑性来考虑，有实用价值的金属间化合物，是第一种和第二种中具有金属键结合的化合物；而从电学和磁学等性能来考虑，是第一种和第三种中全部的金属间化合物。

2.1.2　金属间化合物的晶体结构

晶体结构相同的金属和合金，其形变性能和物理性能具有相似的特征。金属的晶体结构可分为：面心立方（fcc）、体心立方（bcc）和密排六方（hcp）。

1. 面心立方结构

图 2-1 所示为面心立方晶胞及以其为基的典型单胞有序结构。图 2-1b 所示为 L1₂ 型结构，其化学式为 A₃B。图 2-1a 所示的面心位置为 A 占有，而其顶角位置为 B 占有。许多 L1₂ 型金属间化合物，如 Ni₃Al、Ni₃Mn、Ni₃Fe、Zr₃Al 都是有重要实用价值的金属间化合物。图 2-1c 所示为 L1₀ 型结构，其化学成分为 AB。CuAu 及 TiAl 为具有这种结构的典型金属间化合物。图 2-1d 所示为面心正方晶系 DO₂₂ 型结构（化学成分为 A₃B）。它是将 L1₂ 型结构经过移动重叠而成的堆积结构。

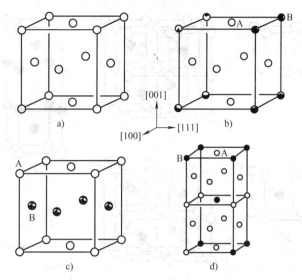

图 2-1 面心立方晶胞及以其为基的典型单胞有序结构

a) fcc 结构立方晶体 b) L1₂ 型结构立方晶体，A₃B 组成

c) L1₀ 型结构正方晶体，AB 组成 d) DO₂₂型结构[1-5]正方晶体，A₂B 组成

2. 体心立方结构

图 2-2 所示为体心立方晶胞及以其为基的典型单胞有序结构。图 2-2a 所示为体心立方晶胞，图 2-2b ~ d 所示为以其为基的典型的 B₂、DO₃ 及 L2₁ 型结构，其化学成分分别为 AB、A₃B 和 A₂B。图 2-2e 所示为 Cll$_b$（或 MoSi₂）型结构（化学成分式为 AB₂），MoSi₂ 是一种非常重要的工业材料。B₂ 型结构中的 B 原子通常位于体心位置，连接体心和各角顶的最近邻原子常为 A – B 关系，而形成 A 原子和 B 原子的有序排列。尤其是把 B₂ 型结构的单胞沿 [100]、[010] 和 [001] 方向两个两个的摆在一起，并且使体心和体心也形成 A – B 那种第二近邻关系排列，从而构成有序度更高的 DO₃ 和 L2₁ 型结构。如 CuZn、NiAl、CoAl（B₂型）、Fe₃Al、Fe₃Si、Fe₃（AlSi）（DO₃ 型结构）、Cu₃MnAl、Ni₃AlTi（L1₂ 型结构）等不同结构的典型金属间化合物，同时也是非常重要的工业材料。

3. 密排六方结构

图 2-3 所示为密排六方晶胞及以其为基的有序结构。从 B 原子（或 Ti 原子）排列来看，DO₁₉型结构形成了三角形，而 Cu₃Ti 型结构则是长方形。因此，曾经把 DO₁₉型结构列为六方晶系，而把 Cu₃Ti 型结构列为斜方晶系。从实用来看，DO₁₉型结构的 Ti₃Al 和 Cu₃Ti 型结构的 Ni₃Nb 及 Ni₃Ta 最重要。

4. Laves 相和 σ 相结构

Laves 相结构是以面心立方（fcc）、体心立方（bcc）和密排六方（hcp）为基础的结构，而且是广泛存在的典型结构。目前已知的 Laves 相化合物达百余种。Laves 相有三种类型，分别叫作 C14、C15 和 C36 型结构，其典型代表为 MgZn₂、MgCu₂ 和 MgNi₂。其中，最简单的六方晶系 MgZn₂ 的结构如图 2-4 所示。已经发现了具有超导电性或异常电性和磁性的 Laves 相，有可能研制出新型材料，它是一个大有作为的化合物。

σ 相是由过渡族元素 Mn、Fe、Co、Ni 和 V、Nb、Cr、Mo、W 形成的二元合金，是结构复杂而又很脆的化合物。其中，最广为人知的 Fe-Cr 二元系的 FeCr 为代表的 σ 相。与 Laves

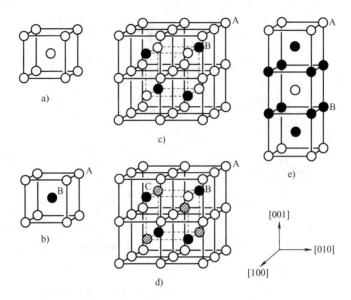

图 2-2　体心立方晶胞及以其为基的典型单胞有序结构

a）bcc 结构立方晶体　b）B_2 型结构立方晶体，AB 组成

c）DO_3 型结构立方晶体，A_3B 组成　d）$L2_1$ 型结构立方晶体，A_2BC 组成

e）Cll_b（$MoSi_2$）型结构[a-5] 正方晶体，AB_2 组成

相一样，σ 相是具有如图 2-5 所示那样的网状原子排列的正方晶系结构。

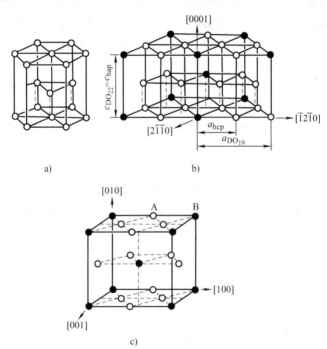

图 2-3　密排六方晶胞及以其为基的有序结构

a）hcp 结构六方晶体　b）DO_{19} 型结构立方晶体，A_3B 组成

c）Cu_3Ti 型结构斜方晶体，A_3B 组成

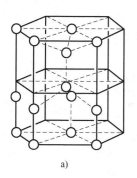
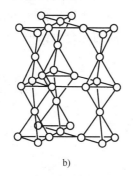

图 2-4　最简单的六方晶系 $MgZn_2$ 的结构
a）Mg 原子排列　b）Zn 原子排列

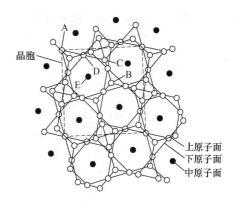

图 2-5　σ 相结构投影图

5. Al5 结构

化学式为 A_3B 的 Al5 型化合物，因其中有很多具有良好超导性的化合物而闻名。如图 2-6 所示为 Al5 型结构，属于立方晶系。如果沿［100］方向来看 A 原子，则 Al5 型结构具有一元结构。Al5 型化合物的超导临界转变温度 T_c 较高，这可以认为与一元结构有关。此外，随着点阵常数变小，超导临界转变温度 T_c 有提高的倾向，而 B 原子的直径越小，点阵常数就越小。

6. 碳化物结构

碳化物实际上不是金属间化合物，它与金属形成的化合物，可以归结为陶瓷，由于碳化物的重要性，也在这里介绍其结构特征。碳化物具有高硬度和高熔点，可

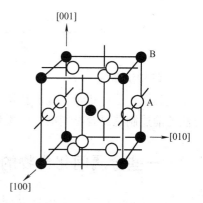

图 2-6　Al5 型结构（立方晶系，化学式为 A_3B）

用于制造切削工具镶块或耐磨涂层。近年来，第 V A 族（钒、铌、钽）Ⅳ A 族（钛、锆、铪）的碳化物受到重视。钢中呈现的铁、铬、钼等的碳化物结构一般都非常复杂，但是，这些碳化物还都具有如图 2-7 所示那样的 NaCl 型结构，其化学成分为 MC（M 代表金属元素），相图上的成分范围多数都很宽。

2.1.3　金属间化合物的制造方法

1. 熔炼法

熔炼法是将金属块或金属粉末按要求的成分比例配合，经熔炼后制取的金属间化合物。若原料是金属粉末，需要先压制成形及预烧结。熔炼的电源可以是电阻加热、高频感应加热、电子束熔炼、等离子弧熔炼、红外线加热等。

2. 扩散渗透法

扩散渗透法是把某种特定的金属元素扩散渗透到金属或合金的表面上，以在其表面形成由渗

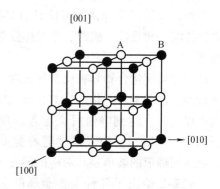

图 2-7　NaCl 型结构（立方晶系，化学式为 AB）

透金属与基材金属组成的金属间化合物。这一方法主要是在金属或合金的表面上形成一定厚度的金属间化合物保护层，但要制造整块金属间化合物是很困难的。图 2-8 所示为用扩散渗透法在金属或合金的表面上形成一定厚度的金属间化合物保护层的方法。

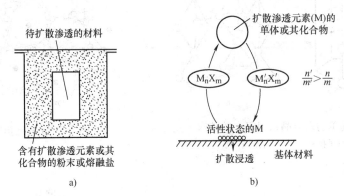

图 2-8　用扩散渗透法在金属或合金的表面上形成一定厚度的金属间化合物保护层的方法
a）扩散渗透处理　b）固相介质的扩散涂浸机理

3. 气相沉积法

气相沉积法有化学气相沉积法和物理气相沉积法。这种用来制造金属间化合物的原理和方法与前述制造复合材料的方法类似，这里不再重复。

2.2　一些金属间化合物的特性

一般认为金属间化合物是又硬又脆，但是，如前所述的以面心立方（fcc）、体心立方（bcc）和密排六方（hcp）为基础的结构，也像金属一样，是可以形变的，而且，在一定温度范围内，随着温度的升高，强度还能增加。如镍基高温合金中必不可少的 Ni_3Al 强化相，就是这种金属间化合物的一个应用实例。所以，金属间化合物单独使用，可以作为高温材料和耐磨材料，也可作为耐高温、耐磨损和高强度的复合材料。

此外，金属间化合物还可能具有良好的抗氧化、耐腐蚀性能、超导性、磁性、半导体性能及其他功能特性等。

许多金属间化合物具有反常的强度与温度之间的关系特性，这些金属间化合物的屈服强度随着温度的提高而提高，在达到峰值后又随着温度的提高而下降，如图 2-9 所示。屈服强度随着温度的提高而提高，而达到峰值的数值及其对应的温度与其化学成分有关。表 2-2 给出了几种重要金属间化合物的物理性能。

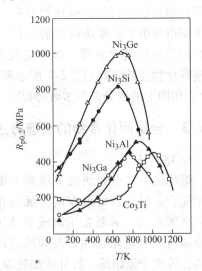

图 2-9　$L1_2$ 型结构的金属间化合物的屈服强度与温度的关系

表 2-2 几种重要金属间化合物的物理性能

金属间化合物		结构	杨氏模量/GPa	熔点/℃	有序临界温度/℃	密度/（g/cm³）
TiAl	Ti₃Al	DO₁₉	110 ~ 145	1600	1100	4. 20
	TiAl	Ll₀	176	1460	1460	3. 90
NiAl	Ni₃Al	Ll₂	178	1390	1390	7. 50
	NiAl	B₂	293	1640	1640	5. 86
FeAl	Fe₃Al	DO₃	140	1540	540	6. 72
	FeAl	B₂	259	1250 ~ 1400	1250 ~ 1400	5. 56

2.2.1 Ni-Al 金属间化合物

1. Ni₃Al 金属间化合物

图 2-10 所示为 Ni-Al 二元合金相图，图 2-11 所示为 Ni₃Al 和 NiAl 晶胞结构模型。

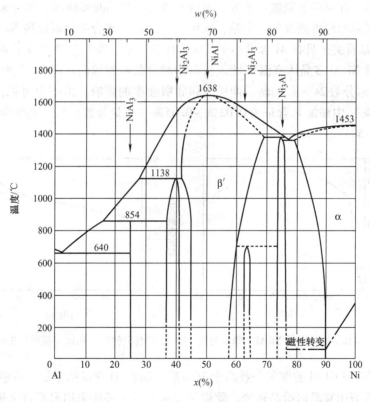

图 2-10 Ni-Al 二元合金相图

注：继 Tammann 等人（1908 年）之后，又进行了许多研究。NiAl₃：斜方，DO₂₀ 型的代表性化合物。Ni₂Al₃：六方，D5₁₃ 型的代表性化合物。NiAl（β'）：立方，CsCl（B2）型，从 1:1 组成到 Ni 侧是置换型。而在 Al 侧，Ni 原子位置成为晶格空位（结构空位）。x（Ni）≈60% 的合金从 1200℃ 急冷时，发生热弹性马氏体转变，生成面心正方 M3R 型（α'₂）。Ms 点为 100 ~ -180℃。Ni₅Al₃：斜方，与 Cu₃Pt₅ 同型。Ni₃Al：立方，Cu₃Au（Ll₂）型。

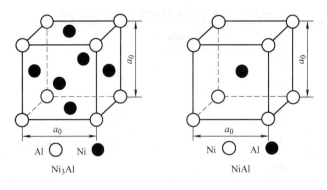

图 2-11　Ni_3Al 和 NiAl 晶胞结构模型

　　从图 2-10 中可以看出，Ni_3Al 是在化学成分固定比例两侧 4.5% 固溶范围内的金属间化合物，Ni_3Al 的熔点为 1395℃，晶格常数为 0.3565 ~ 0.3580nm，密度为 7.5g/cm³，弹性模量为 180GN/m²，电阻率为 $32.59 \times 10^{-8}\Omega m$，热导率为 28.85W/m·K，在熔点以下具有面心立方有序 $L1_2$ 型结构。它具有独特的高温性能，在 800℃ 以前，其屈服强度随着温度的提高而提高，但是，在室温下则脆性很大，表现出强烈的沿晶断裂倾向，如果采用微合金化的方法可以使其室温塑性得到改善。但是，采用微量元素 B 来合金化对提高 Ni_3Al 多晶体室温塑性与其 Al 含量有关。只有 Al 含量小于其标准化学计量（摩尔分数 25%）时，微量元素 B 才能有效地改善 Ni_3Al 多晶体室温塑性，从而抑制沿晶断裂倾向。图 2-12 所示为 B 含量对 Ni_3Al（Al 的摩尔分数 24%）的断后伸长率和屈服强度的影响。由图中可见，在 Ni_3Al（Al 的摩尔分数 24%）中添加 B 含量为 0.02% ~ 0.05%（质量分数）后，其室温断后伸长率由 0 增加到 40% ~ 50%。

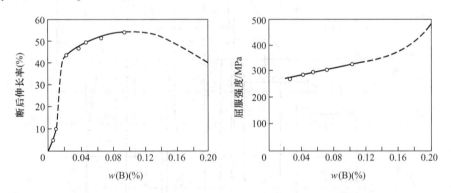

图 2-12　B 含量对 Ni_3Al（摩尔分数 24%）的断后伸长率和屈服强度的影响

　　但是，当 Ni_3Al 中 Al 的摩尔分数高于 24% 后，随着 Al 含量的增加，室温断后伸长率急剧下降，并使断裂由穿晶向沿晶转变。除微量元素 B 外，还能采用宏观合金化，在 Ni_3Al 的机体中加入 Fe 和 Mn，通过置换 Ni 和 Al，改变原子间键合状态和电荷分布，从而提高其室温塑性。例如，加入质量分数为 15% 的 Fe 或 9% 的 Mn 效果最佳，其室温断后伸长率可分别达到 8% 和 15%。但是，宏观合金化后，其比强度下降。此外，还可以通过固溶强化进一步提高 Ni_3Al 的室温和高温强度，但是，只有那些置换 Al 亚点阵位置的固溶元素才能产生强烈的强化效果。如果加入合金元素 Hf 也可显著的提高 Ni_3Al 的强度,特别是高温强度,如图 2-13 所示。表 2-3 给出了美国的五种 Ni_3Al 金属间化合物基的材料的化学成分,这些材料已经用于工业上,如 IC – 396 用于柴油机零件,IC-50 已用于电热元件和航空航天的紧固件。

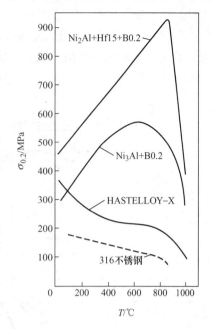

图 2-13 含 Hf 的 Ni_3Al 金属间化合物屈服强度和温度之间的关系

2. NiAl 金属间化合物

NiAl 金属间化合物的熔点(1600℃)比 Ni_3Al 高,密度为 $5.9g/cm^3$,比 Ni_3Al 低,弹性模量为 235GPa,它呈体心立方有序 B_2 超点阵结构,具有较高的抗氧化性能,是一种有应用前景的耐高温金属间化合物。其特点是:室温时独立的滑移系少,塑性低,脆性大;500℃以上强度低。由于 NiAl 金属间化合物能够在很宽的成分范围内保持稳定,因此,有可能通过合金化来改善其力学性能:如在 NiAl 金属间化合物中加入 Fe,通过形成两相组织(Ni,Fe)(Fe,Al)和(Ni,Fe)$_3$(Fe,Al)来提高强度和塑性;加入 Ta 或 Nb,通过析出第二相粒子强化来提高蠕变强度。此外,还可以通过加入 Al_2O_3、Y_2O_3 和 ThO_2 弥散质点来改善蠕变强度和高温强度,但室温强度降低。还可以通过细化晶粒来改善塑性,但明显改善室温塑性需要的临界晶粒尺寸很小,直径要小于 $3\mu m$,虽然可以通过快速凝固和粉末冶金等新工艺来得到细晶粒组织,但会明显影响到抗蠕变性能。

表 2-3 美国的五种 Ni_3Al 金属间化合物基材料的化学成分

序号	材料名称	材料化学成分(摩尔分数)
1	IC – 50	Ni – Al23% ±0.5% – Hf(Zr)0.5% ±0.3% – B0.1% ±0.05%
2	IC – 218	Ni – Al16.7% ±0.3% – Cr8% – Zr0.5% ±0.3% – B0.1% ±0.05%
3	IC – 328	Ni – Al17.0% ±0.3% – Cr8% – Zr0.2% ±0.1% – Ti0.3% ±0.1% – B0.1% ±0.05%
4	IC – 396	Ni – Al16.1% ±0.3% – Cr8% – Zr0.25% ±0.15% – Mo1.7% ±0.3% – B0.1% ±0.07%
5	IC – 405	Ni – Al18% ±0.5% – Cr8% – Zr0.2% ±0.1% – Fe12.2% ±0.5% – B0.1% ±0.05% – Ce0.005%[①]

①化学成分为质量分数。

2.2.2 Ti-Al 金属间化合物

1. Ti_3Al 金属间化合物

图 2-14 所示为 Ti-Al 二元合金相图,表 2-4 给出了 Ti-Al 的特殊点的数据。Ti_3Al(α_2)金属间化合物为密排六方有序 DO_{19} 超点阵结构,高温下(800~850℃)具有较高的高温性能,密度较小($4.1~4.7g/cm^3$),弹性模量较高(110~145GPa),与镍基高温合金相比可

以减轻质量 40%。美国已用于制造喷气涡轮发动机的尾喷燃烧器，其主要问题是室温塑性太低，加工成形困难。解决的有效办法是加入 β 相稳定因素，如采用 Nb、V、Mo 进行合金化，其中，以 Nb 最为有效。主要是通过降低 M_s 点来细化 α_2 相，还能促进形成塑性和强度较好的 $\alpha_2 + \beta$ 的两相组织。表 2-5 给出了一些典型的 Ti_3Al 金属间化合物的室温力学性能和高温持久寿命。

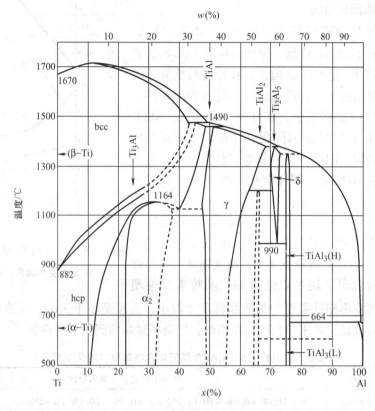

图 2-14　Ti-Al 二元合金相图

注：石田清仁等（2000 年）研究了从 Ti 侧到 x（Al）=40% 附近的相关系。Ti_3Al（α_2）：六方，Ni_3Sn（DO_{19}）型。$TiAl$（γ）：正方，$CuAuI$（$L1_0$）型，是高熔点金属间化合物的代表。$TiAl_2$：正方，与 $HfGa_2$ 同型。Ti_2Al_5（δ）：存在于 990℃ 以上。$TiAl_3$：（L）：正方，DO_{22} 型的代表性化合物，在 600℃ 以上（H），有序结构的周期发生变化。

表 2-4　Ti-Al 的特殊点的数据

反　　应	组成 x（Al）（%）			温度/℃	反应类型
L↔βTi	—	0	—	1670	熔点
βTi↔αTi	—	0	—	882	同素异形转变
L+（βTi）↔（αTi）	49.4	44.8	47.3	1490	包晶
（αTi）	Ti_3Al	—	30.9	1164	最大转变
（αTi）↔$Ti_{12}Al$+TiAl	39.6	38.2	46.7	1118.5	共析
L+（αTi）↔TiAl	55.1	51.4	55	1462.8	共晶
L+TiAl↔Ti_2Al_5	72.5	66.5	71.4	1415.9	共晶

（续）

反　　应	组成 x（Al）（%）			温度/℃	反应类型
$TiAl + Ti_2Al_5 \leftrightarrow TiAl_2$	64.5	71.4	66.7	1199.4	包析
$Ti_2Al_5 \leftrightarrow TiAl_2 + TiAl_3$	71.4	66.7	74.2	990	共析
$L + Ti_2Al_5 \leftrightarrow TiAl_3$	79.1	71.4	75	1392.9	包晶
$L + TiAl_2 \leftrightarrow$（Al）	99.9	75	99.4	664.2	包晶
$L \leftrightarrow Al$	—	100		660.452	熔点

表 2-5　典型的 Ti_3Al 金属间化合物的室温力学性能和高温持久寿命（τ）

合金（摩尔分数，%）	屈服强度/MPa	抗拉强度/MPa	断后伸长率（%）	K_{1c}/MPa·$m^{1/2}$	τ[①]/h
Ti-A124-Nb11	761	967	4.8	—	—
Ti-A124-Nb14	790~831	977	2.1~3.3	16.8	59.5~60
Ti-A125-Nb10-V3-Mo1	825	1042	2.2	—	—
Ti-A124.5-Nb17	952	1010	5.8	13.5	>360
Ti-A124.5-Nb17-Mo1	980	1133	3.4	20.9	476

① 650℃，380MPa。

2. TiAl 金属间化合物

TiAl（γ）金属间化合物为面心四方有序 Ll_0 超点阵结构。除了与其他高温金属间化合物一样，具有很好的高温强度和抗蠕变性能外，还具有密度小（3.7~3.9g/cm^3）、弹性模量较高（160~180GPa）和抗氧化性能好等特点。因此，它是一种很有潜力的航空航天用高温材料。但是，由于其室温塑性低，无法直接用于生产。Ti-Al54（Al 的摩尔分数 54%）金属间化合物的韧-脆转变温度在 700℃左右，且随着 Al 含量的减少而降低。由于 TiAl 金属间化合物中 Al 含量在很大的范围内（Al 的摩尔分数 49%~66%）都能保持相结构的稳定性，所以，可以通过合金化来提高其强度和塑性。研究表明，通过合金化来控制显微组织可以改善其室温塑性。含有双相（$\alpha_2 + \gamma$）层状组织合金的强度和塑性均优于单相（γ）组织的合金。对常用合金元素 V、Cr、Mn、Nb、Ta、W 和 Mo 等的研究表明：在 Ti-Al48（Al 的摩尔分数 48%）金属间化合物中加入摩尔分数 1%~3% 的 V、Cr 或 Mn 时，塑性可以得到改善（断后伸长率可大于 3%）；但若加 W 时，其塑性反而低于 Ti-Al48。另外，提高其纯度也有利于改善其塑性，比如，当氧含量由 0.08% 降低到 0.03%（质量分数）后，Ti-Al48 的断后伸长率可由 1.9% 提高到 2.7%。

2.2.3　Fe-Al 金属间化合物

1. Fe_3Al 金属间化合物

Fe_3Al 金属间化合物具有单晶 DO_3 型有序超点阵结构，晶格常数为 0.578nm，弹性模量较大、熔点较高、密度较低。在室温下具有铁磁性，有序 DO_3 相饱和磁化强度比无序 α 相低 10%。Fe_3Al 金属间化合物的有序化转变温度为 550℃。在很低的氧分压下可以形成 Al_2O_3 保护膜，所以，具有优良的抗高温腐蚀能力。表 2-6 给出了典型的 Fe_3Al 金属间化合物的化学成分和力学性能。

表 2-6 典型的 Fe₃Al 金属间化合物的化学成分和力学性能

化学成分	抗拉强度/MPa	断后伸长率（%）	硬度 HRC	弹性模量/GPa
Fe-27Al	483	2.8	—	—
Fe-28Al-1Cr	455	2.0	29	140

　　其力学性能主要受到 Al 含量的影响，室温下 Al 含量（质量分数）为 23% ~ 29% 的 DO_3 结构对于 Fe₃Al 金属间化合物的屈服强度和断后伸长率的影响如图 2-15 所示。（质量分数，%）Fe-23.7Al 和 Fe-28.7Al 在 25℃和 500℃的持久抗拉强度如图 2-16 所示。Fe₃Al 金属间化合物的屈服强度在 Al 含量（质量分数）为 24% ~ 26% 时最高（750MPa），再继续增加 Al 含量达到 30% 时屈服强度急剧下降到 350MPa。这是因为 Al 含量（质量分数）为 24% ~ 26% 时，Fe₃Al 金属间化合物从有序 DO_3 相中析出无序 α 相而产生时效强化，所以屈服强度增加。在增大 Al 含量时，由于在 500℃的成分在 α + DO_3 相区之外，所以，没有时效强化。而 Fe₃Al 金属间化合物的断后伸长率则随着 Al 含量的增加而提高。由图 2-15 可以看出，Al 含量（质量分数）由 23% 提高到 29% 时 Fe₃Al 的断后伸长率从 1% 提高到 5%。

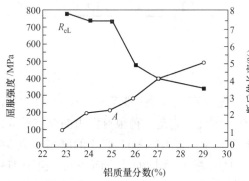

图 2-15　室温下 Al 含量为 23% ~ 29% 的 DO_3 结构对于
Fe₃Al 金属间化合物的屈服强度和断后伸长率的影响

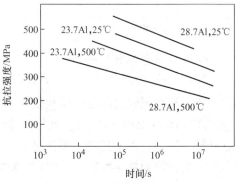

图 2-16　Fe-23.7Al 和 Fe-28.7Al
在 25℃和 500℃的持久抗拉强度

　　在室温的同一应力下，由于位错类型不同，（质量分数，%）Fe-23.7Al 比 Fe-28.7Al 的疲劳寿命短，而 500℃时，由于（质量分数，%）Fe-28.7Al 的第二相的强化作用，（质量分数，%）Fe-23.7Al 比 Fe-28.7Al 的疲劳寿命长。一般来说，金属材料的屈服强度都是随着温度的升高而下降，但是，Fe₃Al 的屈服强度从 300℃开始，则随着温度的升高反而提高，在 550℃时达到最大值，以后又随着温度的升高而急剧下降。这一现象发生在 Al 含量（质量分数）在 23% ~ 32% 的 Fe₃Al 中。

　　改善 Fe₃Al 室温塑性的有效元素是 Cr 和 Nb。Cr（质量分数）含量为 2% ~ 6% 时 Fe-28Al 的室温屈服强度从 279MPa 降低到 230MPa，而断后伸长率由 4% 上升到 8% ~ 10%；600℃的屈服强度略有上升，塑性稍有改善。断裂类型也由穿晶解理断裂变为混晶断裂。

　　Nb 在 Fe₃Al 中的溶解度很低，1300℃时仅为 2%（质量分数），且随着温度的降低，溶解度急剧下降，700℃时的溶解度仅为 0.5%（质量分数）。（质量分数，%）Fe-25Al-2Nb 合金经过 1300℃淬火后，在 700℃时效 8h 后空冷，获得 L_{21} 结构的共晶相。延长时效时间，则获得固溶 Al 的 C_{14} 结构的 Fe₃Nb 相。从室温到 600℃，发生析出强化使屈服强度提高了

50%。上述合金再加入质量分数 2% 的 Ti，可以明显改善热稳定性。硼对 Fe_3Al 晶粒细化很有效，而其他元素如 Ce、S、Si、Zr 和稀土元素也有细化晶粒的作用，Mo 在高温下有阻碍晶粒长大的作用。加入质量分数 0.5% TiB_2 可以控制晶粒尺寸，提高力学性能。Si、Ta 和 Mo 也可以提高 Fe_3Al 的屈服强度，但却使其塑性大大降低。

2. FeAl 金属间化合物

FeAl 金属间化合物的弹性模量较大，熔点较高，比强度较大。低 Al 含量的 FeAl 具有严重的环境脆性，而较高 Al 含量的 FeAl 由于晶界较弱，表现为降低的塑性和脆性。即使细化晶粒也难以提高其塑性。温度对其抗拉强度也有明显的影响。对于粗晶（质量分数,%）Fe-40Al 合金从室温提高到 650℃，抗拉强度一直保持在 270MPa，而当温度高于 650℃ 后其抗拉强度迅速下降，但其断裂塑性则由 8% 提高到 968℃ 的 40% 以上，室温下的 FeAl 的断口为沿晶断裂，高温下为穿晶解理断裂。粉末挤压成形的（质量分数,%）Fe-35Al、Fe40Al 合金的屈服强度则随着温度从室温提高到 600℃ 时表现为缓慢的降低，其中（质量分数,%）Fe-40Al 合金则从 650MPa 降低到 400MPa。而（质量分数,%）Fe-35Al 合金的屈服强度也从 500MPa 降低到 400MPa；其断后伸长率也从室温的 7% 提高到 500℃ 的 25%，但是，在 600℃ 时又出现了塑性降低，断口也变为沿晶断裂，FeAl 的力学性能受到合金元素的影响较大。图 2-17 所示为 Fe-Al 二元合金相图，图 2-18 所示为合金元素对 FeAl 力学性能的影响。

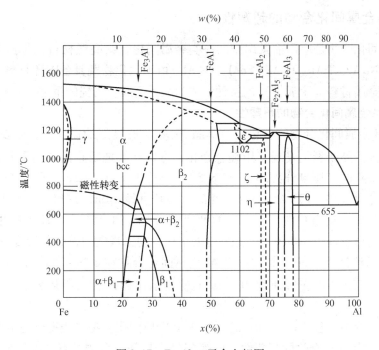

图 2-17　Fe-Al 二元合金相图

注：$β_1$ 相 Fe_3Al：立方，DO_3 型结构的代表性有序相，强磁性、软磁性材料（Alperm，阿尔帕姆高导磁铁铝合金），点画线是 T_c。$β_2$ 相：立方，CsCl（B2）型。$β_1→β_2→α$ 是两个阶段的二次有序 – 无序转变。700℃ 以下有 $α + β_2$ 和 $α + β_1$ 两相区域。ε 和 ζ（$FeAl_2$）相的结构未确定。η 相 Fe_2Al_5 是斜方。θ 相 $FeAl_3$ 是单斜。

在 $B2$ 结构有序 FeAl 合金中加入 Cr、Mo、Co、Ti 等合金元素能够使 FeAl 产生固溶强化，而 Nb、Ta、Hf、Zr 等元素也容易形成第二相强化。并且 Y、Hf、Ce、La 等对氧亲力较大的元素可以控制空洞的形成，从而改善其致密性。Hf 的强化作用较大，在 27～427℃时屈服强度保持在 800MPa，室温塑性略有降低，高温塑性则大大增加，827℃时 FeAl 的断后伸长率高达 50%。

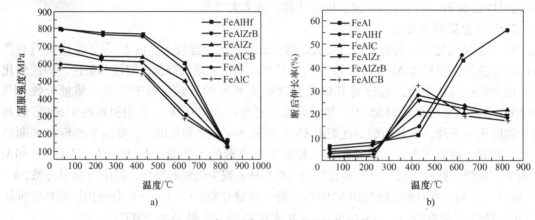

图 2-18　合金元素对 FeAl 力学性能的影响
a）屈服强度　b）伸长率

2.2.4　铝系金属间化合物的超塑性

铝系金属间化合物是应用前景广阔的一类金属间化合物高温材料，包括 Ni、Ti、Fe 的铝化物 NiAl、Ni_3Al、TiAl、Ti_3Al、FeAl、Fe_3Al。由于铝化物既具备陶瓷材料（共价键）的特性，又具有金属材料（金属键）的特性，成为联系金属和陶瓷的桥梁。

1. Ni-Al 系金属间化合物的超塑性

（1）Ni_3Al 金属间化合物的超塑性　单晶 Ni_3Al 具有良好的韧性，但是多晶 Ni_3Al 的韧性极差，表现为沿晶断裂。发现采用硼合金化，可以有效地阻止沿晶断裂和大大地改善塑性。粉末冶金得到的（质量分数,%）Ni-8.5Al-7.8Cr-0.8Zr-0.02B（IC-218），在其有序 γ' 相中含有体积分数（10～15）% 的无序 γ 相时，晶粒直径 6μm，在 950～1100℃ 及变形速度 $10^{-5}～10^{-2}$/s 就显示出超塑性。在 1100℃ 及变形速度 $8.94×10^{-4}$/s 时就获得了 640% 的断后伸长率，其变形机理为晶界滑动。超塑性变形区发现大量空洞，而且为沿晶断裂。

纳米级（晶粒直径 50nm）IC-218Ni_3Al 金属间化合物在 650～750℃ 条件下也具有超塑性，在 650℃ 和 725℃ 及变形速度 10^{-3}/s 下就显示出超塑性，断后伸长率分别为 380% 和 750%。

稍大晶粒（晶粒直径为 10～30μm）的 Ni_3Al 金属间化合物也表现出超塑性。

（2）NiAl 金属间化合物的超塑性　虽然 NiAl 金属间化合物具有许多优异的性能，但是严重的室温脆性阻碍了它的应用。采用向 NiAl 金属间化合物中加入大量 Fe 元素，以引入塑性 γ 相，就可以改善其塑性和韧性。如铸造挤压状态的质量分数（%）Ni-28.5Al-20.4Fe-0.003Y-0.003Ce（NiAl-20Fe-YCe）合金在 850～980℃ 及变形速度 $1.04×10^{-4}～10^{-2}$/s 就显示出超塑性。

NiAl-9Mo 类型的共晶合金在 1050～1100℃ 及变形速度 $5.55×10^{-5}～1.11×10^{-4}$/s 也显示出超塑性。

2. Ti-Al 系金属间化合物的超塑性

（1）Ti₃Al 金属间化合物的超塑性　Ti₃Al 金属间化合物是 α₂ + β 组织，（质量分数，%）Ti-24Al-11Nb 合金在 980℃可以获得 810% 断后伸长率的超塑性；（质量分数，%）Ti-25Al-10Nb-3V-1Mo 合金在 980℃可以获得 570% 断后伸长率的超塑性；（质量分数，%）Ti-24Al-14Nb-3V-0.5Mo 合金具有较好低温塑性和高温强度，在 980℃及变形速度 3.5×10^{-4}/s 获得了 818% 断后伸长率的超塑性；

（2）TiAl 金属间化合物的超塑性

1）试验温度对 TiAl 金属间化合物超塑性的影响。图 2-19 所示给出了晶粒直径 20μm、组织 γ + α₂ 的（质量分数，%）Ti-47.3Al-1.9Nb-1.6Cr-0.5Si-0.4Mn 合金在应变速率为 8.0×10^{-5}/s 时试验温度对粗晶 TiAl 金属间化合物超塑性的影响。可以看到，虽然断裂强度随着试验温度的提高，真实断裂应力降低，塑性增大，但是，真实应力-真实变形曲线也由软化型（随着真实变形的增大真实应力降低）变为硬化型（随着真实变形的增大真实应力也增大）。

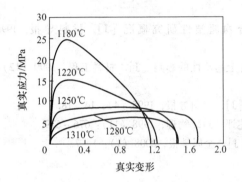

图 2-19　试验温度对粗晶 TiAl 金属间化合物超塑性的影响

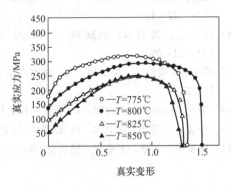

图 2-20　试验温度对细晶 TiAl 金属间化合物超塑性的影响

2）晶粒尺寸对 TiAl 金属间化合物超塑性的影响。Ti-Al 系金属间化合物的超塑性在很大程度上受到晶粒尺寸的影响。图 2-20 所示给出了晶粒直径 0.3μm、组织 γ + α₂ 的（质量分数，%）Ti-48Al-2Nb-2Cr 合金在应变速率为 8.3×10^{-4}/s 时试验温度对细晶 TiAl 金属间化合物超塑性的影响。可以看到，晶粒细化以后，其真实应力-真实变形曲线硬化型温度降低了，而且随着试验温度的提高，硬化的程度加强了。

3）合金元素的影响。V、Cr、Mn 能够提高 Ti-Al 系金属间化合物的塑性，而间隙元素 O、C、N、B 则能够降低 Ti-Al 系金属间化合物的塑性。

3. Fe-Al 系金属间化合物的超塑性

与 Ti-Al 系金属间化合物的超塑性在细晶粒上表现比较突出的现象不同，Fe-Al 系金属间化合物超塑性表现为大晶粒的特征。Fe₃Al 和 FeAl 的晶粒直径分别为 60~100μm 和 300~600μm。

4. 金属间化合物的超塑性机理

金属间化合物超塑性是由晶界滑动机制及伴有动态再结晶和位错滑移的协调过程。对于细晶粒组织的塑性的影响与一般合金相类似；而对于大晶粒金属间化合物的超塑性具有一定的普遍性，其超塑性是连续的动态回复和再结晶。超塑性变形前原始大晶粒中不存在亚晶，在变形过程中位错通过滑移或者攀移形成不稳定的亚晶界，这些亚晶界通过吸收界内滑移位错在原界内形成，从而发生原位再结晶，这一过程的不断进行导致材料在宏观上的超塑性行为。

参 考 文 献

[1] 山口正治，马越佑吉. 金属间化合物 [M]. 丁树深，译. 北京：科学出版社，1991.

[2] 中国机械工程学会焊接学会. 焊接手册：材料的焊接 [M]. 3 版. 北京：机械工业出版社，2008.

[3] 任家烈，吴爱萍. 先进材料的焊接 [M]. 北京：机械工业出版社，2000.

[4] 李亚江，王娟，刘鹏. 异种难焊材料的焊接及应用 [M]. 北京：化学工业出版社，2004.

[5] 李志远，钱乙余，张九海，等. 先进连接方法 [M]. 北京：机械工业出版社，2000.

[6] 长崎诚三，平林真. 二元合金状态图集 [M]. 刘安生，译. 北京：冶金工业出版社，2004.

[7] 江垚，贺跃辉，黄伯云，等. NiAl 金属间化合物的研究进展 [J]. 粉末冶金材料科学与工程，2004 (2)：112 - 119.

[8] 欧文沛，黄伯云，贺跃辉，等. TiAl 金属间化合物超塑性研究概况 [J]. 材料导报，1996 (5)：22 - 26.

[9] 邓忠勇，黄伯云，贺跃辉，等. 显微组织对 TiAl 基合金超塑性的影响 [J]. 材料工程，1999 (12)：26 - 28.

[10] 李文，张瑞林，余瑞璜. Ti-Al 系的相图及 Ti-Al 系 [J]. 材料导报，1995 (4)：14 - 18.

[11] 李文，王晓光，靳学辉. Ti-Al 系 Ti-Al 系脆性研究述评 [J]. 物理，1998 (11)：676 - 679.

[12] 宋玉泉，刘颖，宋家旺. 铝系金属间化合物超塑性 [J]. 金属学报，2008 (1)：1 - 7.

第 3 章　镍 – 铝金属间化合物的焊接

3.1　NiAl 金属间化合物

从 Ni-Al 二元合金相图（见图 2-10）可以看到，镍 – 铝之间可以形成五种化合物：$NiAl_3$、Ni_2Al_3、$NiAl$、Ni_5Al_3、Ni_3Al，其中高 Al 金属间化合物 $NiAl_3$、Ni_2Al_3、Ni_5Al_3，由于熔点低，无法与镍基高温合金竞争，没有实用价值。只有 NiAl 和 Ni_3Al 才有用于高温结构材料的潜力。

3.1.1　NiAl 金属间化合物的力学性能

B2 结构的长程有序 Ni_3Al 金属间化合物由于具有低密度（相当于 Ni 的 2/3）、高熔点（1680℃）、高导热性（76W/m·K）及高抗氧化性，被认为是很有价值的结构材料。

但是，由于它具有较低的室温塑性，妨碍了它的应用。因此，国内外的研究者采取一系列的方法，使其力学性能大大提高。

1. 合金元素的影响

（1）微合金化元素　微合金化元素主要是 Fe、Ga、Mo、B、La 等，加入量在摩尔分数 1% 以内。对单晶 NiAl 金属间化合物当 Fe 的加入量为摩尔分数 0.1% ~0.25% 时，室温塑性提高到 6%；当 Ga 的加入量为摩尔分数 0.1% 时，室温塑性提高到 4.5%。加入量超过 0.5%，这种塑性化的作用消失。在多晶体中加入 Fe、Ga、Mo，这种塑性化的作用消失。B 不能改善 NiAl 的塑性，却能改善 Ni_3Al 的塑性。向 Ni_3Al 中加入质量分数为 0.01% 的 La，可以将其压缩塑性提高到 29.6%。

（2）Ag 的影响　将 Ag 加入等原子分数的 NiAl 金属间化合物中，就得到以 NiAl 和 Ag 在 NiAl 中的固溶体组成。由于 Ag 在 NiAl 中的固溶度很低，Ag 在 NiAl 中的含量的增加将增加富 Ag 的第二相。少量的 Ag 可以增大它的强度，而大量地增加 Ag 的含量，则会降低它的强度。这是 Ag 的固溶强化和富 Ag 的第二相软化共同作用的结果。

（3）C 的影响　C 含量在质量分数 0.02% ~0.05% 时能够降低 NiAl 金属间化合物的屈服强度和硬度，这是因为 C 溶解在 NiAl 金属间化合物中，改变了 NiAl 的电子结构和键合特征，导致材料的软化。

（4）Fe 和 Co 的影响　加入大量 Fe 和 Co，可使其固溶度提高，形成 β + γ，或者 β + (γ + γ') 共晶组织，提高塑性。同时塑性相（γ + γ'）也能提高塑性。还有 Cu 和 Mn，也有类似的作用。

（5）伪共晶形成元素的影响　伪共晶形成元素主要是 Cr 和 Mo，还有 V + W 等。这类元素可以与 NiAl 形成伪二元共晶，从而改善塑性。比如（原子分数,%）Ni-25Al-25Cr 合金由 α-Cr、β-Ni（Al，Cr）和 γ'-Ni_3（Al，Cr）等三相显微组织组成，在 850 ~1100℃、变形速度 1.67×10^{-4} ~ 1.67×10^{-2}/s 时可以达到 80% ~160% 的超塑性。

（6）形成沉淀相的元素的影响　能够形成沉淀相的元素，主要是 Hf 和 Zr，Hf 比 Zr 更强，可以提高强度和改善室温及高温塑性达到 10%，还有 Y、Sc、Ti、Nb、V、La、Ta 等。这些元素可以溶入 NiAl 中，但是溶解度很小，超过溶解度就会析出 Ni_2AlX 相（X 即 Hf、Zr、Y、Sc、Ti、Nb、V、La、Ta 等元素）。

（7）Ti 的影响　Ti 是使 NiAl 金属间化合物脆化的元素，Ti 的这种作用主要是降低了 γ' 的含量。

（8）La 的影响　La 可以提高 NiAl 金属间化合物的马氏体相变温度。

（9）Sc 的影响　Sc 的微小含量（质量分数 0.1% ~ 0.3%）就会在 NiAl 金属间化合物析出富 Sc 相，由于 Sc 能够使之固溶强化和析出强化，因此，室温强度和高温强度都有提高。而在 NiAl-Cr-Mo 共晶合金中加入 Sc，不会析出富 Sc 相，这是由于共晶合金中 Sc 元素在 β 相中固溶度较大，因此，只能提高室温强度，对高温强度没有影响。这是因为固溶强化只能室温强化，对于高温没有影响。

（10）W 和 Mo 的影响　W 和 Mo 可以大幅度提高 NiAl 金属间化合物的高温强度和持久性能。

（11）P 的影响　P 会降低 NiAl 金属间化合物的塑性和超塑性。

2. NiAl 金属间化合物的超塑性

我国首先发现 NiAl 金属间化合物具有超塑性。Ni-50Al（摩尔分数,%）的金属间化合物（晶粒直径 200μm）在 900 ~ 1100℃ 下，以应变速率为 1.67×10^{-4} ~ 1.67×10^{-2}/s 时，其断后伸长率可达 210%；对摩尔分数（%）NiAl-25Cr 的金属间化合物（晶粒直径 3 ~ 5μm）在 850 ~ 950℃ 下，以应变速率为 2.2×10^{-4} ~ 3.3×10^{-2}/s 时，其断后伸长率可达 480%。

3.1.2　NiAl 金属间化合物力学性能的改善

1. 制备多相合金

制备多相合金是提高金属间化合物韧性的方法之一，通过向脆性的 NiAl 中引入第二相来达到改善其塑性和韧性的目的是 NiAl 研究的方向之一。研究的比较广泛的多相合金有（原子分数,%）：Ni-25Al-25Cr［NiAl 基体 + α - Cr、β-Ni（Al, Cr）、γ-Ni_3（Al, Cr）三元共晶体 + α - Cr 沉淀相］、NiAl-30Fe（β 相 + γ 相）、NiAl-28Cr-5Mo-1Hf［NiAl（β 相）+ Cr（Mo）相 + Ni_2AlHf（Heusler 相）］和 β - NiAl + γ' - Ni_3Al 两相合金等。还有以 NiAl-34Cr 为基，以少量 Zr 代替 Cr 得到 NiAl-33.5Cr-0.5Zr 合金，经过一系列的处理后，得到脆 - 韧转变温度为 900℃ 的合金。

2. 制备复合材料

如制造增强相为 HfC、TiB_2、TiC 的 NiAl 基复合材料等。采用内生 TiC 弥散强化的 NiAl 金属间化合物的室温硬度、室温到高温的抗压强度和高温抗拉强度均比普通的 NiAl 金属间化合物高。1000℃ 的抗压强度和 980℃ 的抗拉强度均比普通的 NiAl 金属间化合物高 3 倍。

3.1.3　NiAl 金属间化合物的应用

NiAl 金属间化合物的力学性能特点是高强度、低塑性、低韧性，这阻碍了实际应用，但是，它的超塑性，使其应用成为可能。

我国研制的 Heusler 相强化 NiAl 金属间化合物，密度低（6.5g/cm³），抗氧化优越，

1100℃以上的高温拉伸性能和持久蠕变性能均超过国内外当前用于航空航天发动机的高温材料，可以用于高推比发动机的涡轮机叶片和导向叶片。

3.2　NiAl 金属间化合物的焊接

NiAl 金属间化合物除了塑性不利于焊接外，还由于其 Al 含量较高，易在表面形成连续的 Al_2O_3 保护层而使焊接性更差，常用的焊接方法，如熔焊、扩散焊或摩擦焊等都不适于焊接 NiAl 金属间化合物，采用扩散钎焊来焊接 NiAl 金属间化合物是较为合适的。

3.2.1　NiAl 金属间化合物的焊接接头的抗裂纹敏感性

图 3-1 所示为不同材料产生热裂纹的临界应力，可以看到，Ni_3Al 金属间化合物的抗裂纹敏感性还是不错的，临界应力达到 240MPa，优于 Ni_3Al 金属间化合物，与 316 不锈钢相当。

3.2.2　NiAl 金属间化合物和 Ni 的扩散钎焊

由于 NiAl 金属间化合物的常温塑性和韧性很差，因此，很多情况下 NiAl 金属间化合物都会和 Ni 进行焊接，也可以以 Ni 为中间层进行 NiAl 金属间化合物的扩散钎焊。

采用 51μm 厚 BNi-3（质量分数为 Ni-Si4.5% - B3.2%）的非晶体钎料来用扩散钎焊焊接 NiAl（质量分数为 Ni-Al48%）和工业纯 Ni（质量分数为 Ni99.5%），钎料的固相线温度为 984℃，液相线温度为 1054℃，扩散钎焊温度选为 1065℃。整个焊接过程可经历钎料熔化、基体熔解、等温凝固和均匀化等四个阶段。

第一阶段。当加热到 1065℃钎料熔化的瞬间（即保温时间为 0min），基体尚未溶解，液相和固相都没有扩散，接头中的组织由共晶组成，接头中的浓度分布如图 3-2 所示。

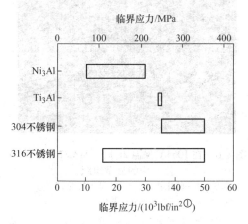

图 3-1　不同材料产生热裂纹的临界应力
①$1lbf/in^2 = 6897.76Pa$。

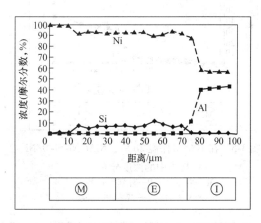

图 3-2　在 1065℃保温 0min 后，NiAl/Ni-Si-B/Ni 接头中的浓度分布
M—Ni 基体　E—共晶　I—NiAl 基体

第二阶段和第三阶段。实际上第二阶段和第三阶段是不可分的。随着保温时间的增加，基体 NiAl 开始向液相溶解，使不含 Al 的 Ni-Si-B 共晶液相中溶解了 Al，且 Al 含量不断提

高。这只是第二阶段的一部分。当保温 5min 后，NiAl/Ni-Si-B/Ni 接头中的平均 Al 的摩尔含量约为 2% （见图 3-3），并且 Ni 基体开始向液相中外延生长，进行等温凝固。但因为保温时间尚短，因此，在接头中除部分为 Ni 的外延生长，进行等温凝固组织外，主要还是共晶组织。另外，在界面附近的 Ni 基体内，因为 B 的扩散而形成了一个硼化物区，如图 3-4 所示，其宽度就是 B 在 Ni 基体内的扩散深度。在这个阶段基体熔解仍在向液相溶解。在 1065℃保温 2h 后，NiAl/Ni-Si-B/Ni 接头中的浓度分布如图 3-5 所示。这时接头中的共晶已完全消失，如图 3-6 所示。这说明等温凝固阶段已经结束。

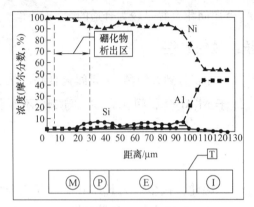

图 3-3　在 1065℃保温 5min 后，NiAl/Ni-Si-B/Ni
接头中的浓度分布
M—Ni 基体　P—外延生长的 Ni
E—共晶　I—NiAl 基体

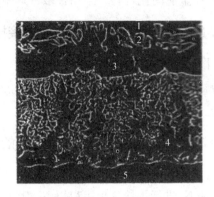

图 3-4　在 1065℃保温 5min 后，NiAl/Ni-Si-B/Ni
接头的显微组织
1—Ni 基体　2—硼化物区　3—外延生长的 Ni
4—共晶　5—NiAl 基体

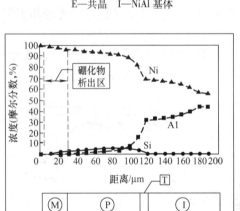

图 3-5　在 1065℃保温 2h 后，NiAl/Ni-Si-B/Ni
接头中的浓度分布
M—Ni 基体　P—外延生长的 Ni
I—NiAl 基体　T—贫 Al 的过渡区

图 3-6　在 1065℃保温 2h 后，NiAl/Ni-Si-B/Ni
接头中的显微组织
1—硼化物区　2—外延生长的 Ni
3—NiAl 基体

第四阶段。在等温凝固阶段结束以后，界面附近的硼化物依然存在，且一直稳定保持到 21h 以后，所以，很难得到没有硼化物的接头。这说明均匀化过程受硼的扩散控制。

硼的扩散与基体化学成分有关。B 在 NiAl 中的扩散能力远比在 Ni 中慢得多，因此，NiAl 基体向液相的外延生长也比在 Ni 中困难得多，如图 3-7 所示。另外，由于共晶液相的原始成分中没有 Al，所以，NiAl 向液相中外延生长时，必须先有足够量的 Al 进入液相，才能产生 NiAl 向液相中的外延生长；而 Ni 向液相中的外延生长要容易得多，这是由于无需以 Al 进入液相为先决条件之故，因为液相中已有大量 Ni 的存在。所以，用非晶态 BNi-3 钎料来钎焊 NiAl/NiAl 比钎焊 Ni/NiAl 难，而钎焊 Ni/NiAl 比钎焊 Ni/Ni 难。

3.2.3 NiAl 金属间化合物的自蔓延高温合成（SHS）

NiAl 金属间化合物的自蔓延高温合成将燃烧合成和加压焊接一步完成。燃烧合成技术就是利用混合物的发热化学反应来合成所需要的材料，这种反应能产生足够的热量。为了得到满意的接头组织和性能，常常需要对燃烧反应所能达到的温度进行控制。为了降低燃烧温度，常在混合物中加入适量的稀释剂或惰性材料，使其吸收掉一部分反应产生的热量。在燃烧合成 NiAl 金属间化合物时，可在 Ni 粉和 Al 粉中加入 Al_2O_3 或已合成的 NiAl 金属间化合物粉末。在焊接 NiAl 金属间化合物时，采用两种混合物粉末。一种是在 Ni 粉和 Al 粉中加入质量分数 2.8% 的 Al_2O_3 粉末；另一种是在 Ni

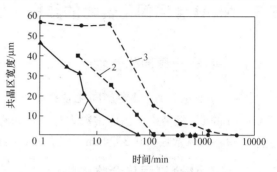

图 3-7 在 1065℃下不同接头中共晶区宽度与
保温时间之间的关系
1—Ni/Ni-Si-B/Ni 2—NiAl/Ni-Si-B/Ni
3—NiAl/Ni-Si-B/NiAl

粉和 Al 粉中加入已合成的质量分数 10% 的 NiAl 金属间化合物粉末。这些混合物粉末混合均匀后压成直径 12.7mm、厚 5mm 的圆片，在 110℃保温 2h 干燥，母材为加入质量分数 2.8% 的 Al_2O_3 被强化的 NiAl 金属间化合物。将混合物粉末片夹在加入质量分数为 2.8% 的 Al_2O_3 被强化的 NiAl 金属间化合物母材中，通过石墨夹具加压，压力为 24.8MPa，在钨丝炉内以 7.5℃/s 的升温速度加热到点燃温度（一般为 1075K）后，进行燃烧合成焊接。图 3-8 和图 3-9 所示分别为稀释剂 Al_2O_3 加入量和稀释剂 NiAl 加入量对燃烧温度的影响，可见，加入稀释剂 Al_2O_3 的效果比 NiAl 优越。从接头质量来看，加入稀释剂 Al_2O_3 也比 NiAl 好。如加入质量分数为 2.8% 的 Al_2O_3 作稀释剂时，Al_2O_3 在接头中呈均匀弥散分布，没有明显的气孔出现。但是，加入已合成的质量分数 10% 的 NiAl 金属间化合物粉末作稀释剂时，出现大量气孔。究其原因，应与燃烧温度有关。当混合粉末为加入质量分数为 2.8% 的 Al_2O_3 作稀释

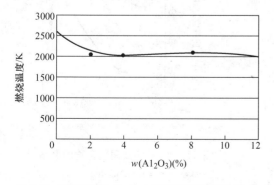

图 3-8 稀释剂 Al_2O_3 加入量对燃烧温度的影响

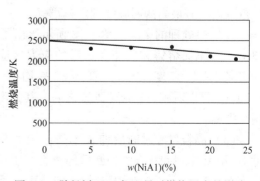

图 3-9 稀释剂 NiAl 加入量对燃烧温度的影响

剂时，其燃烧温度为 1827℃；而加入已合成的质量分数 10% 的 NiAl 金属间化合物粉末作稀释剂时，其燃烧温度为 2077℃。但是，NiAl 的熔点为 1638℃，远低于燃烧温度，因此，在用 NiAl 金属间化合物粉末作稀释剂时，液态 NiAl 严重过热，导致广泛的凝固气孔及反应物中 Al 的蒸发而形成大量气孔（Al 在 2077℃ 的蒸气压为 5.07kPa）。由此看来，采用自蔓延高温合成（SHS）法来焊接 NiAl 金属间化合物时，调整燃烧温度是得到优良接头的关键。

3.3 Ni_3Al 金属间化合物的结构、性能及应用

3.3.1 Ni_3Al 金属间化合物的结构

图 3-10 所示为 Ni_3Al 金属间化合物的晶体结构，它是属于 Cu_3Au 的 Ll_1 型结构，晶体常数为 0.3567nm，Ni 也是面心立方结构，晶体常数为 0.3524nm，二者非常接近。

3.3.2 Ni_3Al 金属间化合物的性能

1. Ni_3Al 金属间化合物的物理性能

Ni_3Al 金属间化合物的熔点为 1395℃，其有序化温度在其熔点附近。晶体常数根据化学成分在 0.3567 ~ 0.3580nm 之间

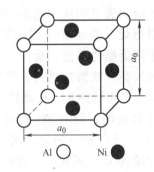

图 3-10　Ni_3Al 金属间化合物的晶体结构

变化，密度为 $7.50g/cm^3$，弹性模量为 180GPa，电阻率为 $32.59 \times 10^{-8}\Omega m$，导热系数为 $28.85W/m \cdot K$。Ni_3Al 金属间化合物即使在接近熔点的温度，仍然保持高度常程有序，因此，它不但熔点高，而且抗高温氧化性好。

2. Ni_3Al 金属间化合物的力学性能

Ni_3Al 金属间化合物的力学性能的特点是高温强度高和比强度大等，而且表现出明显的强度随着温度的升高而增大的反常关系。但是，室温塑性低，韧性差，是制约其应用的致命缺点。

（1）温度的影响　其强度具有 R 现象（即强度随着温度的提高而提高，达到一个最大值之后，又急剧下降，如图 3-11 所示），在 800 ~ 1000℃ 温度范围内，有最高的屈服强度。

（2）热处理的影响　图 3-12 所示给出了 Ni - 23Al 经过电弧熔铸和热处理之后的应力 - 应变曲线，条件为温度 290K，真空，平均晶粒为 9.2μm。可以看到，经过热处理之后，其强度有了明显提高。

（3）晶粒尺寸对断后伸长率的影响　晶粒尺寸对 Ni_3Al 金属间化合物的断后伸长率有明显的影响，图 3-13 所示为这种影响的曲线。可以看到存在一个临界晶粒直径 d_0，晶粒直径小于 d_0，断后伸长率有明显的增大。

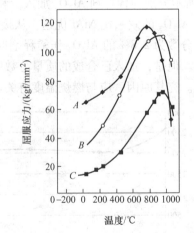

图 3-11　Ni_3Al 金属间化合物的 R 现象
注：$1kgf/mm^2 = 9.806\ 65MPa$。

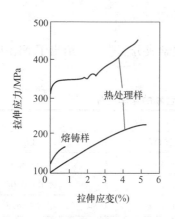

图 3-12　经过电弧熔铸和热处理之后
的应力—应变曲线

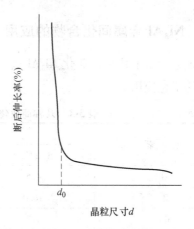

图 3-13　Ni_3Al 的断后伸长率与晶粒
尺寸之间的关系

（4）化学成分的影响

1）Al 含量对断后伸长率的影响。图 3-14 所示给出了 Al 含量对断后伸长率的影响，条件为温度 290K，真空。可以看到，Al 含量在原子分数 23% 左右，断后伸长率最大。

2）B 的影响。B 是韧化的 Ni_3Al 金属间化合物的关键元素，将其原子分数从 0.1% ~ 0.5% 提高到 1.0% ~ 1.5%，材料的高温持久寿命和瞬时抗拉强度达到最大值，其断后伸长率也达到 10%。

3）Cr 的影响。Cr 是强化 Ni_3Al 金属间化合物的常用元素，它有固溶强化作用，在一定程度上能够提高 Ni_3Al 金属间化合物的强度和延展性，但不是一种强的

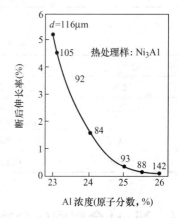

图 3-14　Al 含量对断后伸长率的影响

固溶强化元素。另外，通过在材料表面和晶界形成一层铬的致密氧化物，可以提高材料的抗氧化性。

4）C 的影响。C 不能改善 Ni_3Al 金属间化合物的塑性，但却是 Ni_3Al 金属间化合物的强化元素，它是通过形成碳化物来强化 Ni_3Al 金属间化合物的。C 以球状石墨的形式存在于 Ni_3Al 金属间化合物中时，由于石墨的自润滑功能，可以提高材料的耐磨性，还可以提高材料的耐冲击韧性。

5）Zr 的影响。Zr 可以强化和韧化无 B 的 Ni_3Al 金属间化合物，室温断后伸长率可达 10%，可以轧制成 2mm 的薄板。适量的 Zr 与 B 同时添加更好。

6）稀土元素的影响。Y、Ce 等稀土元素可以提高 Ni_3Al 金属间化合物的韧性以及抗氧化性能和抗热疲劳性能。

7）Mo 的影响。在 Ni_3Al 金属间化合物中加入质量分数 14% 的 Mo 的 IC6 合金具有良好的抗硫化和防渗碳性能。但是，由于它具有较低的室温塑性，妨碍了它的应用。因此，国内外的研究者采取一系列的方法，使其力学性能大大提高。

3.3.3 Ni_3Al 金属间化合物的应用

表 3-1 给出了几种商业化 Ni_3Al 金属间化合物的化学成分。表 3-2 给出了 Ni_3Al 金属间化合物的工程应用。

表 3-1 几种商业化 Ni_3Al 金属间化合物的化学成分

元　素	合金 w（%）		
	IC-221LA	IC-221W	IC6
Al	4.5	8.8	7.5 ~ 8.5
B	16.0	7.7	0.01 ~ 0.06
Mo	1.2	1.4	13.5 ~ 14.5
Cr	1.5	3.0	—
Zr	0.003	0.003	—
Ni	平衡状态的含量	平衡状态的含量	平衡状态的含量

表 3-2 Ni_3Al 金属间化合物的工程应用

合　金	应用领域
IC6	航空发动机热端关键部件
IC 系列	①先进喷气发动机叶片、燃烧室部件；②水汽轮机的抗汽蚀部件；③模具材料；④耐腐蚀机械部件
BKHA 系列	①发动机静子叶片；②模具材料；③牙科材料
MX246	①抗汽蚀材料；②高温耐磨材料，如线材热轧导位板；③渗碳构件

3.4 Ni_3Al 金属间化合物的焊接

3.4.1 Ni_3Al 金属间化合物的焊接性

NiAl 金属间化合物除了塑性不利于焊接外，还由于其 Al 含量较高，易在表面形成连续的 Al_2O_3 保护层而使焊接性更差，常用的焊接方法，如熔焊或摩擦焊等都不适于焊接 NiAl 金属间化合物，采用扩散和钎焊来焊接 NiAl 金属间化合物是较为合适的。

Ni_3Al 金属间化合物具有独特的高温性能，但是，由于其多晶体的室温塑性很低而无法加工使用。在发现加入微量 B 能够显著改善其室温塑性后，又在含有微量 B 的 Ni_3Al 金属间化合物中加入 Fe、Mn、Cr、Ti、V 等合金元素，形成了一系列室温塑性好和高温强度高的 Ni_3Al 金属间化合物。这种 Ni_3Al 金属间化合物的焊接性的主要问题是焊接裂纹。

在采用电子束焊对热量进行精确控制时，在一定的条件下可以得到无裂纹的焊接接头，这主要与焊接速度和 Ni_3Al 金属间化合物中的 B 含量有关。随着焊接速度的增大，裂纹率随着增加，如图 3-15 所示。该图还说明，IC-25 比 IC-103 的裂纹倾向大，表 3-3 给出了 IC-25 和 IC-103 的化学成分。从表 3-3 和图 3-15 中可以看出，虽然 B 对改善 Ni_3Al 金属间化合物的室温塑性有着非常重要的作用，但是，B 对焊接性的作用并非如此。B 含量对 Ni_3Al 金属间间化合物的热裂纹倾向的影响如图 3-16 所示，从图 3-16 可以看出，B 含量对 Ni_3Al 金属间化合物的热裂纹倾向的影响存在一个最佳值，这个最佳值约为质量分数的 0.02%。含 B 的 Ni_3Al 金属间化合物电子束焊焊接热影响区（HAZ）的热裂纹倾向比焊缝（FZ）还大（见图 3-17）。这可能是因为过高的 B 含量一方面容易在晶界形成脆性化合物，而且还可能是低熔点的，因此，会导致热影响区的局部熔化和热塑性降低，从而引起热影响区的热裂纹。但是，在含 B 的 Ni_3Al 金属间化合物电子束焊焊接热影响区的热裂纹表面并没有发现局部熔化现象。因此，适当地降低 B 含量，虽然其室温塑性会有一定的降低，但是，对于改善 Ni_3Al 金属间化合物电子束焊的焊接性是非常有利的。

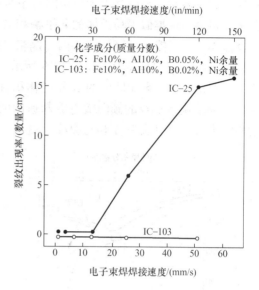

图 3-15　电子束焊焊接被 B 微合金化的含 Fe 的 Ni_3Al 金属间化合物时焊接速度对裂纹倾向的影响

表 3-3　IC-25 和 IC-103 的化学成分

合金	化学成分（摩尔分数）（%）				
	Ni	Al	Fe	B	其他
IC-25	69.9	18.9	10.0	0.24（0.05%）	Ti0.5 + Mn0.5
IC-103	70.0	18.9	10.0	0.10（0.02%）	Ti0.5 + Mn0.5

注：括号内数学为质量分数。

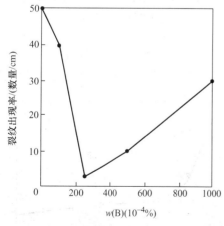

图 3-16　B 含量对 Ni_3Al 金属间化合物的热裂纹倾向的影响

注：Ni_3Al，焊接速度为 12.7mm/s。

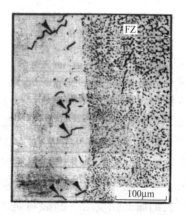

图 3-17　电子束焊焊接速度为 64mm/s 时 IC-25Ni_3Al 金属间化合物焊接接头的表层的显微组织

从这类加 Fe 的 Ni_3Al 金属间化合物的三元（含质量分数为 10% Fe 的 Ni－Al-Fe）平衡

状态图（见图3-18）来看，其高温组织为无序的面心立方γ相和有序的体心立方（B2）β相；冷却到室温时，平衡组织为单相的有序面心立方（$L1_2$）γ'。但是，在焊接快速冷却的条件下，将会出现类似于马氏体的非平衡相β'，它是在快速冷却时由高温的富Alβ相形成的，其晶体结构可能是有序的体心四方晶格。因此，这类材料的焊接接头为γ' + β'的两相组织，β'分布于γ'的晶界上，如图3-19所示。焊缝区中的β'相的体积百分比随着冷却速度的提高而增加，而热影响区中的β'相的体积百分比随着冷却速度的提高而减少。所以，从IC-25中热影响区裂纹的倾向随着冷却速度的提高而增加，而IC-103中没有热影响区裂纹的现象来看，可以认为β'相与裂纹无关。

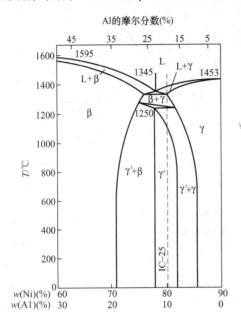

图3-18 含质量分数为10% Fe的
Ni-Al-Fe三元平衡状态图

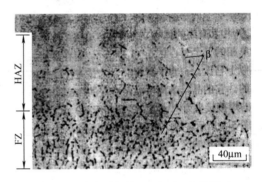

图3-19 分布于焊缝区（FZ）和热影响
区（HAZ）的β'相

对IC-25和IC-103在Gleebe-1500热-力模拟试验机上对两种材料在升温过程中进行热塑性变化的研究，发现（见图3-20和图3-21）二者在1200~1250℃具有很大的区别。1200℃时IC-25和IC-103拉伸时的断后伸长率分别为0和16.1%；而从断口上看（见图3-22和图3-23）IC-25的断裂完全是脆性的晶间破坏，而IC-103则呈现出明显的韧窝状破坏。这种现象与晶间的结合强度有关，晶间的结合强度低于材料的屈服强度时，断裂将是无延性的晶间破坏，断裂应变随着晶间结合强度的增加而增加。在1200℃时IC-25的断裂应变比IC-103小得多，因此，可以认为IC-25的晶界强度比IC-103低

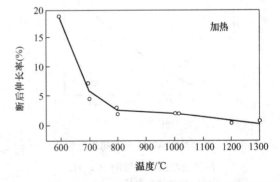

图3-20 IC-25在升温过程中断后伸长率与温度之间的关系
注：应变速率为$3.2s^{-1}$。

得多。这也说明了 B 对这些材料的高温塑性的影响与它对室温塑性的影响正好相反。

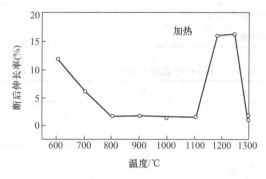

图 3-21　IC–103 在升温过程中断后伸长率与温度之间的关系

注：应变速率为 $3.2s^{-1}$。

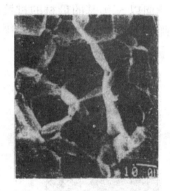

图 3-22　1200℃时 IC-25 电子束焊的断口形貌
（断后伸长率为 0）

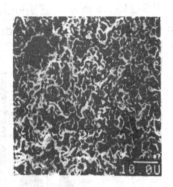

图 3-23　1200℃时 IC-103 电子束焊的断口形貌
（断后伸长率 16.1%）

3.4.2　Ni_3Al（IC6）的钎焊

1. Ni_3Al（IC6）的修补（大间隙）钎焊

IC6 合金是一种我国自行研究开发的、具有优异综合性能可以用于燃气涡轮发动机导向叶片的新型 Ni_3Al 基定向凝固高温合金，可用于 1100℃ 的材料。其特点是成分简单，资源立于国内，不含稀贵元素 Hf、Ta、Re、Co 等，成本低。从室温到 1200℃，都具有较高的屈服强度和较好的塑性，在 760~1100℃ 范围内，具有较高的蠕变强度，在 1100℃ 100h 的蠕变强度为 100MPa。

但有时会出现铸造裂纹，若能进行焊补，则可提高经济效益。但难以用熔焊的方法进行焊补，打磨后可采用预填 Rene′高温合金粉，再将钎料置于高温合金粉上进行焊补，不用熔化母材。

（1）材料　IC6 合金母材的名义成分（质量分数,%）为 Ni-12~14Mo-7~9Al- <0.1B。表 3-4 和表 3-5 分别为钎料和 Rene′95 高温合金粉的化学成分，17P 钎料是 IC6 合金的专用钎料，熔点为 1062~1084℃。

（2）钎焊工艺　钎焊在真空炉中进行，真空度为 $5 \times 10^{-3}Pa$。

表 3-4 钎料的化学成分（质量分数,%）

代号及化学成分	熔点/℃	使用形式
N300，25Cr-17Ni-10W-3.0B-2.75Si-余 Co	1040~1120	150 目粉
17P，Ni-Mo-Cr-B 系	1062~1084	150 目粉

表 3-5 Rene′95 高温合金粉的化学成分 w（%）

C	Cr	Ni	Co	W	Al	Ti	Mo	Nb	Zr	B
0.04~0.09	12.0~14.0	余	7.0~9.0	3.3~3.7	3.3~3.7	2.3~2.7	3.3~3.7	3.3~3.7	0.03~0.07	0.006~0.015

（3）钎焊接头组织与性能

1）N300 钎料钎焊接头的组织与性能。图 3-24 所示为 N300 钎料钎焊接头的组织，钎缝主要是由弥散分布的 γ′相小质点的基体 1 和块状的 Mo_2CrB_2 相两相所组成，其过渡区的组织形貌如图 3-24b、c 所示，它实际上是以 γ 相为基的钎缝向以 γ′为基的母材的过渡区，在母材中由于钎缝中 B 的扩散渗入析出大量棒状硼化物，随着与钎缝距离的增大，棒状硼化物的析出量逐渐减少，以至于消失。

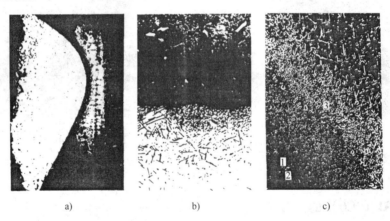

图 3-24 N300 钎料钎焊接头的组织
a）接头全貌（×17） b）过渡区（×200） c）过渡区放大（×600）

由 N300 钎料钎焊接头的持久拉伸试验表明，在钎缝与过渡区交界处形成的大块 γ′相的边界为接头的薄弱区，拉伸时在此处开裂，持久拉伸很低。这是由于钎料中的硅造成的，已经证明，少量的硅也会严重的阻碍多种元素向 Ni_3Al 基合金的扩散。因此，采用 N300 钎料钎焊 Ni_3Al 基合金是不适宜的。

2）17P 钎料钎焊接头的组织与性能。图 3-25 所示为 17P 钎料在 1180℃×30min 钎焊接头的组织，其钎缝是由依附于未溶解的 Rene′95 颗粒结晶长大的 γ + γ′基体相 1（见图 3-25a）、块状（Mo，W，Cr）硼化物相 2（见图 3-25b）和 γ + Ni_3B 共晶所组成。在接头交界线母材一侧，由于硼向母材的扩散渗入而析出大量黑色 M_3B_2 棒状硼化物。另外，从图 3-25c 可以看到，在接头的过渡区未发现 γ′的富集现象，因此接头强度较高。如果加长钎焊过程的保温时间，硼会进一步向母材扩散及均匀化，钎缝与母材结合良好，除交界区母材一侧仍有一些硼化物外，钎缝与母材之间已无明显的过渡区。

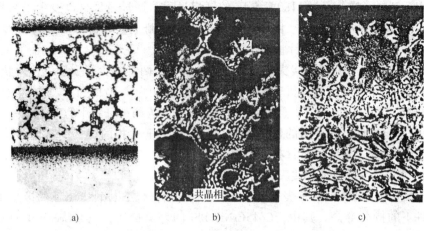

图 3-25 17P 钎料在 1180℃×30min 钎焊接头的组织

a) 接头金相（×100） b) 焊缝（×1500） c) 过渡区（×1500）

以 17P 为钎料、Rene′高温合金粉为填料、在 1190℃×30min + 1145℃×4h + 1170℃× 28h 及真空度 $5×10^{-3}$Pa 的工艺条件下，可得到良好的结果，接头的持久强度见表 3-6。可以看到，接头持久强度能够达到母材的 80% 以上。

表 3-6 17P 钎料、Rene′高温合金粉为填料的接头持久强度

试样号	持久寿命		
	温度/℃	应力/MPa	寿命/h
6-3	980	250	149.25
6-4	980	250	66.75
6-1	1100	72	75.83
6-2	1100	72	41.92
C10	1100	80	40
74	1100	80	26.17
74′	1100	80	23.17
IC6 验收标准	1100	90	≥30

2. Ni_3Al（IC6）的真空钎焊

（1）材料 采用三种钴基钎料：Co45CrNiWBSi、Co45CrNiWB 和 N300E，其中的 Co45CrNiWBSi 类似于美国的 N300，后两种是在 Co45CrNiWBSi 基础上去除了 Si 经过调整而得到的。它们的熔化温度依次为 1040~1120℃、1148~1216℃和 1120~1169℃。三种钎料都是使用 150 目的粉末。

（2）钎焊工艺 Co45CrNiWBSi 和 N300E 的钎焊温度都是 1180℃，Co45CrNiWB 的钎焊温度是 1220℃，保温时间 4h，真空度优于 $2×10^{-2}$Pa。

（3）接头组织 采用上述三种钎料真空钎焊 IC6 的接头性能良好，可以得到完整致密的接头。Co45CrNiWBSi 接头中化合物相最多。

N300E 钎料的钎焊接头与 Co45CrNiWBSi 接头相比，钎缝中化合物相减少很多。与

Co45CrNiWBSi 钎料一样，经过 1180℃ ×4h 的钎焊过程，钎料与母材也发生了激烈的反应，钎缝基体也从钴基变为镍–钴基。由于 N300E 钎料中的硼含量比 Co45CrNiWBSi 少（前者约为后者的 60%），因此近缝区的针状硼化物相大幅减少。

Co45CrNiWB 作为钎料钎焊接头中的化合物数量比前两者都少，少量白色块状化合物断断续续分布在钎缝中心。能谱分析表明钎缝中白色块状相为富 W 的 M_3B_2 硼化物相。近缝区的针状硼化物相与 N300E 钎料的钎焊接头相当，这是因为两种钎料中的 B 含量相当。

总之，三种钎料的钎焊接头的显微组织都是含有少量 γ 相的镍–钴基固溶体上分布着不同数量的化合物相，近缝区母材有针状硼化物相。其中 Co45CrNiWBSi 接头中化合物相最多，Co45CrNiWB 作为钎料钎焊接头中的化合物数量最少。

（4）钎焊接头的持久性能 表 3-7 给出了三种钎料钎焊 Ni_3Al（IC6）的接头在 900℃ ×160MPa 条件下的持久寿命。其中，Co45CrNiWBSi 的寿命最短，Co45CrNiWB 的寿命最长，N300E 的寿命居中。

表 3-7 三种钎料钎焊 Ni_3Al（IC6）的接头在 900℃ ×160MPa 条件下的持久寿命

钎料金属	钎焊条件	接头的持久寿命
Co45ClNWBSi	1180℃ ×4h	7min30s，22min10s，7min00s
N300E	1180℃ ×4h	61min40s，73min00s
Co45NiClWB	1220℃ ×4h	136min25s，110min15s，142min30s

3.4.3 Ni_3Al 金属间化合物的自蔓延高温合成（SHS）焊接

自蔓延高温合成（SHS）技术是一种非常适合金属间化合物焊接的方法，这种工艺实质上是古老的铝热焊的又一个应用。其特点是通过材料内部化学反应产生的化学能来达到形成接头所需要的高温以及由原位燃烧合成来得到所需要的填充材料。其优点是由于反应是在焊接区内进行的，因此，加热直接，加热区集中，加热效率高，且限制了母材的热损伤，同时，还可以根据需要来通过反应物的合理配比原位合成与母材成分和性能相适应的接头。图 3-26 所示为经不同温度和不同保温时间得到的自蔓延高温合成焊接接头组织。

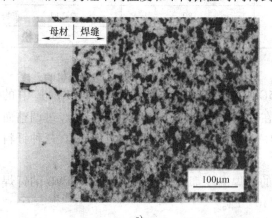
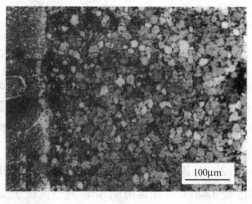

a)   b)

图 3-26 经不同温度和不同保温时间得到的自蔓延高温合成焊接接头组织
a）经 960℃ ×0min 焊接 b）经 1100℃ ×60min 焊接

1. 自蔓延高温合成（SHS）焊接铸造 Ni₃Al 金属间化合物工艺

用自蔓延高温合成（SHS）焊接铸造 Ni_3Al 金属间化合物 IC-221M，其质量分数为 Ni81.14%、Al7.98%、Cr7.74%、Zr1.7%、B0.008%、Mo1.43%；焊接用的填充材料为加微量 B 的富镍 Ni_3Al 金属间化合物，其名义成分：质量分数为 Ni87.2%、Al2.7%、B0.1%。所用的 Ni 粉纯度的质量分数为大于 99%，颗粒直径小于 $45\mu m$；Al 粉纯度的质量分数为大于 99%，颗粒直径为 $10 \sim 15\mu m$。取 0.5g 混合粉末冷压成 $\phi10mm$ 的薄圆片。将这个薄圆片夹在两块铸造 Ni_3Al 金属间化合物 IC-221M 之间，直接在 Gleeble-1500 热－力模拟试验机上，在真空度 $6.7 \times 10^{-2}Pa$ 下进行自蔓延高温合成。将压制成形后的粉末体置于被焊材料之间，利用粉末体内化学反应产生的热量加热合成产物作为填充材料在压力下实现被焊材料的焊接，如图 3-27 所示。其反应合成为

$$3Ni + Al \longrightarrow Ni_3Al + 175kJ \tag{3-1}$$

同时，反应所形成的 Ni_3Al 与被焊母材产生结合从而形成焊接接头。

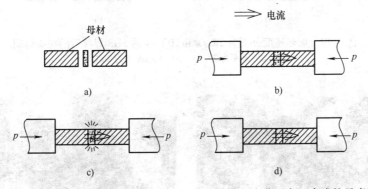

图 3-27　在 Gleeble-1500 热－力模拟试验机上进行自蔓延高温合成的示意图
a) 反应前　b) 加压产生电阻热　c) 发生反应　d) 实现连接

采用热爆模式在真空度 $6.7 \times 10^{-2}Pa$ 下进行自蔓延高温合成，图 3-28 所示为其一个自蔓延高温合成的焊接条件。在 400℃保温 30min 是为了保证试样温度的均匀及排除粉末颗粒之间的气体。

2. 自蔓延高温合成（SHS）焊接条件对焊接质量的影响

（1）加热速度的影响　采用不大于 $45\mu m$ Ni 粉与 $10 \sim 15\mu m$ Al 粉压制成质量分数为 Ni85% ~87% + Al15% ~13% 的坯料，经过 960℃（加热温度）×30min（保温时间）×85MPa（压力）的 SHS 焊接，即可得到如图 3-29 所示的加热速度分别为 2℃/s 和 20℃/s 的 SHS 焊接后的接头组织。

如图 3-30 所示，焊缝中存在黑、白、灰三种不同的相，电子探针分析表明（见表 3-8），组织中占主体的灰色相为 Ni_3Al，黑色相为 Ni_5Al_3，少量白色相为反应残留的 Al 在 Ni 中的固溶体。

由此可知，在 SHS 焊接过程中，Ni 和 Al 并不是直接反应而成为 Ni_3Al。由于在 SHS 焊接温度下，Al 是处于熔化状态，易于发生液态 Al 向固态 Ni 的

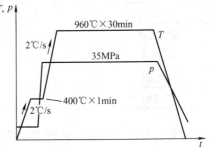

图 3-28　一个自蔓延高温合成的焊接条件

缝隙扩散，及 Ni 向液态 Al 中扩散，从而发生反应生成 Ni 和 Al 之间的化合物。这种化合物中的 Ni 含量随着 Ni 向液态 Al 中的不断溶解而发生变化，如下式所示

$$3Ni + Al \longrightarrow NiAl_3 \longrightarrow Ni_2Al_3 \longrightarrow NiAl \longrightarrow Ni_5Al_3 \longrightarrow Ni_3Al \qquad (3-2)$$

其首先发生 $3Ni + Al \longrightarrow NiAl_3 \longrightarrow Ni_2Al_3$，然后 Ni_2Al_3 再与 Ni 反应形成 NiAl 化合物，再通过原子之间的扩散转变为 Ni_5Al_3，最后转变为 Ni_3Al 金属间化合物。其反应过程可归纳为

$$3Ni + Al \longrightarrow xNi_3Al + (1-x)Ni_2Al_3/3 + (1-x)Ni/3 \qquad (3-3)$$

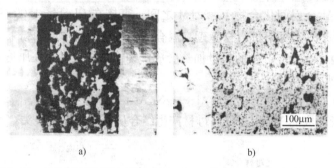

图 3-29　加热速度分别为 2℃/s 和 20℃/s 的 SHS 焊接后的接头组织
a) 加热速率为 2℃/s　b) 加热速率为 20℃/s

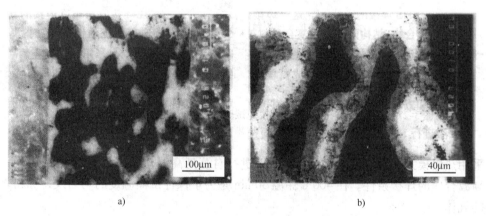

图 3-30　采用粗颗粒粉末焊接后的接头和焊缝中的各相
a) 经 960℃ ×30min 焊接后的接头　b) 焊缝中的各相（背散射电子像）

表 3-8　图 3-30b 焊缝中存在黑、白、灰三种不同相的电子探针分析结果（质量分数,%）

相	Ni	Al	组织
深黑色相	50.8	49.2	NiAl
浅黑色相	63.3	36.7	Ni_3Al
灰色相	75.4	24.6	Ni_5Al_3
白色相	95.8	4.2	$\gamma - Ni$

随着加热速度的提高，焊缝中的黑色相 Ni_5Al_3 和白色相（反应残留的 Al 在 Ni 中的固溶体）明显减少。这是由于加热速度的提高，使其迅速形成液态相以及加快液态的流动，使得化合反应加快，反应生成的中间相减少。

（2）焊接温度的影响　图 3-31 所示给出了 45μmNi 粉与 15μmAl 粉压制成质量分数为 Ni85% + Al15% 的坯料，经过分别加热 700℃、960℃ 和 1100℃（焊接温度）×30min（保温时间）×85MPa（压力）的 SHS 焊接。结果表明，700℃ 的焊接温度时，尽管坯料内发生了部分合成反应，但是，并没有与母材焊上（见图 3-31a）。当焊接温度提高到 960℃ 时，接头组织由 Ni_3Al、Ni_5Al_3 和反应残留的 Al 在 Ni 中的固溶体组成（见图 3-31b）。当焊接温度提高到 1100℃ 时，接头组织由单相 Ni_3Al 组成（见图 3-31c），这时焊缝组织为等轴晶，但是晶粒大小很不均匀，焊缝中心晶粒较粗，与母材交界处晶粒较细。这是由于焊缝中心温度较高，而交界处由于母材导热而使温度相对较低的缘故。由上述结果可以看出，随着焊接温度的提高，其合成反应进行的比较彻底，与母材的结合也更好。

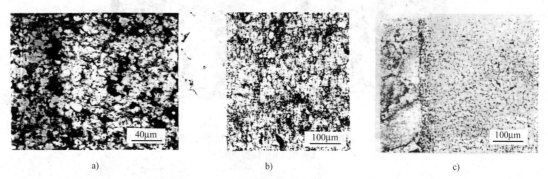

图 3-31　焊接温度对焊缝组织的影响
a）焊接温度为 700℃　b）焊接温度为 960℃　c）焊接温度为 1100℃ 接头组织

（3）压力的影响　图 3-32 所示为 960℃（焊接温度）×30min（保温时间）时，焊接压力分别为 35MPa 和 85MPa 的 SHS 焊接焊缝组织的照片。可以看到随着焊接压力的增大，焊缝中的孔隙减少，焊缝组织也较均匀。但是，焊接压力也不能太大，否则，造成母材变形太大，还容易出现裂纹。

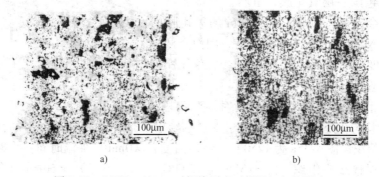

图 3-32　960℃ ×30min 时焊接压力对焊缝组织的影响
a）焊接压力为 35MPa　b）焊接压力为 85MPa

（4）保温时间的影响　在 SHS 焊接过程中，在相同焊接温度下进行适当时间的保温，有利于焊缝中原子之间的扩散，以利于得到单相 Ni_3Al 组织，并使之均匀化。图 3-33a 所示为 1250℃（焊接温度）×0min（保温时间）×35MPa（压力）的 SHS 焊接的焊缝组织的显微照片，图 3-33b 所示为 960℃（焊接温度）×30min（保温时间）×35MPa（压力）的

SHS 焊接的焊缝组织的显微照片。图 3-33a 显微照片表明，无保温的试样，尽管焊接温度较高，但是焊缝组织很不均匀，孔隙较多，焊缝中存在大量的反应中间相。可见，在 SHS 焊接条件下，仅单靠高温下的化学反应是难以将反应进行到底的，更不要说得到均匀的单相组织。这说明这一化学反应本身是需要一个过程的，而组织均匀化也需要一定的过程，因此，SHS 焊接必须有一定的保温时间。以 Ni 粉和 Al 粉的烧结坯为填充材料进行 Ni_3Al 的 SHS 焊接时，采用 1100℃（焊接温度）×60min（保温时间）×35MPa（压力）的规范可以得到质量较好的焊接接头，其显微组织如图 3-34 所示。

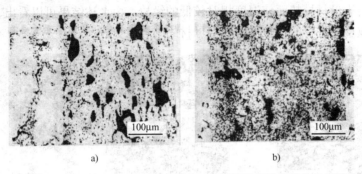

图 3-33　相同焊接温度不同保温时间 SHS 焊接的焊缝组织的显微照片
a）无保温　b）保温 30min

（5）粉末粒度的影响　在 SHS 焊接中，反应物的粒度对反应过程影响极大。在用 SHS 法形成 Ni_3Al 的过程中，应当使 Ni 及 Al 的颗粒充分接触。若 Al 的颗粒过大，不能形成对 Ni 颗粒的充分包围，致使反应不充分，造成孔隙率较大。但是，Al 的颗粒也不能过小，这是因为 Al 是极易氧化的元素，在 Al 的颗粒表面往往包围一层氧化膜，虽然在焊接加热过程中，氧化膜会破坏，但是，由于破碎的氧化膜的存在，阻碍了 Ni 和 Al 的充分接触反应，因而降低了 SHS 反应的程度。试验表明 Ni 及 Al 的颗粒度比保持在 3∶1 较为合适。

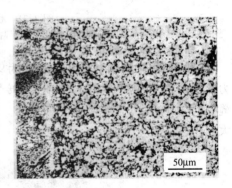

图 3-34　采用 1100℃×60min×35MPa 规范的焊接接头显微组织

图 3-26 和图 3-30 表明了粉末粒度对接头组织的影响。

（6）焊后均匀化处理的影响　图 3-35 所示给出了 Ni_3Al 的 SHS 焊接焊后均匀化处理前后的焊接接头组织，图 3-35a 为 1250℃（焊接温度）×0min（保温时间）×85MPa（压力）的规范得到的焊接接头组织，图 3-35b 为 1200℃（焊接温度）×60min（保温时间）×85MPa（压力）的规范得到的焊接接头组织。比较可知，由于未进行焊后均匀化处理，图 3-35a 中存在大量反应中间相（焊缝中大量不规则的黑色相）；图 3-36b 显示经过焊后均匀化处理后，焊缝中的暗黑色消失，变为均匀的 Ni_3Al 相。

3. 自蔓延高温合成（SHS）焊接接头力学性能

（1）自蔓延高温合成（SHS）焊接接头抗拉性能　表 3-9 给出了采用化学成分为 45μmNi 粉、15μmAl 粉和 1μmAl 粉压制成质量分数为 Ni85% + Al15% + B0.1% 的坯料作为填充材料，对 $Ni_3Al + 0.08\%B$（质量分数）进行 SHS 焊接后的拉伸试验结果，焊接条件也在表中给出。

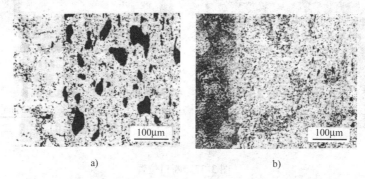

图 3-35　焊后均匀化处理前后的焊接接头组织
a）均匀化处理前接头组织　b）均匀化处理后接头组织

表 3-9　$Ni_3Al + 0.08\%B$（质量分数）进行 SHS 焊接的焊接条件及其拉伸试验结果

编号	升温速度/（℃/s）	焊接温度/℃	保温时间/min	焊接压力/MPa	R_m/MPa	A（%）	备注
1	20	960	60	85	240.9	11.5	母材 R_m = 491.8MPa，A = 35.8%
2	20	1100	60	35	256.0	14.1	
3	20	1200	60	35	158.1	10.0	

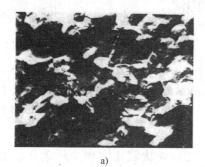

图 3-36　扫描电镜的断口形貌
a）试件组 1（960℃ ×60min）　b）试件组 3（1200℃ ×60min）

图 3-36 所示为扫描电镜的断口形貌，图 3-37 所示为断口位置。结果显示，其接头强度和塑性都低于母材；断口形貌明显显示为沿晶断裂；断裂发生在接头交界处。

（2）自蔓延高温合成（SHS）焊接接头硬度分布　在 50MPa 的压力下，加热速度为 20℃/s、温度为 1100℃、保温时间为 30min 时，就可以实现 Ni_3Al 的焊接，得到单相等轴的 Ni_3Al 焊缝组织；若将保温时间延长到 60min 时，焊缝晶粒尺寸有所增大。这两种条件下所得到的显微硬度分布都很均匀，且变化不大（见图 3-38）。

3.4.4　Ni_3Al（IC10）的焊接

1. Ni_3Al（IC10）的 TLP 扩散焊

Ni_3Al 基高温合金 IC10 是我国研制的定向凝固的多元复合强化性高温合金，主要用于航空发动机的导向叶片，其制造过程需要焊接连接。

 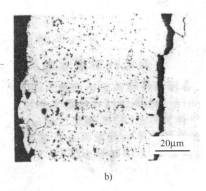

a)   b)

图 3-37   断口位置
a) 试件组 1（960℃ × 60min）   b) 试件组 3（1200℃ × 60min）

（1）母材的化学成分和组织   母材为 Ni_3Al 基合金 IC10，其化学成分见表 3-10。采用定向凝固方法铸造，组织为 $\gamma + \gamma'$，γ' 呈块状分布，γ 在 γ' 周围呈网状分布。经过（1260 ± 10）℃、保温 4h，然后油冷，或者空冷处理后的组织均匀化处理之后，仍然是 γ 在 γ' 周围的网状组织。γ 相约为 20% ~ 30%，γ' 约为 65% ~ 75%，还有少量的硼化物和碳化物。其高温力学性能在表 3-11 中给出。

（2）采用不同中间层材料

1）采用 KNi - 3 作为中间层。

① 焊接工艺。焊接温度（1240 ± 10）℃，保温
4h 和 10h。

图 3-38   自蔓延高温合成（SHS）焊接接头显微硬度分布

② 接头组织。图 3-39 所示为加热 1240℃，分别保温 4h 和 10h 的显微组织。从中可以看到，在保温 4h 时，接头由 γ 相基体、大块 γ' 相、块状硼化物和少量碳化物组成；而保温 10h 的接头则是大块 γ' 相、块状硼化物和少量变得细小的碳化物，均匀地分布在 γ 相基体中，接头组织与母材基本相似，连接良好。

表 3-10 Ni_3Al 基合金 IC10 的化学成分（质量分数,%）

Co	Cr	Al	W	Mo	Ta	Hf	B	Ni
11.5 ~ 12.5	6.5 ~ 7.5	5.6 ~ 6.2	4.8 ~ 5.2	1.5 ~ 5.0	6.5 ~ 7.5	1.3 ~ 1.7	≤0.02	余量

表 3-11 Ni_3Al 基合金 IC10 的高温力学性能

状　　态	980℃持久强度 R_{100}/MPa		1100℃持久强度 R_{100}/MPa	
	纵向	横向	纵向	横向
固溶	160	80	70	40

图 3-40 和图 3-41 所示分别为室温和高温时的断口组织。室温断口形貌以细小韧窝为主，韧窝中分布有解理面，宏观上断口起伏不大，解理面上存在较多的 W、Mo、Co、Hf 元

素，韧窝中 W、Mo、Co、Hf 元素极少；高温断口形貌以细小韧窝为主，宏观上断口起伏较大。

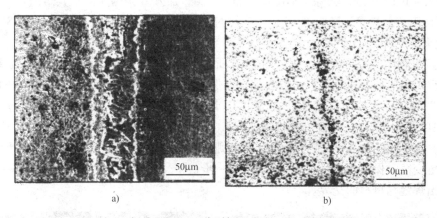

图 3-39　加热 1240℃，分别保温 4h 和 10h 的显微组织
a）保温 4h　b）保温 10h

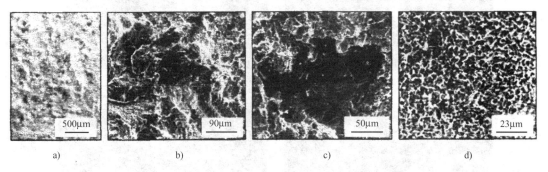

图 3-40　室温时的断口组织
a）宏观形貌　b）微观形貌　c）解理区　d）韧窝区

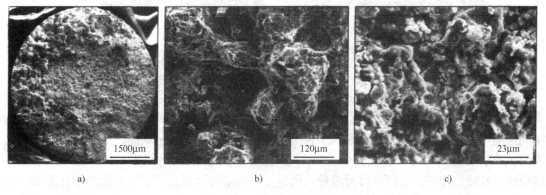

图 3-41　高温时的断口组织
a）宏观形貌　b）柱状区　c）韧窝形貌

③ 接头力学性能。室温接头强度为（705～894）/772MPa；980℃的接头强度为（530～584）/561MPa，断后伸长率（1.2%～2.8%）/2.23%。980℃、100h 的高温持久强度为

120MPa，达到母材的 80%。

2）采用 YL 合金作为中间层材料。YL 合金作为 IC10 的 TLP 扩散焊专用中间层材料，其化学成分与 IC10 相近，去除了 Hf、C，加入了 B，加入 B 是为了降低其熔点。

① 焊接工艺。焊接温度为 1270℃（母材的固溶温度），分别保温 5min、2h、8h、24h。

② 接头组织特征。

a. 焊接过程中接头组织的变化。图 3-42 所示给出了采用 YL 合金作为 IC10 的 TLP 扩散焊的接头组织经历的变化过程。可以看到，在保温很短的条件下，就可以形成良好的焊接接头（见图 3-42a），焊缝明显变宽，在与 IC10 母材两侧的界面上形成了花团状 γ + γ′ 共晶（焊缝中央的黑色组织），还有鱼骨状化合物 1（硼化物）和大块网状组织 2（Ni-Hf 共晶）。保温 2h 后，除了在 γ + γ′ 共晶边缘还有一些硼化物之外，焊缝组织已经基本与母材一致，焊缝宽度也变窄。保温 8h 之后，焊缝宽度进一步变窄。保温 24h 之后，接头组织已经均匀化，看不出焊缝与母材的交界。

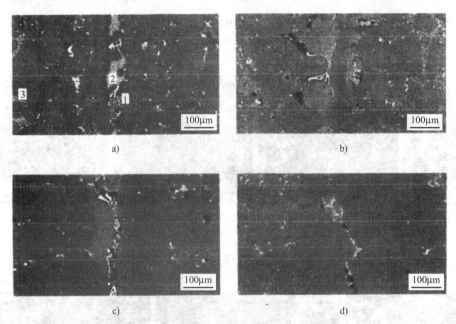

图 3-42　采用 YL 合金作为 IC10 的 TLP 扩散焊的接头组织经历的变化过程
a）1270℃ ×5min　b）1270℃ ×2h　c）1270℃ ×8h　d）1270℃ ×24h

这个 TLP 扩散焊接头的形成过程大致如下：首先中间层合金熔化，由于中间层合金中含有 Al、Ta 等 γ′ 相形成元素，而且 Hf、B 等降低熔点的元素能够促进共晶的形成，所以在中间层与母材靠近的两侧界面上形成了大量的连续的花絮状 γ + γ′ 共晶，从而排出 Cr、Mo、W 等元素，在共晶的周围形成了 Cr、Ta 的硼化物。这个过程的时间很短，焊缝宽度已经超过中间层厚度，说明已有部分母材溶解。同时，中间层与母材之间发生元素的相互扩散，中间层中的硼向母材扩散，使得母材的熔点降低而熔化，冷却过程中形成大量硼化物。随着保温时间的增加，由于 B 原子的直径小，容易扩散，因此，近缝区的 B 含量逐渐减少，组织逐渐趋于均匀化。

b. γ′ 形态的变化。图 3-43 所示给出了焊接接头中 γ′ 相形貌随保温时间增加的变化过程。

在保温时间较短时 γ' 相形貌近似为球形（见图 3-43a）；而保温时间增加之后，则逐渐变为四方形，还有一些田字形，而且，晶粒也会长大（见图 3-43c）。这是因为 γ' 相的析出受到界面能和共格变形能的控制，保温时间短，还来不及长大，因此，呈现为球状；随着保温时间的延长，γ' 相长大，会破坏共格，而形成部分共格界面，形状趋于方形以减少共格弹性能。

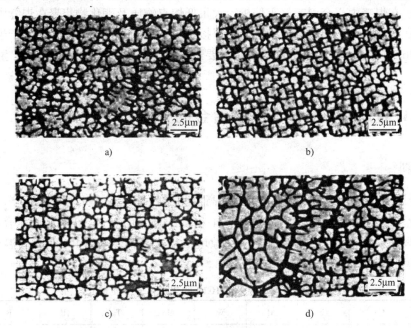

图 3-43 接头组织中 γ' 相形貌随保温时间增加的变化过程
a) 1270℃ ×5min 焊缝 b) 1270℃ ×5min 母材 c) 1270℃ ×24h 焊缝 d) 1270℃ ×24h 母材

在镍基高温合金中，Al、Ti、Nb、Ta、V、Zr、Hf 等是 γ' 形成元素，而 Co、Cr、Mo 是 γ 形成元素，W 大致分配在 γ' 相和 γ 相中，所以，可以用（Al + Ti + Nb + Ta + V + Zr + Hf + 1/2W）的质量分数作为 γ' 的形成因子，γ' 的形成因子越大，γ' 相就越多。由于中间层中去除了 Hf，所以 γ' 的形成因子只有 Al、Ta、W，因此，γ' 的形成因子不大。在保温 5min 时，在焊缝形成大量硼化物，母材中的 Hf 扩散进入焊缝，形成 Ni – Hf 共晶，所以焊缝中 γ' 的形成因子较小，γ' 含量较少，尺寸也小，容易成为球形；在保温时间增加之后，焊缝成分趋于均匀，基本与母材一致，γ' 的形成因子增大，γ' 含量也增加，尺寸变大，成为四方形。

2. Ni₃Al（IC10）的电子束焊

Ni₃Al（IC10）的电子束焊焊接接头具有比较大的裂纹倾向。

1）电子束焊焊接接头形貌特征引起的应力。电子束焊焊接接头的光镜照片呈现钉子头形状，这说明在深度方向上存在着较大的温度梯度。在焊缝截面突变的钉帽的颈部和顶尖部，温度梯度更加严重，能够产生较大的残余应力。从而为在热影响区产生微小的冷裂纹提供了可能性。

2）电子束焊焊接固有的热冲击特性对焊缝组织的损伤。高能电子束流犇击在工件上，瞬时的高温在犇击点引起热扰动，而其他部位的温度分布明显滞后于这种热扰动，这样对工件产生强烈的热冲击效应。IC10 是一种对热很敏感的材料，晶界结合力和形变协调能力差，因此，在受到热冲击的部位容易形成裂纹源。电子束焊焊接的这种热冲击效应会进一步加速和恶化，使得微裂纹扩展为宏观裂纹。

3）焊接接头的元素偏析。IC10 是一种复合型强化铸造合金，其组织主要由 γ 相基体、γ′ 强化相、γ + γ′ 共晶和碳化物组成。合金中 Al 含量较高，增大了合金的热裂纹倾向；合金中还含有体积分数小于 1% 的低熔点物质 NH_5Hf 分布在 γ + γ′ 共晶边缘。由于电子束焊的冷却速度很快，在焊缝中心会引起严重偏析，大量低熔点物质及硼化物集聚在焊缝中心，两侧的柱状晶也在这里交汇，导致焊缝中心成为焊接接头的薄弱环节，容易在这里产生热裂纹。

因此，Ni_3Al（IC10）的电子束焊仍然需要进一步研究，以消除热裂纹的产生，提高焊接接头质量。

3.5　Ni_3Al 金属间化合物与镍基合金的钎焊

3.5.1　材料

Ni_3Al 金属间化合物 IC10 的化学成分和高温力学性能见表 3-12 和表 3-13，镍基合金 GH3039 的化学成分和高温力学性能见表 3-14 和表 3-15。由于 Ni_3Al 金属间化合物 IC10 是铸造生产，表面不平，因此，需要将其大间隙填平，这就需要采用 Rene′95 高温合金粉末，其化学成分见表 3-16。钎料采用 Co50CrNiWB。

表 3-12　Ni_3Al 金属间化合物 IC10 的化学成分（质量分数，%）

C	Co	Cr	Al	W	Mo	Ta	Hf	B	Ni
0.07 ~ 0.12	11.5 ~ 12.5	6.5 ~ 7.5	5.6 ~ 6.2	4.8 ~ 5.2	1.0 ~ 2.0	6.5 ~ 7.5	1.3 ~ 1.7	0.01 ~ 0.02	余量

表 3-13　IC10 的高温力学性能

材料状态	980℃ 持久强度/MPa		1100℃ 持久强度/MPa	
	纵向	横向	纵向	横向
固溶体	160	80	70	40

表 3-14　GH3039 的化学成分（质量分数，%）

Cr	Mo	Al	Ti	Nb	C	Fe	Mn	Si	Ni
19 ~ 22	1.80 ~ 2.30	0.35 ~ 0.75	0.35 ~ 0.75	0.90 ~ 1.30	≤0.08	≤3.0	≤0.40	≤0.80	余量

表 3-15　GH3039 在 900℃ 的高温力学性能

状态	拉伸性能		持久强度/MPa
	R_m/MPa	A（%）	
固溶 1080℃，空冷	161	68	34
固溶 1170℃	—	—	39

表 3-16　Rene′95 高温合金粉末的化学成分 w（%）

C	Cr	Ni	Co	W	Al	Ti	Mo	Nb	Zr	B
0.15	14.0	余量	8.0	3.5	3.5	2.5	3.5	3.5	0.15	0.01

3.5.2 钎焊工艺

Ni_3Al 金属间化合物与镍基合金的钎焊工艺为：间隙 0.1mm，真空度 $5 \times 10^{-2}Pa$，加热温度 1180℃，保温时间 30min。

3.5.3 钎焊接头组织

1. 窄间隙钎焊

图 3-44 所示为间隙 0.1mm 的钎焊接头的光镜照片（左为 IC10，右为 GH3039）。可以看到，钎缝的固溶体基体与 GH3039 母材之间已经没有明显的界限了，在钎缝的固溶体基体上连续分布着骨骼状硼化物。表 3-17 是图 3-44 中各相成分的分析结果，呈连续分布的骨骼状灰色相为富 Cr 的硼化物相，黑色块状相可能是 TiN。

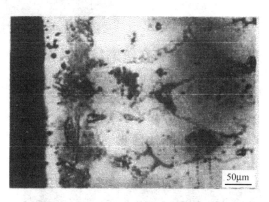

图 3-44 间隙 0.1mm 的钎焊接头的光镜照片

2. 大间隙钎焊

大间隙钎焊的间隙是 0.5mm，其 Ni_3Al 金属间化合物 IC10 与镍基合金 GH3039 大间隙钎焊接头的组织如图 3-45 所示。图 3-45a 为光镜组织照片（左为 IC10，右为 GH3039），表 3-18 给出了 Ni_3Al 金属间化合物 IC10 与镍基合金 GH3039 大间隙钎焊接头各组织的化学成分。可以看到，钎缝与 GH3039 母材之间已经看不到界线。Rene'95 高温合金粉之间的钎缝为固溶体基体上分布着大量的骨骼状硼化物相，这种骨骼状硼化物相分为白色骨骼状硼化物相和灰色骨骼状硼化物相，白色骨骼状硼化物相为富钨的硼化物相，灰色骨骼状硼化物相为富铬的硼化物相。灰色相与灰色骨骼状硼化物相一样为富铬的硼化物相。Rene'95 高温合金粉之间的钎缝为镍-铬固溶体基体。Ni_3Al 金属间化合物 IC10 与镍基合金 GH3039 大间隙钎焊接头的组织更为复杂。

表 3-17 图 3-45 中各相分析结果（质量分数,%）

分析部位	Al	Ti	Cr	Fe	Co	Ni	Nb	Mo	W	N
焊缝基体（GH3039 侧）	0.42	0.19	20.53	0.62	13.21	58.69	0.62	1.67	4.04	—
焊缝基体（IC10 侧）	0.41	0.24	19.38	0.46	11.12	62.11	1.36	1.75	3.16	—
灰色相	—	—	69.24	—	4.01	4.81	—	10.09	11.85	—
黑块相	—	67.83	6.94	—	—	3.15	9.14	—	—	12.94

3.5.4 钎焊接头的力学性能

表 3-19 和表 3-20 分别给出了采用加热条件 1180℃×30min 和 N300B（50CoCrNiWB）钎料钎焊的 Ni_3Al 金属间化合物 IC10 与镍基合金 GH3039 正常（0.1mm）间隙接头和大间隙（0.5mm）钎焊接头（预填 Rene'95 高温合金粉）的拉伸性能和 900℃ 的高温持久性能。

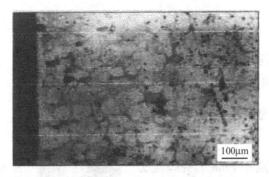

a)

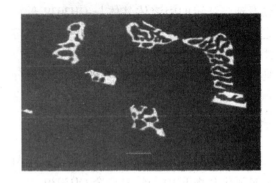

b)

图 3-45　IC10 与 GH3039 大间隙（0.5mm）钎焊接头的组织

a）光镜组织照片　b）背散射电子像

表 3-18　Ni₃Al 金属间化合物 IC10 与镍基合金 GH3039 大间隙钎焊接头各组织的化学成分（质量分数，%）

分析部位	Ti	Cr	Co	Ni	Mo	W	Nb
白色骨骼相	0.23	15.83	22.85	11.72	5.26	44.11	—
粉颗粒间的焊缝基体	0.52	14.81	35.94	43.12	—	3.26	2.36
灰块相	—	65.52	11.72	4.10	2.51	16.15	—
灰色骨骼相	—	66.27	12.51	4.36	2.30	14.57	—

表 3-19　Ni₃Al 金属间化合物 IC10 与镍基合金 GH3039 钎焊接头的拉伸性能

试样号	间隙/mm	R_m/MPa	A（%）	备　　注
901	0.1	185	31	断于 GH3039，IC10 伸长极小
902	0.1	173	21	主要是 GH3039 伸长
903	0.1	180	4.7	断于钎焊缝
907	0.5	169	58	断于 GH3039，IC10 伸长极小
908	0.5	178	55	主要是 GH3039 伸长

　　可以看到，在正常（0.1mm）间隙接头和大间隙（0.5mm）的 Ni₃Al 金属间化合物 IC10 与镍基合金 GH3039 钎焊接头的拉伸性能中，钎焊接头的抗拉强度均超过了镍基合金 GH3039 母材的抗拉强度（161MPa），只有 903 号试样断在钎缝上，其余都断在镍基合金

GH3039 母材上。其钎焊接头 900℃的高温持久寿命远远超过 100h，也都断在镍基合金 GH3039 母材上。

表 3-20　Ni₃Al 金属间化合物 IC10 与镍基合金 GH3039 钎焊接头 900℃的高温持久性能

试样号	间隙 δ/mm	试验应力 σ/MPa	持久寿命 t/h	断裂部位
904	0.1	40	178.42	GH3039
905	0.1	40	159.83	GH3039
906	0.1	40	199.75	GH3039
909	0.5	40	214.17	GH3039
910	0.5	40	215.50	GH3039

3.6　Ni₃Al 金属间化合物与钢的焊接

3.6.1　Ni₃Al 金属间化合物与碳钢的焊接

碳钢中合金元素含量小，可以与 Ni₃Al 金属间化合物直接进行真空扩散焊，而不需要加中间层。Ni₃Al 金属间化合物与碳钢真空扩散焊的焊接参数见表 3-21。

表 3-21　Ni₃Al 金属间化合物与碳钢真空扩散焊的焊参数

焊接温度/℃	保温时间/min	加热速度/（℃/min）	冷却速度/（℃/min）	焊接压力/MPa	真空度/Pa
1200～1400	30～60	5	10	2	3×10^{-3}

Ni₃Al 金属间化合物与碳钢之间的润湿性和相容性很好，在扩散界面上母材之间能够紧密结合，形成的扩散层厚度约 20～40μm。焊接温度 1400℃保温 30min 与焊接温度 1200℃保温 60min 条件下 Ni₃Al 与碳钢扩散焊焊接接头的显微硬度的分布如图 3-46 所示。

Ni₃Al 金属间化合物的硬度为 400HV。越接近 Ni₃Al 与碳钢的扩散界面，由于扩散显微空洞的存在以及扩散元素含量的不同，导致 Ni₃Al 金属间化合物的晶体结构发生了无序转变，显微硬度降低到 230HV。而在 Ni₃Al 与碳钢的扩散接头的中间部位，由于扩散焊时经过焊接热循环而使组织细化，显微硬度升高到 500HV。随后显微硬度又下降到焊后碳钢母材的显微硬度 200HV。

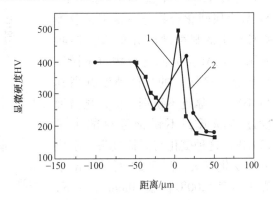

图 3-46　Ni₃Al 与碳钢扩散焊焊接接头的
显微硬度的分布
1—1400℃×30min　2—1200℃×60min
左侧—Ni₃Al　右侧—碳钢

Ni₃Al 金属间化合物与碳钢的扩散焊焊接接头的使用性能，主要决定于各种合金元素在界面附近的分布情况。图 3-47 和图 3-48 所示分别为在焊接压力 2MPa 条件下，焊接温度 1200℃保温时间 60min 及焊接温度 1000℃保温时间 60min 时 Ni₃Al 金属间化合物与碳钢的扩散接头的合金元素浓度分布。

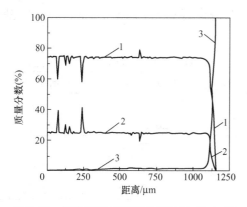
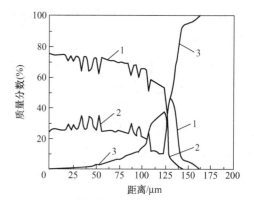

图 3-47　焊接温度 1200℃ 保温时间 60min 时
Ni₃Al 与碳钢的扩散接头的合金元素浓度分布
1—Ni　2—Al　3—Fe　左侧—Ni₃Al　右侧—碳钢

图 3-48　焊接温度 1000℃ 保温时间 60min 时
Ni₃Al 与碳钢的扩散接头的合金元素浓度分布
1—Ni　2—Al　3—Fe　左侧—Ni₃Al　右侧—碳钢

3.6.2　Ni_3Al 金属间化合物与不锈钢的焊接

Ni_3Al 金属间化合物有比不锈钢更高的耐高温和耐腐蚀性能，因此，在对零部件要求耐高温腐蚀性能较高的条件下，就要求进行 Ni_3Al 金属间化合物与不锈钢的焊接。Ni_3Al 金属间化合物与不锈钢的焊接可以采用不加中间层的方法进行直接真空扩散焊，表 3-22 给出了焊接参数。

表 3-22　Ni_3Al 金属间化合物与不锈钢不加中间层的方法进行直接真空扩散焊的焊接参数

焊接温度/℃	保温时间/min	冷却速度/（℃/min）	焊接压力/MPa	真空度/Pa
1200 ~ 1380	30 ~ 60	30	0	3.4×10^{-3}

在焊接温度 1380℃ 保温 30min 与焊接温度 1200℃ 保温 60min 条件下，Ni_3Al 金属间化合物与不锈钢扩散焊焊接接头的显微硬度分布如图 3-49 所示。Ni_3Al 金属间化合物与不锈钢扩散焊焊接接头的显微硬度升高到 450HV，在靠近不锈钢一侧，显微硬度逐渐降低到不锈钢母材的水平 220HV。这种变化与焊接接头化学成分的变化有关，图 3-50 所示给出了焊接温度 1200℃ 保温 60min 条件下，

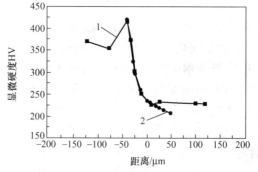

图 3-49　Ni_3Al 金属间化合物与不锈钢扩散焊
焊接接头的显微硬度分布
1—1380℃ ×30min　2—1200℃ ×60min　左侧—Ni₃Al　右侧—不锈钢

Ni_3Al 金属间化合物与不锈钢扩散焊焊接接头的合金元素浓度分布。

3.6.3　Ni_3Al 金属间化合物与工具钢的焊接

Ni_3Al 金属间化合物与工具钢（化学成分为 w（C）= 0.32%，w（Si）= 0.30%，w（Mn）= 0.30%，w（Cr）= 3.0%，w（Mo）= 2.80%，w（V）= 0.5%的焊接也常常采

用真空扩散焊的方法，焊接参数见表3-23。

焊接温度1400℃保温30min与焊接温度1200℃保温60min条件下，Ni_3Al金属间化合物与工具钢扩散焊焊接接头的显微硬度分布如图3-51所示。Ni_3Al金属间化合物与工具钢扩散焊焊接接头的显微硬度比Ni_3Al金属间化合物和工具钢都低，最小显微硬度只有240HV，因此，Ni_3Al金属间化合物与工具钢扩散焊焊接接头没有脆性化合物析出。这种变化与焊接接头化学成分的变化有关，图3-52所示给出了焊接温度1200℃保温60min条件下，Ni_3Al金属间化合物与工具钢扩散焊焊接接头的合金元素浓度分布。

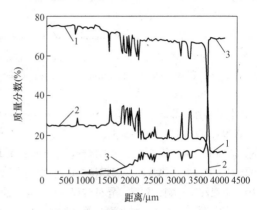

图3-50 Ni_3Al金属间化合物与不锈钢扩散焊焊接接头的合金元素浓度分布
1—Ni 2—Al 3—Fe 左侧—Ni_3Al 右侧—不锈钢

表3-23 Ni_3Al金属间化合物与工具钢真空扩散焊的焊接参数

焊接温度/℃	保温时间/min	加热速度/（℃/min）	冷却速度/（℃/min）	焊接压力/MPa	真空度/Pa
1200～1400	30～60	30	30	0	4.0×10^{-3}

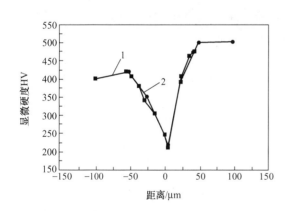

图3-51 Ni_3Al金属间化合物与工具钢扩散焊焊接接头的显微硬度分布
1—1400℃×30min 2—1200℃×60min
左侧—Ni_3Al 右侧—工具钢

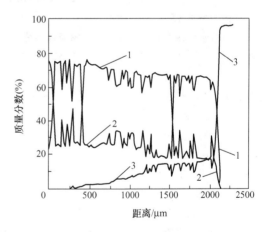

图3-52 Ni_3Al金属间化合物与工具钢扩散焊焊接接头的合金元素浓度分布
1—Ni 2—Al 3—Fe
左侧—Ni_3Al 右侧—工具钢

参 考 文 献

[1] 山口正治，马越佑吉. 金属间化合物 [M]. 丁树深，译. 北京：科学出版社，1991.

[2] 中国机械工程学会焊接学会. 焊接手册：材料的焊接 [M]. 3版. 北京：机械工业出版社，2008.

[3] 任家烈，吴爱萍. 先进材料的焊接 [M]. 北京：机械工业出版社，2000.

[4] David S A, et al. Weldability and Microstructure of a Titanium Alminide [J]. Welding Journal, 1990, 69 (4): 133 - 140.

[5] Baeslack WA, et al. Weldability of a Titanium Alminide [J]. Welding Journal, 1989, 68 (12): 483 - 498.

[6] Patterso R A, et al. Titanium Alminide: Electron Beam Weldability [J]. Welding Journal, 1989, 69 (1): 39 - 44.

[7] 中尾嘉邦, 等. 金属间化合物 γ—TiAl 金属间化合物の拡散接合性と継手強度 [J]. 溶接学会志, 1993, 11 (4): 538 - 544.

[8] 刘伟平, 等. 第八次全国焊接会议论文集: 第 1 册 [C]. 北京: 机械工业出版社, 1997: 337 - 339.

[9] 刘伟平, 等. 第八次全国焊接会议论文集: 第 2 册 [C]. 北京: 机械工业出版社, 1997: 607 - 609.

[10] 李亚江, 王娟, 刘鹏. 异种难焊材料的焊接及应用 [M]. 北京: 化学工业出版社, 2004.

[11] 李志远, 钱乙余, 张九海, 等. 先进连接方法 [M]. 北京: 机械工业出版社, 2000.

[12] 赵越, 等. 钎焊技术及应用 [M]. 北京: 化学工业出版社, 2004.

[13] 中村孝, 小林德夫, 森本一, 抵抗溶接 (溶接全书 8) [M]. (日本) 东京: 产报出版, 1979.

[14] 桥本达哉, 冈本郁男. 固相溶接ろう付 (溶接全书 9) [M]. (日本) 东京: 产报出版, 1979.

[15] 长崎诚三, 平林真. 二元合金状态图集 [M]. 刘安生, 译. 北京: 冶金工业出版社, 2004.

[16] 江垚, 贺跃辉, 黄伯云, 等. NiAl 金属间化合物的研究进展 [J]. 粉末冶金材料科学与工程, 2004 (2): 112 - 119.

[17] 周健, 郭建亭, 李谷松. Ag 对 NiAl 合金组织和性能的影响 [J]. 材料工程, 2002 (3): 7 - 9, 13.

[18] 齐义辉, 李慧, 韩萍, 等. 微量元素 C 对 NiAl 显微组织和力学性能的影响 [J]. 稀有金属材料与工程, 2008 (5): 887 - 890.

[19] 赵希宏, 韩雅芳. NiAl 基合金室温脆性分析 [J]. 航空材料学报, 1992 (2): 31 - 39.

[20] 刘震云, 孙宝德, 林栋梁. 含 LaNiAl 合金马氏体相变的研究 [J]. 金属热处理学报, 1996 (3): 7 - 10.

[21] 谢亿, 郭建亭, 周兰章, 等. 微量 Sc 对 NiAl 二元合金及 NiAl-28Cr-6Mo 共晶合金显微组织和力学性能的影响 [J]. 金属学报, 2008 (5): 529-534.

[22] 梅炳初, 王为民, 袁润章. Ni_3Al 的有序性、脆性及塑性 [J]. 武汉工业大学学报, 1996 (1): 1 - 4.

[23] 林万明, 卫英慧, 侯利锋. 合金元素在 Ni_3Al 金属间化合物中的作用 [J]. 材料导报, 2008 (8): 61 - 63.

[24] 索近平, 冯涤, 钱晓良, 等. 添加 WC 改善 Ni_3Al 的焊接性能 [J]. 焊接学报, 2001 (6): 11 - 14.

[25] 侯金保, 张蕾, 魏友辉. IC10 合金 TLP 扩散焊接头组织与强度分析 [J]. 焊接学报, 2008 (3): 89 - 92.

[26] 韩雅芳. Ni-Al 系金属间化合物的应用开发 [J]. 材料导报, 2001 (2): 8 - 9.

[27] 郭建亭. NiAl 基合金的实用化研究 [J]. 材料导报, 2001 (2): 9.

[28] 张光业, 唐果宁, 张华, 等. 定向凝固 NiAl-25Cr 多相合金的超塑性研究 [J]. 中国机械工程, 2007 (7): 1610 - 1614.

[29] 张光业, 郭建亭, 张华. 微量磷 (P) 对等原子比 NiAl 的微观组织与力学性能的影响 [J]. 材料工程, 2007 (4): 7 - 11.

[30] 叶雷, 李晓红, 毛唯, 等. 不同中间层合金对 IC10 合金的连接 [J]. 航空材料学报, 2006 (3): 319 - 320.

[31] 刘庆瑺. NiAl 基 IC6 高温合金工程应用研究 [J]. 航空材料学报, 2003 (10): 209 - 214.

[32] 叶雷，毛唯，谢永慧，等. 定相凝固合金 IC10 瞬态液相（TLP）扩散焊接头组织研究 [J]. 材料工程，2004（3）：42 – 44.

[33] 罗晓娜，刘金合，康文军，等. 新型高温合金 IC10 的焊接研究进展 [J]. 金属铸锻焊技术，2008（3）：101 – 103.

[34] 毛唯，李晓红，叶雷. 定相凝固镍基高温合金 IC10 的真空钎焊 [J]. 航空材料学报，2006（3）：103 – 106.

[35] 毛唯，李晓红，程耀永，等. IC10 与 GH3039 高温合金的真空钎焊 [J]. 航空材料学报，2004（7）：17 – 20.

第4章　钛-铝金属间化合物的焊接

Ti-Al 金属间化合物是一种很有应用前景的轻质耐高温结构材料，连接技术是其能否得到应用的关键技术之一。目前，一些连接方法已经能够使得 TiAl 金属间化合物的焊接接头的力学性能接近于母材。

4.1　Ti-Al 金属间化合物

4.1.1　Ti-Al 金属间化合物的结构

Ti-Al 金属间化合物从化学成分来说有多种，如图 2-14 所示；但是，目前有实用价值的是 TiAl 和 Ti_3Al 两种。而从结构上来说是三种：α_2-Ti_3Al、γ-TiAl 和 δ-Ti_3Al。它们的晶体结构如图 4-1 所示。表 4-1 给出了 Ti-Al 金属间化合物与钛合金和高温合金性能的比较。

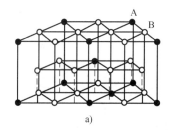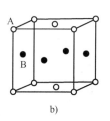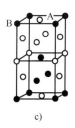

a)　　　　　　　　　b)　　　　　　　　　c)

图 4-1　Ti-Al 金属间化合物的晶体结构 （A-Al, B-Ti）

a) α_2-Ti_3Al　b) γ-TiAl　c) δ-Ti_3Al

表 4-1　Ti-Al 金属间化合物与钛合金和高温合金性能的比较

性　能	钛合金	Ti_3Al 基	TiAl 基	高温合金
密度/（g/cm³）	4.5	4.1 ~ 4.7	3.7 ~ 3.9	8.3
弹性模量/GPa	96 ~ 100	100 ~ 145	160 ~ 176	206
屈服强度/MPa	380 ~ 1150	700 ~ 990	400 ~ 650	—
抗拉强度/MPa	480 ~ 1200	800 ~ 1140	450 ~ 800	—
蠕变极限/℃	600	760	1000	1090
氧化极限/℃	600	650	900	1090
断后伸长率（%）（室温）	20	2 ~ 10	1 ~ 4	3 ~ 5
断后伸长率（%）（高温）	高	10 ~ 20	10 ~ 60	10 ~ 20
结构	hcp bcc	DO_{19}	Ll_0	fcc/Ll_2

4.1.2　Ti-Al 金属间化合物的性能

1. α_2-Ti$_3$Al

α_2-Ti$_3$Al 金属间化合物是双相（α_2 + β/B$_2$）合金，具有工程价值的有 Ti-24Al-11Nb、Ti-23.5Al-24Nb、Ti-25Al-17Nb-1Mo 和 Ti-25Al-10Nb-3V-1Mo。其室温力学性能和高温蠕变性能见表4-2。

表 4-2　Ti$_3$Al 金属间化合物室温力学性能和高温蠕变性能

合　金	屈服强度 /MPa	抗拉强度 /MPa	断后伸长率 （%）	断裂韧度 K_{IC} /MPa·m$^{1/2}$	蠕变断裂 （650℃，380MPa）/h
Ti-25Al	538	538	0.3	—	—
Ti-24Al-11Nb	787	824	0.7	—	44.7
	761	967	4.8	—	—
Ti-24Al-14Nb	831	977	2.1	—	59.5
Ti-24Al-14Nb-3V-0.5Mo	738	893	26.0	—	—
Ti-25Al-10Nb-3V-1Mo	825	1042	2.2	13.5	360
Ti-24.5Al-17Nb	952	1010	5.8	28.3	62
	705	940	10.0	—	—
Ti-25Al-17Nb-1Mo	989	1133	3.4	20.9	476
Ti-15Al-22.5Nb	860	963	6.7	42.3	0.9
Ti-23.5Al-24Nb	960	—	—	—	—

Ti-25Al 合金的力学性能较低，加入 Nb 可以提高其力学性能。Ti-24Al-11Nb 合金具有很高的断裂韧度，但是强度较低，加入 Mo、V 可以提高其强度。α_2-Ti$_3$Al 还有氢脆性，原因不明。

2. γ-TiAl 合金

γ-TiAl 合金可以分为单相 γ 和双相（γ + α_2）合金，双相（γ + α_2）合金的力学性能明显优于单相 γ 合金和 α_2 合金。

双相（γ + α_2）合金在不同热处理条件下可以形成四种组织形态，如图 4-2 所示。表 4-3 给出了控制 γ 合金含量的冶金学因素，表 4-4 为 Ti-Al 系金属间化合物的结构和部分力学性能。图 4-3 所示给出了双相 γ 合金 Ti-47Al-2.5Nb-1（V + Cr）在不同热处理条件下室温应力－应变曲线。

双相 γ 合金成分为（原子分数）Ti-(46~52)Al-(1~10)x，x 一般为 V、Cr、Mn、Nb、Ta、W、Ga、Mo 等中的一种。第三种 x 元素的作用可以分为三类：第一类为 V、Mn、Cr、Ga、Si，主要用来提高塑性，加入大量 V（原子分数 7%~32%，可使其塑性提高到 34%）；第二类为 Nb、Ta、W、Mo，主要用来提高抗氧化性和固溶强化作用；第三类是 Si、C、N、B，加入微量就可以调整双相 γ 合金的多方面性能。控制双相 γ 合金中间隙元素氧是十分重要的。目前具有工程意义的双相 γ 合金有 Ti-48Al-2Nb-2Cr、Ti-47Al-2.5Nb-2（V + Cr）、Ti-48Al-2Nb-2Mn、Ti-48Al-2V、Ti-46Al-1Cr-0.2Si 等。γ-TiAl 合金也有氢脆性，原因不明。

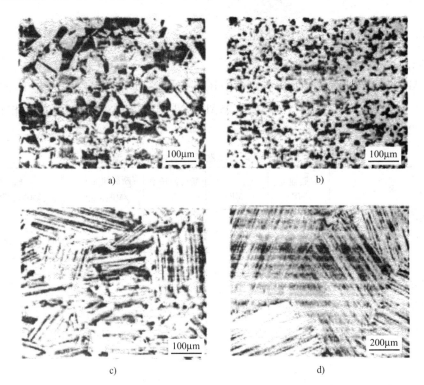

图 4-2 双相（γ+α₂）合金在不同热处理条件下可以形成四种组织形态
a) 近 γ b) 双态 c) 近片层 d) 全片层

表 4-3 控制 γ 合金含量的冶金学因素

因 素	对塑性有利的最佳值	受成分控制的程度	受热加工控制的程度
γ 相中的 Al 含量	越低越好	完全	—
α₂/γ 相体积比	0.05 ~ 0.15	完全	—
L/γ 晶粒体积比	0.3 ~ 0.5	显著	显著
α₂/γ 片层厚度比	0.25 ~ 0.4	显著	显著
α₂/γ 晶粒体积比	0.05 ~ 0.15	显著	显著
晶粒尺寸	最小	不明显	显著

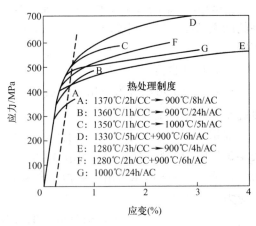

图 4-3 双相 γ 合金 Ti-47Al-2.5Nb-1 （V + Cr）
在不同热处理条件下室温应力-应变曲线
A—全片层 B—全片层 C—全片层 D—近片层
E—双态 F—双态 G—近 γ

3. δ-Ti₃Al 合金

δ-Ti₃Al 合金是通过加入 Fe、Ni、Mn、Cr 等元素的合金化，将对称性低的 DO₂₂结构转

变成对称性高的 L_{12} 结构，为改善塑性提供可能。目前具有工程意义的 δ-Ti_3Al 合金有 Ti_3Al-$8Mn$、Ti_3Al-$6Fe$-$3Mn$ 及 $Ti_{25}AlNi_8Al_{67}$ 等。

表 4-4　Ti- Al 系金属间化合物的结构和部分力学性能

化合物	Al 含量（％）	结构类型	所属晶系	密度/（g/cm³）	熔点/K	硬度 HV_{100}
α_2- Ti_3Al	22～39	DO_{19}	六角	4.183	1 933	260～380
γ- $TiAl$	48～69	L_{10}	四方	3.837	1 753	240～260
θ- Al_3Ti	75	DO_{22}	四方	3.369	1.623	660～750

4.1.3　改善 Ti- Al 金属间化合物力学性能的途径

（1）添加合金元素　在 α_2- Ti_3Al 合金中加入 Nb、Mo、Ta、Cr、V、Zr、Y、B 等，以 Nb 为最好，Nb 可以细化 α_2- Ti_3Al，能形成塑性好的 β 相；在 γ- $TiAl$ 合金中加入 Nb、Mo、Ta、Cr、V、Mn、W、Ga、C、N、Si、Er、B 等；在 δ- Ti_3Al 合金中加入 Fe、Ni、Cr、Mn 等，可以改善高温性能、室温塑性、消除有害元素的不良影响、改善加工性能等。

（2）组织控制　通过高温变形以及随后的热处理对合金的组织进行控制，以达到改善 Ti- Al 金属间化合物力学性能的目的。

（3）特殊工艺法　采取控制凝固方式、快速凝固、复合法、机械合金化等方法也可以改善其性能。

4.1.4　Ti- Al 金属间化合物的超塑性

材料的超塑性一般是发生在温度高于 $0.5T_m$（T_m 为材料熔点）的条件下，可以使得材料的塑性变形大大提高，同时强度也会大大降低。如在 $3 \times 10^{-4}/s$ 的应变速率下，温度从 597℃ 提高到 1147℃，其抗拉强度从 1400MPa 降低到 8MPa，而断后伸长率则从 20% 增大到 600%。

1. TiAl 金属间化合物的超塑性

（1）不同组织的 TiAl 金属间化合物的超塑性

1）近单相 γ- TiAl 金属间化合物的超塑性。在质量分数为 Ti-35.9Al、平均晶粒尺寸为 5μm 的合金中，在 1025℃ 及 $(0.83～1.6) \times 10^{-3}/s$ 的应变速率下，相应的应变速率敏感性因子 m 值为 0.33～0.43（m 值表示材料抵抗局部缩颈的能力，m 值越大，断后伸长率越大），断后伸长率为 200%～250%。

在含有 α_2 相体积分数为 3%、质量分数为 Ti-35.9Al、平均晶粒尺寸为 0.4μm 的合金中，在 800℃ 及 $8.3 \times 10^{-4}/s$ 的应变速率下，断后伸长率为 225%。认为超细晶粒有利于获得超塑性。

2）$\gamma + \alpha_2$-TiAl 金属间化合物的超塑性。在原子分数为 Ti-45Al、平均晶粒尺寸为 1.2μm 的合金中，在 1000℃ 的氩气中及 $1.4 \times 10^{-4}/s$ 的应变速率下，断后伸长率为 405%。

在原子分数为 Ti-43Al、平均晶粒尺寸为 5μm 的合金中，在 1000～1100℃ 下显微组织为体积分数为 52%γ + 48%α_2 相组成，断后伸长率为 275%。

在原子分数为 Ti-47Al、平均晶粒尺寸为 1.6μm 的合金中，在 1050℃ 的氩气中及 2.8 ×

$10^{-4}/s$ 的应变速率下，断后伸长率为 398%。

对原子分数为 Ti-47.3Al-1.9Nb-1.6Cr-0.5Si-0.4Mn + 5000×10⁻⁶ 氧的双态组织，在 1280℃的氩气中和真空中及 $8×10^{-5}/s$ 的应变速率下，断后伸长率分别为 540% 及 470%。

在原子分数为 Ti-46.4Al 中，也有超塑性。

3）γ + β- TiAl 金属间化合物的超塑性。这种合金体系中除含有少量 α₂ 相之外主要为 γ + β 两相组织。

在原子分数为 Ti-47Al-3Cr 的 γ + β 两相组织中，在1200℃的氩气中及 $5.4×10^{-4}/s$ 的应变速率下，断后伸长率为 450%。分析认为，在应变中期，β 沿着 γ 相晶界形成和长大，有助于促进晶界滑动和稳定微晶显微组织。应变后期，在 γ 和 β 的晶界上形成空洞和聚合而发生断裂。

在原子分数为 Ti-43.13Al-10.13V 的 γ + β 两相组织中，在1147℃及 $3×10^{-4}/s$ 的应变速率下，可得到迄今最大的断后伸长率为 580%。

（2）TiAl 金属间化合物的超塑性变形的显微组织 TiAl 金属间化合物发生超塑性变形时引起了显微组织的变化，这种变化是由外加应力与在高温下材料的热激活共同作用的结果，这样将引起显微组织的变化。

1）晶粒形状和尺寸的变化。材料发生超塑性变形时的晶粒仍然保持等轴状，晶界转变为圆弧状，并且发生晶粒长大。

2）晶粒相互之间位置的变化。在材料发生超塑性变形时，晶粒不仅沿晶界滑动，还能发生转动。晶粒发生晶界滑动和转动，是导致晶粒等轴状和晶界圆弧状的根本原因。

3）材料内位错密度的变化。随着变形温度的提高，位错密度减少，这是由于晶界滑移造成的。TiAl 金属间化合物在发生超塑性变形时，在晶粒中形成了位错缠结、位错网、位错墙、亚晶及机械孪晶等多种变形亚结构，增大应变值。

4）空位浓度的变化。在 TiAl 金属间化合物发生超塑性变形时，由于原始显微组织的晶粒很小，晶界总面积较大。晶界是空位的发源地，当晶界滑动和晶粒转动时，在晶界会形成大量空位。空位浓度就会随着变形的增大和位错的增加而增大。

5）孔洞和微裂纹的出现。在 TiAl 金属间化合物发生超塑性变形过程中，材料内会形成孔洞，孔洞的形核、长大和连接导致材料强烈的软化和最终的损坏。

（3）TiAl 金属间化合物的超塑性变形的影响因素

1）温度的影响。在 TiAl 金属间化合物的超塑性变形时，一般要求温度高于 $0.5T_m$（T_m 为材料熔点）。

2）晶粒尺寸及形状的影响。晶粒尺寸应当小于10μm，晶粒应当是等轴形状，这样才有利于发生晶界滑动和晶粒转动。图 4-4 所示为不同晶粒尺寸（a 为 10μm，b 为 20μm）显微组织的 TiAl 金属间化合物照片。图 4-4a 为 TiAl 合金铸锭经过包套锻复合热机械处理的材料，图 4-4b 为未经过热变形的双态组织。

3）应变速率的影响。在 TiAl 金属间化合物的超塑性变形时，在一定温度之下，存在一个超塑性变形的应变速率范围。提高温度或者减小晶粒尺寸，可以使得这个应变速率变宽。应变速率影响应变速率敏感性因子 m 值，m 值越大，超塑性变形断后伸长率越大。图 4-5 所示给出了不同晶粒尺寸（上为 10μm，下为 20μm）显微组织和应变速率对应变速率敏感性因子 m 值的影响。应变速率敏感性因子 m 值大于 0.3 才能具有超塑性。

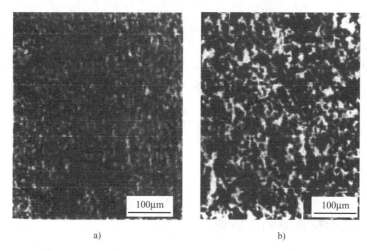

图 4-4　不同晶粒尺寸显微组织的 TiAl 金属间化合物

a）热变形组织　b）双态组织

4）组织形态的影响。经过热变形的组织和不经过热变形的双态组织，其超塑性是不相同的。一则经过热变形的组织晶粒尺寸较小（见图 4-4a），不经过热变形的双态组织晶粒尺寸较大（见图 4-4b）；二则经过热变形的组织，在高温拉伸时，其流变曲线应变硬化趋势越明显，超塑性越好，断后伸长率越高（见图 4-5）。这是由于经过热变形的组织没有经过中间热处理，晶粒内保留了较高的位错密度，在随后的慢速热变形中，随着新位错的不断产生，就容易形成位错缠结，而引起应力的提高；另外，试样出现缩颈时，会导致这个区域内的应变速率提高，这又会导致材料的应变速率敏感性因子 m 值升高，使得缩颈区内的材料产生强化向未缩颈区转移（见图 4-6）。由于缩颈的发展受到阻碍，因此延缓了裂纹的产生；而经过热变形组织的 m 值较高，强化效果也更好。因此，经过热变形的组织，其断后伸长率更高，强度也更高。两种材料在经过 1075℃ 以 $8 \times 10^{-5}/s$ 的应变速率下进行拉伸时，经过热变形材料的断后伸长率为 517%，而未经过热变形材料双态组织的断后伸长率为 333%。

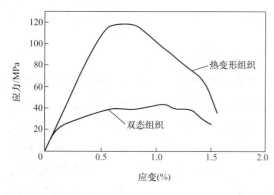

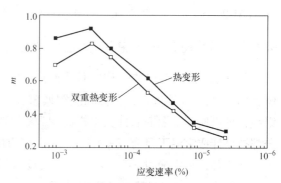

图 4-5　经过热变形和未经过热变形（双态）的
TiAl 金属间化合物在拉伸过程中的应力-应变曲线

图 4-6　不同晶粒尺寸显微组织和应变速率对
应变速率敏感性因子 m 值的影响

（4）TiAl 金属间化合物的超塑性变形的应用　利用 TiAl 金属间化合物的超塑性变形可以进行大变形量的塑性加工和扩散焊接。

2. Ti₃Al 金属间化合物的超塑性

Ti₃Al 金属间化合物的超塑性目前还主要是在 Ti₃Al-Nb 中出现，主要是 Ti-24Al-11Nb 和 Ti-25Al-10Nb-3V-4Mo。其超塑性温度是在 950 ~ 1200℃ 范围内，最大断后伸长率可达 1350%。超塑性的主要变形机理是晶界滑动机制，Ti-25Al-10Nb-3V-4Mo 合金在拉伸到 1000% 时仍然没有出现空洞。

Ti-Al 金属间化合物的超塑性都出现在细晶双相（$\gamma + \alpha_2$）合金中。

4.2 TiAl 金属间化合物的性能

4.2.1 TiAl 金属间化合物的一般特性

由于科学技术的发展，对发动机性能的要求越来越高。发动机最重要的性能是其热效率和推重比，提高这两个性能最简单有效的方法是选用轻质耐高温的新型材料来代替传统的镍基耐热合金。由于金属间化合物为基的合金材料具有比强度高、比刚度大、高温力学性能和抗氧化性能好等优点而受到关注。其中 Ti-Al 系金属间化合物（包括 γ-TiAl、α_2-Ti₃Al 和 θ-TiAl₃）等，正是由于具有上述优点而被认为是理想的、具有广阔开发应用前景的航天航空、军用和民用的新型耐高温结构材料。从 γ-TiAl、α_2-Ti₃Al、钛合金和高温镍基耐热合金的一些基本性能来看，除了室温性能之外，γ-TiAl 金属间化合物的性能都较高，与高温合金相当。如果考虑其合金密度的因素，γ-TiAl 金属间化合物的比强度和比刚度已经超过了钛合金和传统的高温耐热合金。表 4-1 给出了钛合金、Ti-Al 系金属间化合物、高温合金的一些性能。从表中可以看到，γ-TiAl 金属间化合物的密度小、弹性模量高、高温性能（强度、抗蠕变、抗氧化性能）较好。表 4-4 给出了一些 Ti-Al 金属间化合物的一般性能，Ti-Al 金属间化合物可以分为 γ-TiAl 金属间化合物和 γ-TiAl + α_2-Ti₃Al 的双相金属间化合物。双相金属间化合物的力学性能优于 γ-TiAl、α_2-Ti₃Al 单相金属间化合物。目前具有工程意义的双相金属间化合物主要是（质量分数,%）Ti-48Al-2Cr-2Nb、Ti-47Al-2（Cr + V）-2.5Nb、Ti-48Al-2Mn-2Nb、Ti-48Al-2V 和 Ti-46Al-1Cr-0.25Si 等。

4.2.2 加热冷却过程中 TiAl 金属间化合物的组织转变

与其他金属间化合物一样，TiAl（γ）也是一种室温塑性很差的材料。但是，通过加入 Cr、Mn、V、Mo 等进行合金化和组织调整，使其形成一定比例和形态的（$\gamma + \alpha_2$）的两相组织，可以使其室温断后伸长率提高到 2% ~ 4%。因此，一些 TiAl 金属间化合物的化学成分都被设计成室温下具有（$\gamma + \alpha_2$）的两相组织，α_2 呈薄片状，穿越 γ 晶粒。这种两相组织是在冷却过程中通过 $\alpha \rightarrow \gamma + \alpha_2$ 的共析反应得到的。在 Ti-48Al（摩尔分数,%）二元金属间化合物中，在大约 1130 ~ 1375℃ 的高温下 γ 转变为 α 相，但是，在冷却过程中通过 $\alpha \rightarrow \gamma$ 的转变是很快的。例如，在加入了 Cr 和 Nb 的 Ti-48Al-2Cr-2Nb（摩尔分数,%）的金属间化合物，从 1400℃ 的温度下淬火，得到的是 γ 相的块状组织，只有缓冷才能得到片状组织。因此，焊接条件下的快冷将使焊后组织变为脆性组织而容易形成固相（冷）裂纹，但是，迄今为止，尚未发现热裂纹。

4.3　TiAl 金属间化合物的焊接

4.3.1　TiAl 金属间化合物的电弧焊

TiAl 金属间化合物可以进行熔焊，但是 TiAl 金属间化合物的熔焊接头容易产生结晶裂纹，淬硬倾向较大，所以力学性能普遍较差。

TiAl 金属间化合物的电弧焊成本低、生产率高，在工程修复中有应用，主要是避免产生裂纹。采用 TIG 的方法焊接 Ti-Al48-Cr2-Nb2（摩尔分数,%）时，接头的显微组织为柱状和等轴状组织所组成，还有少量 γ 相。采用大电流焊接时，一般不会产生裂纹；但是采用小电流焊接时，就会产生裂纹。焊缝金属的硬度比母材高，其室温塑性和强度比母材低。采用预热（800℃）就可以避免产生裂纹。不进行预热，在相同的焊接工艺条件下就会产生大量裂纹。

采用 TIG 的方法焊接铸态 Ti-Al48-Cr2-Nb2 和挤压 Ti-Al48-Cr2-Nb2-0.9Mo（摩尔分数,%）时，通过调节焊接电流的大小来调节接头的冷却速度，焊缝中的裂纹就可以随着焊接电流增大而减少，在 75A 的焊接电流条件下裂纹消失。大电流焊缝金属的组织也更加理想，α_2 脆性组织减少和枝晶之间的偏析减少。

图 4-7 给出了美国 HSR 采用电弧焊方法修复的复杂的 TiAl 金属间化合物部件。

图 4-7　美国 HSR 采用电弧焊方法修复的
复杂的 TiAl 金属间化合物部件

4.3.2　激光焊

激光焊的能量集中，加热时间短，热影响区小，却很容易产生裂纹。其焊缝的显微组织随着冷却速度的增大，会发生如下变化：大块 γ + 大块 α_2 + 层片状（$\gamma + \alpha_2$）→大块 γ + 大块 α_2→α_2。焊缝的硬度也随着冷却速度的增大而增大，单相 α_2 组织的硬度为 500HV。焊接速度低于 50.0mm/s 并且预热 300℃时，可以得到无裂纹的接头。在 800～600℃、平均冷却速度低于 30.0mm/s 的条件下，焊缝的硬度小于 400HV，此时可以避免产生裂纹，拉伸试样断裂在母材。

4.3.3　电子束焊

1. 电子束焊焊接接头的裂纹倾向

（1）电子束焊焊接接头的裂纹特征　电子束焊相对于激光焊具有熔深大、氛围好的特点，但是同样在冷却速度较快时容易产生裂纹。对以 TiB$_2$（体积分数为 6.5%）颗粒强化的 Ti-Al45-Nb2-Mn2（摩尔分数,%）+ 0.8（体积分数,%）的合金进行电子束焊，发现冷却速度较大（387～857℃)/s 时都会产生裂纹；但是当冷却速度小到 307℃/s 时就不会产生裂纹。这是因为冷却速度较大时的 α→γ 相变被完全抑制，得到单一的 α_2 相，而 α_2 相很脆。要想得到无裂纹的焊接接头必须促进 α_2→γ 相变。电子束焊时发生 α→γ 相变的极限冷却速度是600℃/s。

图4-8所示为10mm厚Ti-Al48-Cr2-Nb2（摩尔分数,%）的金属间化合物采用电子束焊所得到的焊缝的显微组织。可以看出，不预热，快冷，得到的是块状组织，焊缝几乎肯定会产生裂纹；预热，慢冷，得到的是片状组织，可以预防裂纹的产生。因此，为了防止裂纹的产生，必须控制焊接热过程。这种材料也同样存在氢脆问题，采用低氢方法焊接，就不会存在氢脆问题。

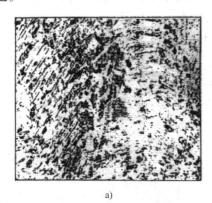 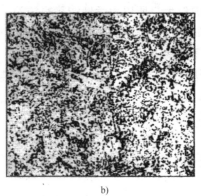

a)　　　　　　　　　　　　　　　b)

图4-8　10mm厚Ti-Al48-Cr2-Nb2（摩尔分数,%）的金属间化合物电子束焊焊缝的显微组织（3500倍）
a）750℃预热，慢冷　b）不预热，快冷

为了得到没有裂纹的焊接接头，与合适的焊接参数所对应的平均冷却速度（1400～800℃之间，下同）是很重要的。以TiB$_2$（体积分数为6.5%）颗粒强化的Ti-Al48（摩尔分数,%）的金属间化合物（其组织为层片状的γ+α$_2$的晶团、等轴γ和α$_2$的晶粒以及短而粗的TiB$_2$颗粒）采用电子束焊的方法进行焊接，焊接参数及其相对应的平均冷却速度在表4-5给出。图4-9所示给出了平均冷却速度对产生裂纹的影响，可以看到，当平均冷却速度大于300℃/s之后，其裂纹敏感性随着平均冷却速度的增加而呈直线增加。图4-10所示给出了平均冷却速度大于400℃/s时产生的裂纹的宏观形貌，可以看到产生的横向大裂纹可以扩大到两侧的母材中。图4-11所示给出了平均冷却速度为300～400℃/s时在熔合线产生的较小裂纹的宏观形貌。这些都没有热裂纹的迹象。图4-12所示为焊接速度2mm/s、不预热的电子束焊金相照片，当平均冷却速度为100℃/s时，连微小裂纹都没有。由此可见，TiAl金属间化合物的电子束焊接时，只要选用合适的焊接参数，就可以得到无裂纹的焊接接头。但是，冷却速度是影响裂纹的主要因素，而冷却速度又取决于焊接速度和预热温度。图4-13所示给出了焊接速度为6mm/s和12mm/s时，电子束焊预热温度与裂纹之间的关系，可以看到，不产生裂纹的预热温度应该高于250℃。

表4-5　电子束焊的焊接参数和热影响区的平均冷却速度

焊接速度/（mm/s）	2	6	12	24	2	6	6	12	6	12
加速电压/kV	150	150	150	150	150	150	150	150	150	150
电子束电流/mA	2.2	2.5	4.0	6.0	2.2	2.5	2.5	4.0	2.0	3.5
预热温度/℃	27	27	27	27	300	335	170	335	470	27
冷却速度 $v_{14/8}$/（℃/s）	90	650	1015	1800	35	200	400	310	325	1320

注：$v_{14/8}$为1400～800℃之间的平均冷却速度。

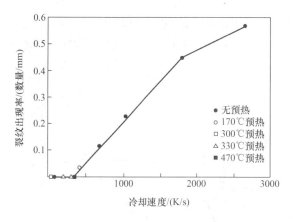

图 4-9 平均冷却速度（1400～800℃之间）
对产生裂纹的影响

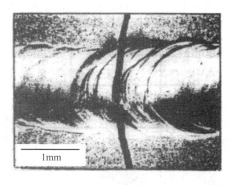

图 4-10 冷却速度大于 400℃/s 时产生的
裂纹的宏观形貌

a)

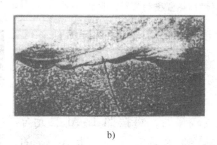

b)

图 4-11 冷却速度为 300～400℃/s 时在熔合线产生的较小裂纹的宏观形貌

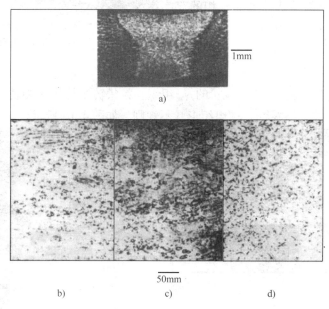

图 4-12 焊接速度 2mm/s、不预热的电子束焊金相照片
a）焊接接头 b）母材 c）热影响区 d）焊缝

（2）焊接接头的应力分布　图4-14所示给出了焊接接头冷却到室温时，沿焊缝长度方向的应力分布。可以看到，沿焊缝方向（σ_x）的应力最大，最大可以达到390MPa，因此容易产生横向裂纹（见图4-10）。

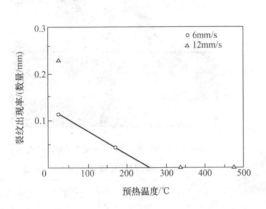

图4-13　焊接速度为6mm/s和12mm/s时，
电子束焊预热温度与裂纹之间的关系

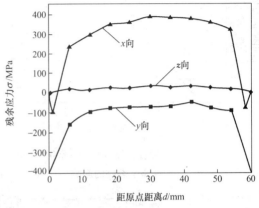

图4-14　焊接接头冷却到室温时，
沿焊缝长度方向的应力分布

2. 电子束焊焊接接头的组织转变规律

TiAl金属间化合物电子束焊焊接接头的组织与焊接条件（冷却速度）有着很重要的相关性。

冷却速度较慢时，将按照Ti-Al二元合金相图发生转变：高温时首先发生 $\beta \rightarrow \alpha$ 的转变，然后从 α 相中析出 γ 相，形成层状组织，最后得到 $\alpha_2 + \gamma$ 的层状和等轴 γ 相的双态组织，如图4-15所示。从Ti-Al二元合金相图中可知，共析反应 $\alpha \rightarrow \alpha_2 + \gamma$ 是在1125℃温度下发生的。

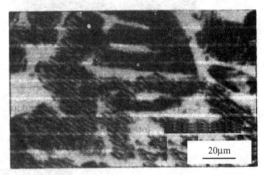

图4-15　慢冷时的 $\alpha_2 + \gamma$ 的层状和
等轴 γ 相的双态组织

冷却速度较快时，就会转变为粒状的 γ_m 组织。粒状转变是从 α 相转变为成分相同而晶体结构不同的 γ 相，这种粒状的 γ_m 组织形状不规则，如图4-16所示。

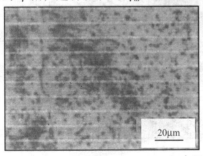

a)

b)

图4-16　冷却速度较快时形成的粒状 γ_m 组织
a）光镜组织形貌　b）电镜组织形貌

冷却速度极快时，熔池中结晶的大部分 β 相会保留下来，转变成有序的 B_2 相保留到室温。B_2 相中光镜下以浅色为主，这是由于冷却速度太快，使杂质和低熔共晶来不及向晶界迁移，因此晶界不明显。

3. 焊接热输入对接头性能的影响

图 4-17 所示为焊接热输入对接头抗拉性能的影响，可以看到，只有焊接热输入足够大时接头抗拉强度才好，这与其所得到的组织有关。图 4-18 所示为拉伸试样断裂的示例，说明热影响区仍是接头的薄弱环节。

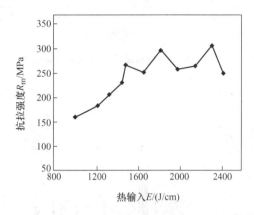

图 4-17　焊接热输入对接头抗拉性能的影响

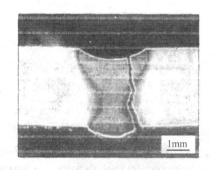

图 4-18　拉伸试样断裂的示例

4. TiAl 金属间化合物的真空电子束焊实践

（1）焊缝成形　采用原子分数（%）Ti-43Al-9V-0.3Y［质量分数（%）Ti-26.5Al-12.4V-0.63Y］的 TiAl 金属间化合物，焊接热输入为 1150～2480J/cm。图 4-19 所示为典型的 TiAl 金属间化合物的真空电子束焊熔透焊缝的宏观形貌，焊缝表面熔宽均匀一致，弧纹均匀细腻，焊缝略微下塌，局部存在宏观横向裂纹，焊缝宽度随着电子束流的增大而增大，随着焊接速度的增大而减小。弧坑容易出现裂纹（见图 4-20）。

（2）接头力学性能　图 4-21 和图 4-22 所示分别为焊接接头的硬度分布和焊接热输入对接头强度的影响。当加速电压为 55kV、电子束流为 24mA、焊接速度为 400mm/min 时（焊接热输入 1980J/cm）接头强度最高，为 221.2MPa，达到母材强度的（438.1MPa）50.5%。

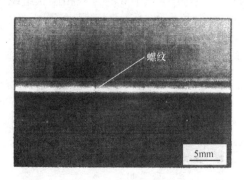

图 4-19　典型的 TiAl 金属间化合物的真空电子束
　　　　焊熔透焊缝的宏观形貌

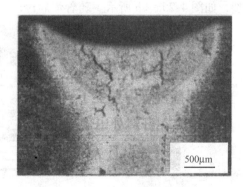

图 4-20　弧坑中的微裂纹

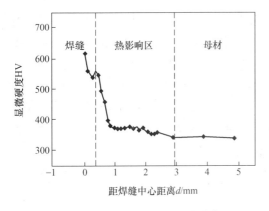

图 4-21 典型的焊接接头硬度分布

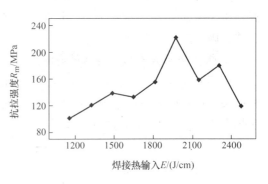

图 4-22 焊接热输入对接头强度的影响

在熔池中金属结晶出的主要是 β 组织，然后转变为 B_2 组织和含有塑韧性良好的 $\alpha_2 + \gamma$ 组织，焊缝金属的 X 射线衍射图如图 4-23 所示。焊接热输入对焊缝金属组织有着明显的影响，因此也对接头强度产生影响。在焊接热输入减小时，这个转变不足，因此塑韧性不好，接头强度不高；随着焊接热输入的提高，冷却速度下降，β 相转变为粒状 γ_m 组织和 $\alpha_2 + \gamma$ 双相层状组织，强度提高；随着焊接热输入的进一步提高，由于熔池温度提高，合金元素烧损和挥发严重，造成组织粗大，焊缝下塌过大，强度下降。

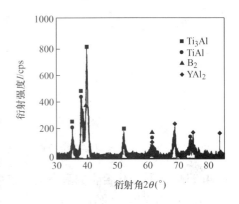

图 4-23 焊缝金属的 X 射线衍射图

（3）接头的断裂路径 图 4-24 所示给出了接头的断裂路径，可以看到，断裂都是起于焊缝表面，然后向焊缝和热影响区扩展。

从图 4-24 还可以看到，焊缝表面容易出现微裂纹，加上焊缝下陷形成了应力集中，因此，接头强度不高。

接头断口为近似于垂直拉应力方向的正断，断口表面具有金属光泽，断裂处无收缩，断后伸长率几乎为 0。图 4-25 所示给出了接头断口形貌特征，其断口特征为解理断裂和穿晶断裂，如图 4-25a、b 所示。随着焊后冷却速度的降低，接头组织中 $\alpha_2 + \gamma$ 双相层状组织增加，

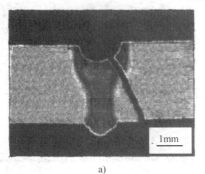

a)

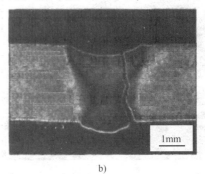

b)

图 4-24 接头的断裂路径
a）热输入为 1155J/cm b）热输入为 2640J/cm

断口出现分层、穿层现象（见图 4-25c），和单相组织相比断裂韧度有所提高。

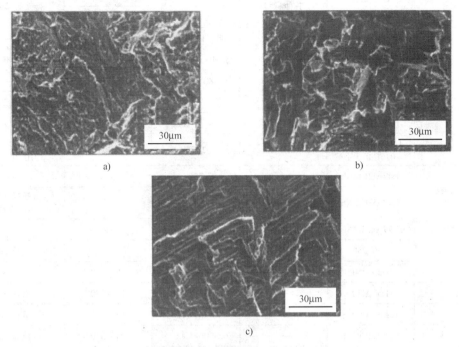

a)

b)

c)

图 4-25 接头断口形貌特征
a）解理断裂 b）穿晶断裂 c）分层及穿层断裂

4.3.4 钎焊

从上述分析来看，TiAl 金属间化合物的熔焊要想得到优良的焊接接头是很难的，因为它不可能存在不在 1130～1375℃的温度范围内的高温区域，这就不可避免地会发生 γ 转变为 α 相的现象，也就不可避免地会使焊接接头硬脆化。因此即使把冷却速度控制在不形成裂纹的范围内，其接头性能也会大大恶化。

但是，如果采用固相焊接的方法，使焊接温度保持在发生 γ 转变为 α 相的温度（即 1130～1375℃的温度范围内）以下，就可以避免发生 γ 转变为 α 相，从而就可以避免焊接接头硬脆化和产生裂纹。

TiAl 金属间化合物的固相焊接，由于可以很好地控制冷却速度，因此可以改善焊接接头质量。TiAl 金属间化合物的固相焊接方法主要有钎焊、扩散焊、自蔓延高温合成和摩擦焊。

由于钎焊的温度较低，对母材的影响较小；且由于钎料的阻隔，避免了空气与母材的直接作用，又可以降低接头的残余应力。因此钎焊适于 TiAl 金属间化合物的焊接。

1. 钎焊 TiAl 金属间化合物所采用的钎料

表 4-6 给出了钎焊 TiAl 金属间化合物可以采用的钎料。从表中可以看到，这些钎料分为三类：即 Ag 基、Ti 基和 Al 基。Ti 基钎料用来钎焊 TiAl 金属间化合物，可以得到较强的焊接接头；Ag 基钎料用来钎焊 TiAl 金属间化合物，也可以得到较强的焊接接头；Al 基钎料用来钎焊 TiAl 金属间化合物时，相对于 Ti 基钎料和 Ag 基钎料，其焊接接头较弱。

表 4-6　钎焊 TiAl 金属间化合物可以采用的钎料

钎料种类	TiAl 成分（质量分数，%）	其他材料	工艺参数		接头强度/MPa
			钎焊温度/℃	保温时间/s	
Ti-15Cu-15Ni	Ti50Al50	—	1100～1200，1150	30～60，18～60	—
	Ti48Al2Cr2Nb		1100～1200	30～60	剪切 322
	Ti47Al2Cr2Nb		980～1100	600	—
	Ti48Al2Cr2Nb		950	480～2400	抗拉 295
	Ti48Al2Cr2Nb		1040，1000	600，1800	剪切 220
	Ti33.5Al1.0Nb 0.5Cr0.5Si	AISI4340	1075	30	抗拉 260 210（773K）
CUSL-ABA	Ti47Al2Cr2Nb		750	600	—
	Ti47Al2Cr2Nb	AISI4340	845	30	抗拉 320 310（773K）
Ti-Ni	Ti47Al2Cr2Nb		1100～1200	600	—
Al 箔	Ti50Al50		900		抗拉 220
	Ti50Al50		800～900	15～300	63.9
BAg-8	Ti50Al50		900～1150	15～180	剪切 343
纯 Ag	Ti50Al50		1000～1100	15～180	剪切 385
AgCu 共晶	Ti48Al2Cr2Nb		850～1000	300～3600	抗拉 225
Ag34Cu16Zn	Ti48Al2Cr2Nb		850～900	300～3600	抗拉 210
Zr65Al25Cu27	Ti48Al2Cr2Nb		950	1200	—
Ag-Cu-Ti	Ti47Al2Cr2Nb	40Cr	900	600	抗拉 426
B-Ag72Cu	Ti46.5Al5Nb	42CMo	870	1200	—
Ag-Cu 镀 Ti	TiAl	AISI4140	800	60	抗拉 294
Ag-Cu-Ti	Ti48Al2Cr2Nb	SiC 40Cr	— —	— —	剪切 170

（1）用钛合金作钎料　采用熔点为 932℃ 的 Ti-Cu15-Ni15（质量分数，%）作为钎料，在 1150℃ 的条件下对 Ti-Al33.3-Nb4.8-Cr2（质量分数，%）的金属间化合物在通氩的红外炉中进行钎焊。在红外炉中进行钎焊是为了减少或消除加热时间长对材料的不利影响。试验表明，Ti-Cu15-Ni15 对 TiAl 金属间化合物的润湿性很好，接头处无气孔存在。接头的中部有一个 Ni 和 Cr 含量高的白亮区，其宽度随着加热时间的增加而减少。但是，加热时间由 5s 增加到 40s，白亮区的减少并不明显，经 900℃、保温时间 120min 的退火后有所减少，但不能消除。采用 Ti 基钎料得到的钎焊接头抗拉强度为 295MPa，剪切强度为 322MPa。

（2）用 Al 合金作钎料　用 Al 箔作钎料可以成功地焊接 TiAl 金属间化合物。所用的母材为具有 $\gamma + \alpha_2$ 的两相层片状组织的 Ti-34Al（质量分数，%）金属间化合物的铸造材料，钎焊温度为 900℃。在这个温度下熔化的 Al 与母材反应形成 $TiAl_3$ 和 $TiAl_2$ 两种金属间化合物，然后在 1200℃ 的温度下进行均匀化处理，使钎缝金属转变为单一的 γ 相。所得到的接头几乎有与母材相同的室温和 600℃ 下的高温强度（220MPa）。

（3）用 Ag 合金作钎料　用 Ag 合金作钎料可以焊接 TiAl 金属间化合物以及 TiAl 金属间

化合物和其他材料的接头，且能够获得较高的力学性能。采用 Ag-Cu 共晶钎料和 Ag 钎料钎焊 TiAl 金属间化合物与 TiAl 金属间化合物得到的接头剪切强度分别为 343MPa 和 383MPa。

2. 钎焊参数对接头性能的影响

在选定钎料之后，接头性能主要受到钎焊参数的影响。合适的钎焊参数可以获得最佳的钎焊接头力学性能。当钎焊温度一定时，随着保温时间在一定范围内的增加，接头的抗剪强度增大，而后又减小；但是，当保温时间一定，随着钎焊温度在一定范围内的增加，接头的抗剪强度也是先增大，后降低；接头强度的分散度随着钎焊温度的增加或者保温时间的缩短而增大。这是由于接头组织随着钎焊温度和保温时间的变化而变化的结果。

钎缝间隙和预紧力在较大范围内变化时，对接头抗剪强度影响不是很大，接头抗剪强度可以稳定在 200MPa 以上。对接头抗剪强度影响大的还是钎焊温度和保温时间。

3. 钎焊接头界面的组织结构

在选定钎料之后，接头性能受到钎焊参数的影响，归根结底还是对钎焊接头界面的组织结构的影响。

在采用 Ti-15Cu-15Ni 钎料（这是钎焊 TiAl 金属间化合物用得较多的钎料）时，就会发生 Ti、Al 从 TiAl 金属间化合物母材向钎缝的溶解和扩散，这是形成界面结构的主要控制因素。钎缝金属在冷却过程中形成了由多个反应层组成的界面结构。采用其他钎料也有类似的情况。

4. TiAl 金属间化合物的高温钎焊

TiAl 金属间化合物具有高弹性模量、高比强度、良好的抗蠕变性能和抗氧化性能，可以在 800℃ 温度下长期工作。加上密度较低，是一种很好的轻质耐高温结构材料。可以用来制造发动机高温部件、高速飞行器起动推进器零件、汽车排气阀等。但是，这些制品避免不了需要与其他零件连接。较好的连接方法是钎焊，但是，采用的钎料多为 Ag 系或者 Ti 系，前者的钎焊温度约为 800℃，后者的钎焊温度约为 900℃，达不到 TiAl 金属间化合物的工作温度，这就限制了这种材料的发挥。应当提高其接头的工作温度，这就要求提高钎焊接头的工作温度，需要开发高温钎料。

（1）材料　TiAl 金属间化合物的化学成分为（原子分数）Ti-48Al-2Cr-2Nb，采用两种新的 CoFe 基和 Fe 基钎料，前者加入一定量的 Cr、Ni，还加入了 Si、B 以降低熔点；后者还加入一定量的 Cr、Co，也加入了少量 Si、B 以降低熔点。还采用了 Bni82CrSiB 牌号的 Ni 基钎料进行比较。

（2）钎焊工艺　加热 1200℃、保温 10min 进行 CoFe 基和 Fe 基钎料的润湿性试验，加热 1150℃、保温 10min 进行 Ni 基钎料的润湿性试验。钎焊参数为加热 1180℃，保温 10min，都是在真空中进行，真空度 5×10⁻³Pa。

（3）试验结果

1）润湿性。CoFe 基、Fe 基（相同配方的粉状物）对 TiAl 金属间化合物的润湿角分别为 30.32° 和 34.28°，润湿性相当不错。CoFe 基、Fe 基（相同配方的粉状物）和 Ni 基钎料（薄片）对 TiAl 金属间化合物的熔蚀深度（即反应层厚度）分别为 0.20mm、0.12mm 和 0.25mm，可见，三种钎料对 TiAl 金属间化合物的激烈程度以 Ni 基钎料最激烈，Fe 基钎料最弱。

表 4-7 给出了四种元素在 Ti 中的溶解焓。溶解焓越低，溶解反应越激烈。说明与 Ti 反

应激烈的程度是 Cr < Fe < Co < Ni。因此，反应层厚度才有上述结果。

表4-7　四种元素在 Ti 中的溶解焓　　　　　　　　（单位：kJ/mol）

元素	Cr	Fe	Co	Ni
溶解焓	− 32	− 70	− 115	− 140

2）接头组织。

① CoFe 基钎料钎焊 TiAl 金属间化合物的接头组织。图 4-26 所示为 CoFe基钎料钎焊 TiAl 金属间化合物的接头组织，表4-8 为图4-26 对应各点的电子探针分析的化学成分。

从图 4-26 可以看出，接头组织致密，反应层结构明显。与表4-8 对应来看，从 TiAl 金属间化合物反应层开始到钎缝中心形成了 TiAl + Ti$_3$Al 层→TiAl +

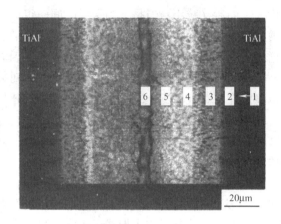

图 4-26　CoFe 基钎料钎焊 TiAl 金属间化合物的接头组织

（Fe、Co、Ni）基体层（随着远离界面区，其中的 Fe、Co、Ni 含量与它们对 Ti的溶解焓有关，由低到高，再由高到低发生变化）→（Fe、Co、Cr、Ti）-Si 化合物→（Cr、Ti）-B 化合物→由于 Cr 难以溶入 Ti 而在钎缝中心形成了富 Cr 相。

表4-8　图4-26 对应各点的电子探针分析的化学成分（原子分数,%）

区域	原子分数（%）									可能相
	B	Al	Si	Ti	Cr	Fe	Co	Ni	Nb	
1	—	31.17	0.19	56.79	3.4	3.99	1.33	0.68	2.45	TiAl + Ti$_3$Al
2		36.42	0.24	34.05	3.19	10.53	5.97	7.6	2.01	TiAl + (Fe, Ni, Co)
3	—	21.7	2.15	22.16	4.05	14.79	19.26	15.29	0.6	TiAl + (Fe, Ni, Co)
4		1.8	14.14	20.04	15.32	23.94	15.55	7.83	1.39	(Fe, Ti, Cr, Co) -Si
5	41.14	2.13	0.74	22.94	19.79	6.31	3.13	2.21	1.61	(Ti, Cr) − B
6	12.33	0.05	0.07	1.57	70.88	12.07	2.63	0.4	—	富 Cr 相

② Fe 基钎料钎焊 TiAl 金属间化合物的接头组织。图 4-27 所示为 Fe 基钎料钎焊TiAl 金属间化合物的接头组织，表 4-9 为图4-27对应各点的电子探针分析的化学成分。

从图 4-27 可以看到，与图 4-26 类似，界面反应层结构明显。但是界面反应层没有 Ti$_3$Al 出现，反应层厚度明显低于 CoFe 基钎料，这是由于其界面反应激烈程度不如 CoFe基钎料的缘故。

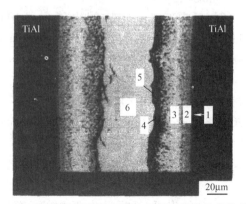

图 4-27　Fe 基钎料钎焊 TiAl 金属间化合物的接头组织

表 4-9　图 4-27 对应各点的电子探针分析的化学成分（原子分数,%）

区域	原子分数（%）									可能相
	B	Al	Si	Ti	Cr	Fe	Co	Ni	Nb	
1	—	35.34	0.21	35.64	1.71	11.73	3.09	10.22	2.06	TiAl + (Fe, Ni, Co)
2	—	21.68	1.89	20.04	1.69	22.73	9.78	21.34	0.76	TiAl + (Fe, Ni, Co)
3	—	8.57	11.33	17.38	5.41	32.78	9.51	13.76	1.08	(Fe, Ti, Ni, Co)-Si
4	53.33	1.02	1.58	29.59	2.93	7.15	1.41	1.74	1.25	TiB$_2$
5	46.98	0.31	1.87	40.02	1.37	4.53	1.21	1.26	2.45	TiB

4.3.5　扩散焊

1. 真空直接扩散焊

扩散焊是一种有效的焊接 TiAl 金属间化合物的方法。但是由于 TiAl 金属间化合物的扩散激活能较高，塑性变形的流变应力较大，因此扩散焊所需的温度高、时间长。

（1）Ti-Al38（摩尔分数,%）的金属间化合物的真空扩散焊　在焊接温度为 1200℃、保温时间为 64min、加压 15MPa 和 26MPa 的条件下对 Ti-Al38（摩尔分数,%）金属间化合物的铸造材料进行真空扩散焊，得到了没有界面显微空洞和界面氧化良好的焊接接头。接头的室温抗拉强度为 225MPa，断于母材；但是，在 800℃ 和 1000℃ 的温度下进行拉伸时，接头断于结合面，其抗拉强度比母材低约 40MPa（见图 4-28）。其原因在于界面扩散迁移较少，断面平坦。为了促进界面扩散迁移，以改善 1000℃ 的高温抗拉强度，可以对接头进行再结晶热处理。将上述真空扩散焊得到的焊接接头在温度为 1300℃、保温时间为 120min 和 1.3MPa 真空度的条件下进行再结晶热处理后，其晶粒直径由焊态的 65μm 提高到 130μm。这时 1000℃ 的接头抗拉强度为 210MPa，断于母材。真空扩散焊时真空度对 1000℃ 的接头抗拉强度也有影响（见图 4-29），从图 4-29 可以看出提高焊接时的真空度有利于改善接头的高温强度。

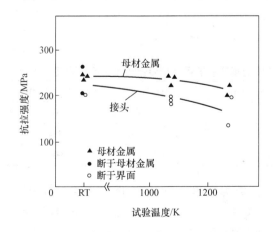

图 4-28　不同温度下 Ti-Al38 真空扩散焊接头和母材的抗拉强度

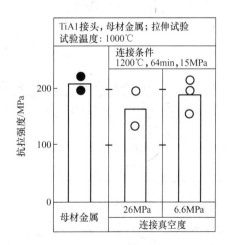

图 4-29　真空扩散焊时的真空度对 TiAl 接头在 1000℃ 的接头抗拉强度的影响

（2）Ti-Al48（摩尔分数,%）金属间化合物的真空扩散焊　图 4-30 所示给出了 Ti-Al48-Cr1.5-V3.4-Fe1.6（摩尔分数,%）的金属间化合物真空扩散焊焊接参数对剪切强度的影响。图 4-31 所示给出了这种焊接参数相对应的显微组织,而与其相对应的接头剪切强度也在表 4-10 中给出。

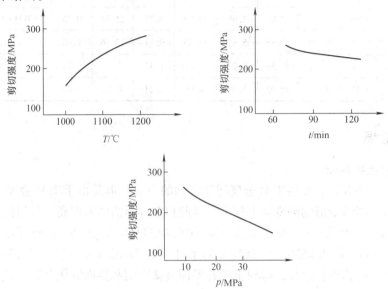

图 4-30　焊接参数对剪切强度的影响

1号试样　　　　　　　　　　　　6号试样　　　　　　　　　　9号试样

图 4-31　焊接参数不同时的显微组织

表 4-10　Ti-Al48（摩尔分数,%）金属间化合物的真空扩散焊焊接参数和接头剪切强度

试样号	焊接温度/℃	保温时间/min	焊接压力/MPa	真空度/Pa	接头剪切强度/MPa
1	1000	60	10	5×10^{-2}	240
6	1100	120	10	1×10^{-2}	295
9	1200	120	20	5×10^{-2}	300

TiAl 金属间化合物的熔点为 1450℃,真空扩散焊温度一般由经验公式 $T_{焊} = 0.53 \sim 0.88 T_{熔}$ 来选择。而焊接压力应该能够达到实现微观变形和增加接触面积的目的。要达到此目的,所加压力应当大于或者等于焊接温度下材料的显微屈服强度,根据有关经验选用。保温时间的作用主要是应该保证接头形成连续的反应层,在接触面上产生再结晶过程。保温时

间太短，这个过程不完全；保温时间太长，母材晶粒长大。但是焊接温度、保温时间和焊接压力三者必须密切配合，才能获得具有最佳性能的焊接接头。表 4-10 就是采用正交试验法得到的一组典型结果，可以看到，9 号焊接参数得到了最佳结果，接头区熔合线已经消失，完全熔合，形成新的晶粒。

2. 采用中间层的扩散焊

采用中间层可以改善表面接触、促进塑性流动和扩散过程。中间层的化学成分、添加方式和厚度对于接头性能都有重要影响。

采用（质量分数，%）Ti-18Al 合金及 Ti-45Al 合金作为中间层，在扩散焊接过程中，将发生元素的扩散，但是，接头强度不高。若在焊后进行 1150～1350℃ 的热处理，进行充分的扩散，连接界面的组织与母材趋于一致，接头的强度和塑性都得到改善，达到母材的水平。

采用较低熔点的 Ti-15Cu-15Ni 合金作为中间层进行液相扩散焊，还可以进行超塑性扩散焊接。

3. TiAl 金属间化合物之间的直接超塑性扩散焊接

（1）材料 采用全 γ-TiAl 合金［质量分数（%）Ti-33Al-Cr］，母材采用水冷铜坩埚真空感应熔炼后，铸锭经过 1400℃ ×48h 氩气保护进行扩散退火和在 1250℃ ×4h ×175MPa 的热等静压处理，以消除化学成分偏析和疏松。切割出试样，在真空条件下进行直接超塑性扩散焊接，图 4-32 所示给出了焊接装配示意图。焊接参数为 1250℃ ×1h ×30MPa。母材组织有三种状态：铸态为粗大全层片状组织（CL），平均晶粒尺寸为 1500μm；经过包套锻复合热机械处理得到的细小双状组织（FD），平均尺寸为 7μm；细小近层片状组织（FNL），平均尺寸为 10μm。经过包套锻复合热机械处理得到的细小组织具有超塑性，在 1075℃、3×10^{-5}/s 的拉伸条件下，断后伸长率可达 333%。

（2）试验方法 试验装配如图 4-32 所示。焊接参数为 1250℃ ×1h ×30MPa。

采用三种组织试样：铸态粗大全层片状组织（CL），其平均晶粒尺寸为 1500μm；包套锻复合热机械处理获得的细小双状组织（FD），其平均晶粒尺寸为 7μm；细小近层片状组织（FNL），其平均晶粒尺寸为 10μm。细小晶粒组织具有良好的超塑性，以细小双状组织（FD）为例，在 1075℃、3×10^{-5}/s 的拉伸速度下，其应变速率敏感系数高达 0.55，可以得到 333% 的断后伸长率。

（3）接头组织和性能

1）CL/CL 焊接偶。焊接参数为 1250℃ ×1h ×30MPa 时，其显微组织如图 4-33 所示。接头的抗拉强度为（315～401）/360MPa，断后伸长率为（0.2～0.5）/0.28。其结合面达到 95%，拉伸试样有 50% 是断在焊接界面上。

2）FD/FD 焊接偶。焊接参数为 1250℃ ×1h ×30MPa 时，其显微组织如图 4-34 所示。接头的抗拉强度为（496～514）/504.5MPa，断后伸长率为（0.8～1.1）/0.92。其结合良好，拉伸试样全部断在非焊接界面上。

3）FNL/FNL 焊接偶。焊接参数为 1250℃ ×1h ×30MPa 时，得到了完全的结合，不存在残余空隙，其显微组织与母材没有差别，如图 4-35 所示。接头的抗拉强度为（503～559）/513.5MPa，断后伸长率为（1.7～2.1）/1.87。其结合良好，拉伸试样全部断在非焊接界面上。

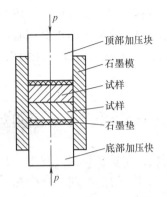

图 4-32　超塑性扩散焊焊接装配图

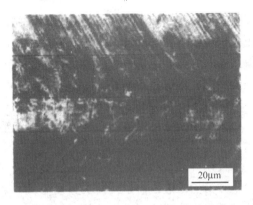

图 4-33　CL/CL 焊接偶的显微组织

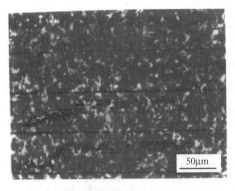

图 4-34　FD/FD 焊接偶显微组织

图 4-35　FNL/FNL 焊接偶显微组织

4）CL/FD 焊接偶。CL/FD 焊接偶，其细小晶粒一侧可以发生超塑性变形，也可以得到较好的焊接界面。

4.3.6　自蔓延高温合成（SHS）

自蔓延高温合成（SHS）用于 TiAl 金属间化合物的焊接，可以采用梯度材料，加入增强相，以缓解异种材料接头的残余应力；具有快速热循环的特点，对母材影响小；节约能源，生产率高。

用 Al 和 Ti 的混合粉末压成的薄片（比如 1mm）作为中间层对 TiAl 金属间化合物进行 SHS 焊接。中间层经过焊接过程得到的组织为 Ti、α_2 相和 TiAl$_3$ 组成的混合组织，在经过 1200℃ 热处理之后，其显微组织与母材无异，其室温和高温（800℃）抗拉性能都与母材相当，达到 400MPa 以上。

自蔓延高温合成（SHS）还可以用于 TiAl 金属间化合物与陶瓷的焊接。

（1）中间层的选择　首先要能够发生自蔓延高温合成反应，发生自蔓延高温合成反应需要有高放热反应的组元。根据化学反应热力学的要求，反应体系中应该含有活泼金属和小原子非金属，同时还要有能够降低反应引燃温度的组元。常用的活泼元素一般有 Ti、Zn 和 Ni，小原子非金属元素一般为 C、N 和 B。选用中间层元素时还需要考虑反应产物与母材的相容性，因为母材是 TiAl 金属间化合物，还应该有低熔点组元，以降低反应温度，Al 能够满足这一要求，而且 Ti 和 Al 的反应产物与母材的相容性极好，当然选用 Ti 和 Al；而小原子非金属元素的 N 是气体，不能用；B 虽然反应的放热量也很高，但是与 TiAl 金属间化合物的相容性太差；而 C 不仅反应的放热量很高，而且与 TiAl 金属间化合物的相容性也很好。于是选择 Ti-Al-C 作为自蔓延高温合成焊接的中间层材料。

（2）TiAl 金属间化合物的自蔓延高温合成焊接工艺　选用 Ti-Al-C 作为自蔓延高温合成焊接的中间层材料，经过试验，结果最佳配比（质量分数）为 Ti：Al：C = 5：4：1。采用纯度大于 99.5% 的粉末，经过混合后以 500MPa 的压力压制成为致密度 60% ~ 70% 的杯料。在高频感应设备中进行自蔓延高温合成焊接，焊接过程中，保持 40MPa 的轴向压力。

（3）自蔓延高温合成焊接机理　中间层合金体系很容易发生如下反应：

$$Ti + C \rightarrow TiC \tag{4-1}$$

$$Ti + 3Al \rightarrow TiAl_3 \tag{4-2}$$

$Ti + C \rightarrow TiC$ 的绝热燃烧温度为 2937℃，因此一旦引燃发生，燃烧过程很容易继续下去。一般认为 Ti-Al 反应机制是熔化的 Al 包围固态 Ti。开始反应时，根据图 4-36 所示的 TiC 和 $TiAl_3$ 的反应自由能与温度的关系可知，首先发生的是生成 $TiAl_3$ 的反应（生成 $TiAl_3$ 的自由能比 TiAl 和 Ti_3Al 低）。这个反应放出大量热量实现自蔓延高温合成焊接过程，并且使得系统的温度升高。随着温度的升高，开始发生形成 TiC 的反应，而形成 $TiAl_3$ 的反应终止。接着会发生形成 TiAl 和

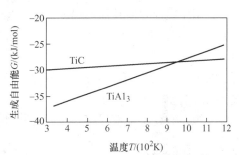

图 4-36　TiC 和 $TiAl_3$ 的反应
自由能与温度的关系

Ti_3Al 的反应。这种反应机制很容易出现核心是 Ti、外围是 Ti_3Al、再外围是 TiAl，即形成了环状组织，如图 4-37 所示。自蔓延高温合成焊缝金属的 X 射线衍射图像（见图 4-38）也证实了这个结果。

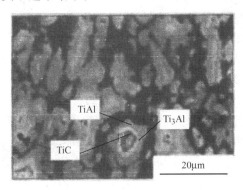

图 4-37　焊缝组织形态

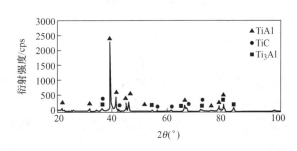

图 4-38　自蔓延高温合成焊缝金属的 X 射线衍射图像

4.3.7　摩擦焊

摩擦焊用于 TiAl 金属间化合物的焊接，可以节约能源。摩擦焊基本上可以保持母材的性能。但是，母材形状和接头形式受到限制。

TiAl 金属间化合物的同种材料摩擦焊焊接接头的组织性能，不仅决定于冷却速度，而且还受到加压过程中塑性变形的影响。良好的摩擦焊接头的显微组织主要为片状，其硬度有明

显提高，中心部位可以达到 380HV。

TiAl 金属间化合物也可以进行异种材料（比如与钢）的摩擦焊。可以不采用中间层，也可以采用中间层。不采用中间层时，在钢侧会形成 TiC 层，还会形成 FeAl 和 Fe$_2$Ti 金属间化合物。冷却速度加快时，还会在交界面上形成马氏体，产生较大的残余应力。这样，会产生裂纹；接头强度还会降低，最大只有 120MPa。而采用中间层，比如采用纯 Cu 作为中间层时，会形成 TiAl/AlCu$_2$Ti/Al- Cu$_2$Ti/TiCu$_4$/钢的层状组织，不会产生裂纹。接头的抗拉强度还随着中间层厚度的减小而增大。当中间层厚度在 0.2~0.3mm 时，接头的抗拉强度可以达到 345~375MPa，在 TiAl 母材处断裂。

采用摩擦焊并使其加热温度低于发生 γ 转变为 α 相的温度（即 1130~1375℃ 的温度范围内），就可以避免焊接接头硬脆化和产生裂纹。图 4-39 所示为 Ti-Al48-Cr2-Nb2（摩尔分数,%）的金属间化合物摩擦焊时结合面的层片状组织，它就不会使焊接接头硬脆化和产生裂纹。

←焊缝中心线←

图 4-39　Ti-Al48-Cr2-Nb2（摩尔分数,%）
的金属间化合物摩擦焊时结合面的层片状组织

4.4　TiAl 金属间化合物与钢的焊接

4.4.1　TiAl 金属间化合物与 40Cr 钢焊接

1. TiAl 金属间化合物与 40Cr 钢真空扩散焊接

（1）TiAl 金属间化合物与 40Cr 钢直接真空扩散焊接

1）焊接工艺。母材经过研磨、抛光、丙酮清洗、清水冲洗并风干后进行焊接。焊接是在焊接温度 900~1100℃、保温时间 5~90min、压力 20MPa、真空度 5.33×10^{-3}Pa 的条件下进行。改变焊接温度和保温时间就会得到不同的接头组织。

2）接头组织。扩散焊接头的形成靠的是界面反应。界面反应一般有四种类型：无反应，也无渗透界面，两种材料在界面完全分开，彼此相互粘结或者不粘结；渗透界面，主要是在高温、高压之下较硬的材料向较软的材料渗透而形成的，界面通常是复杂而非平面的；反应界面，两种材料在界面发生化学反应形成反应层，这个反应达不到热力学平衡；扩散界面。

图 4-40 所示分别为焊接温度 900℃、保温时间 30min 及焊接温度 1100℃、保温时间 30min 时 TiAl 金属间化合物与 40Cr 钢直接真空扩散焊接的接头形貌。可以看到，在小规范焊接温度 900℃、保温时间 30min 下，接头界面处只有两层：Ⅱ层靠近 TiAl 金属间化合物与Ⅲ层靠近 40Cr 钢；大规范焊接温度 1100℃、保温时间 30min 下，接头界面处有三层：Ⅰ层靠近 TiAl 金属间化合物，Ⅱ层就是小规范时的Ⅰ层，Ⅲ层靠近 40Cr 钢。表 4-11 是这三个区域能谱分析的结果，图 4-41 所示为接头断口 X 射线衍射分析的结果。可以看到，Ⅰ层是以 Ti、Fe、Al 三种元素为主，经 X 射线衍射分析表明，是 Ti$_3$Al + FeAl + FeAl$_2$ 的金属间化合物

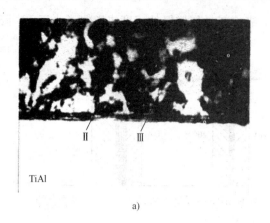 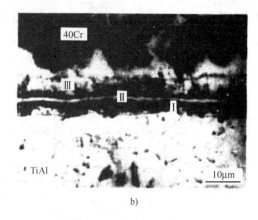

图4-40 不同条件下 TiAl/40Cr 直接真空扩散焊接的接头形貌
a) 900℃×30min b) 1100℃×30min

混合层；Ⅱ层是高 Ti 高 C 层，是 TiC 层；Ⅲ层是高 Fe 层，是脱 C 层。而且，在焊接开始界面反应的初始阶段，由于 Ti 是强碳化物形成元素，因此，发生碳扩散（因为它体积小）迁移，首先在界面析出 TiC 层（Ⅱ层），而在钢中出现脱 C 层（Ⅲ层），小规范焊接时，也是如此；随着焊接规范的增大（焊接温度的提高和保温时间的延长），界面反应加剧，Ti-Al + Fe-Al + Fe-Al 的金属间化合物混合层（Ⅰ层）才会出现，如图4-42所示，接头组织为 TiAl/Ti$_3$Al + FeAl + FeAl$_2$/TiC/脱 C 层/40Cr 钢。

表 4-11 TiAl/40Cr 直接真空扩散焊焊接接头能谱分析

扩散层	扩散元素（原子分数,%）					
	Ti	FeCr	Cr	Nb	Al	C
Ⅰ	40.53	24.34	3.04	0.11	31.82	0.17
Ⅱ	56.6	4.44	0.97	0.12	0.72	37.15
Ⅲ	0.97	93.63	1.35	0.08	3.85	0.13

由于 TiAl 金属间化合物本身很脆，反应产物 TiC、Ti$_3$Al、FeAl 和 FeAl$_2$ 也很脆，因此，TiAl 金属间化合物与 40Cr 钢直接真空扩散焊接的焊接性较差，接头强度较低。所以，TiAl 金属间化合物与 40Cr 钢夹中间层的真空扩散焊接更有实用性。

3）反应层的加厚动力学。图4-43所示为各反应层与时间的关系。在图中可以看到，随着时间的延长，各个反应层都有不同程度的增长，而脱碳层增长最快，这主要是 C 向 TiAl 快速扩散的结果。随着时间的延长，TiC 的成长受到 C 扩散

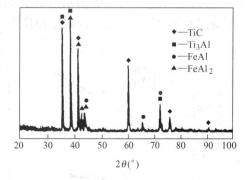

图4-41 TiAl/40Cr 直接真空扩散焊焊接接头断口 X 射线衍射分析

的限制，Ti 的快速扩散需要通过 Ti$_3$Al + FeAl + FeAl$_2$（Ⅰ层）才能够与扩散过来的 C 发生反应形成 TiC（Ⅱ层）及脱碳层（Ⅲ层），从而使其成长速度降低。实际上各个反应层厚度的

增长都受到扩散机制的控制，随着时间的增长，各个扩散层增厚的速度成指数（小于1）降低，这应该是一个普遍的规律。即

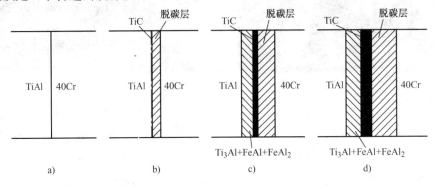

图 4-42　TiAl/40Cr 直接真空扩散焊界面反应进展示意图

$$X^2 = kt \qquad (4-3)$$

$$k = k_0 \exp\left[-Q/(RT)\right] \qquad (4-4)$$

式中　X——反应层厚度（m）；

$\quad\quad k$——反应层成长速度（m^2/s）；

$\quad\quad t$——加热时间（s）；

$\quad\quad k_0$——成长常数；

$\quad\quad Q$——反应层成长激活能（kJ/mol）；

$\quad\quad R$——气体常数，$R = 8.314J/(K \cdot mol)$；

$\quad\quad T$——加热温度（K）。

经过研究 TiAl/40Cr 的界面反应层厚度为

$$X^2 = 4.6 \times 10^{-5} \, exp \left[-211.9/(RT)\right] kt$$
$$(4-5)$$

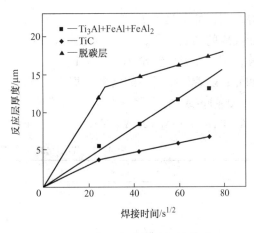

图 4-43　各反应层与时间的关系

TiAl/40Cr 的界面反应层厚度与加热温度和保温时间的关系如图 4-44 所示。

4）接头强度。图 4-45 所示给出了在焊接温度为 950℃、压力为 20MPa 条件下接头强度与反应层厚度之间的关系。反应层厚度为 $3\mu m$ 时接头强度最高，达到 183MPa。

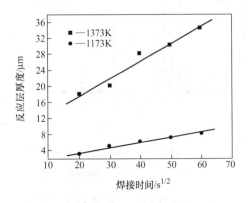

图 4-44　TiAl/40Cr 的界面反应层厚度
与加热温度和保温时间的关系

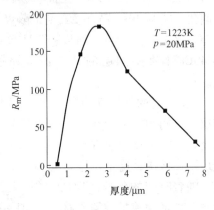

图 4-45　接头强度与反应层厚度之间的关系

（2）TiAl 金属间化合物与 40Cr 钢夹中间层的真空扩散焊接

1）中间层的选择。TiAl 金属间化合物与钢直接焊接时，由于钢中存在的 Fe、Cr、Ni、C 等元素与 TiAl 金属间化合物中的 Ti、Al 元素极易形成 Ti_3Al、$TiCr_2$、Fe-Cr-Ti、TiC、$TiNi_3$、$TiNi_2$、TiNi 等多种金属间化合物，这些金属间化合物很脆，因此接头强度不高。所以，进行 TiAl 金属间化合物与钢焊接时，必须减少这些金属间化合物的产生。由于 Ti 和 Al 能够与很多金属元素发生反应而形成金属间化合物，因此，除合理的选择中间层之外，还必须合理的选择焊接方法和焊接参数。

从 V-Fe 和 V-Ti 二元合金相图（见图 4-46 和图 4-47）可以看到 V 对 Fe 和 Ti 都能够形成固溶体，而且不会形成金属间化合物，因此，选择 V 作为中间层可以避免形成脆性的金属间化合物。但是 V 可以与 Ni 形成一系列金属间化合物（见图 4-48），V 还是强碳化物形成元素，能够形成很硬的 V 的碳化物。但是，众所周知，Cu 与 Ni 可以无限互溶（见图 4-49），可以抑制 V 与 Ni 的作用。因此，采用 V 和 Cu 作为复合中间层来进行 TiAl 金属间化合物与钢的扩散焊应该是有好效果的。因此采用 V/Cu 和 Ti/V/Cu 两种中间层进行 TiAl 金属间化合物与 40Cr 钢夹中间层的真空扩散焊接。

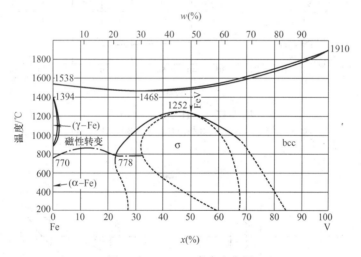

图 4-46　V-Fe 二元合金相图

注：FeV（σ）：正方，σ-FeCr（D8b）型。如果使 50%（原子分数）附近的试样从 α 相急冷后保在 550～650℃，它将先转变为 σ 相，然后形成立方 CsCl（B2）型。

2）焊接参数。TiAl 金属间化合物与 40Cr 钢之间化学成分相差较大，相容性较差，扩散焊接时选用 Ti 箔、V 箔和 Cu 箔作为中间层，其厚度分别为 $30\mu m$、$100\mu m$ 和 $20\mu m$。焊前 TiAl 金属间化合物与 40Cr 钢的结合面要清理干净，然后按 TiAl/Ti/V/Cu/40Cr 的顺序置入真空炉中。扩散焊在热/力模拟试验机上进行，参数为焊接温度 950～1000℃、焊接压力 20MPa、保温时间 20min。

3）扩散焊接的力学性能。图 4-50 所示为中间层成分对 TiAl 与 40Cr 钢焊接接头抗拉强度的影响。可以看出，在真空扩散焊焊接工艺相同的条件下，采用 Ti 箔、V 箔和 Cu 箔作为中间层来进行 TiAl 与 40Cr 钢的焊接比采用 V 箔和 Cu 箔作为中间层的接头抗拉强度要高。图 4-51 和图 4-52 所示分别为焊接温度对 TiAl/ V/Cu /40Cr 和 TiAl/Ti/V/Cu /40Cr 接头强度的影响。可以看到，采用两种不同的中间层材料，虽然最高接头强度都出现在 1273K 的焊接温度上，但是，接头强度却相差甚远，前者为200MPa，后者为420MPa。焊接接头随着温度的提高，它们的抗拉强度也都提高，然后又降低。这是因为焊接温度较低时，在同等压力条件下，其塑性变形不足，接头各部分接触不足，在焊接界面上存在较多缺陷，因此接头抗拉强度较低。而温度超过某一个温度之后，界面反应强烈，形成大量脆性界面反应产物，因此，强度又下降。

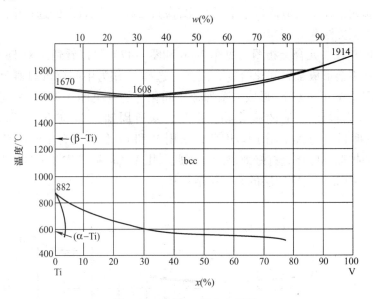

图4-47　V-Ti 二元合金相图

注：高温时为体心立方（A2型）的完全固溶体。低温时两相（α+β）区域扩展。

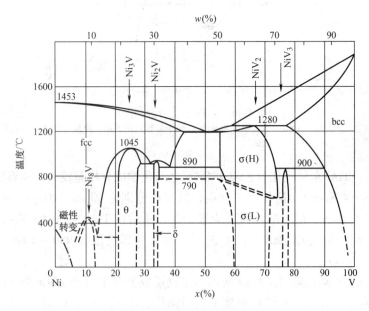

图4-48　V-Ni 二元合金相图

注：Ni₈V：正方，与 Ni₈Nb 同型。Ni₃V（θ）：正方，Al₃Ti（DO₂₂）型。Ni₂V（δ）：斜方，与 MoPt₂ 同型。NiV₂：σ（L）：正方，σ-CrFe（D8b）型；σ（H）：无序相。NiV₃：立方，Cr₃Si（A15）型。

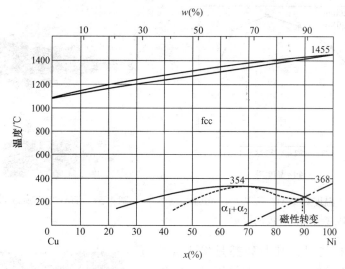

图 4-49　Cu-Ni 二元合金相图

注：高温时，是面心立方（A2 型）的完全固溶体，低温时，有分离为（$\alpha_1 + \alpha_2$）两相的倾向，生成组分原子的原子团。根据热力学数据计算了 354℃ 以下的两相区域边界和失稳曲线（虚线）。w（Ni）=45% 的合金称为康铜、阿范斯康铜、优铜等，作为电阻材料使用。

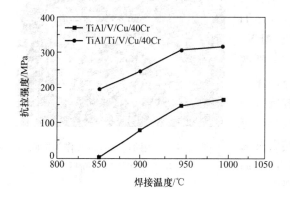

图 4-50　中间层成分对 TiAl 与 40Cr
钢焊接接头抗拉强度的影响

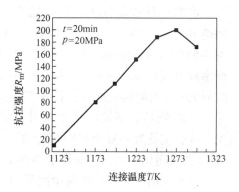

图 4-51　焊接温度对 TiAl//V/Cu /40Cr
钢焊接接头抗拉强度的影响

4）扩散界面附近的组织。

① 采用 V/Cu 作为中间层。研究表明，中间层与两种母材都发生了反应，但是在钢中扩散较快，与钢的反应层较厚。在采用 V 箔和 Cu 箔作为中间层的扩散焊的结果显示，在 V/Cu 及 Cu/40Cr 的界面上出现了对接头性能有利的无限固溶体层，在 TiAl/V 界面上形成了三个反应层：TiAl 侧的 Ti_3Al 层，中间呈断续或不规则连续分布的 V_5Al_8 层，V 侧的 Ti-V 固溶体层。V_5Al_8 层的形成和长大弱化了接头性能，接头的最大抗拉强度只有 200MPa。

② 采用 Ti/V/Cu 作为复合中间层。Ti/V/Cu 作为复合中间层的加入，可以成功地焊接 TiAl 金属间化合物与 40Cr 钢，在 TiAl/Ti 界面上形成了很强的（TiAl + Ti_3Al）双相层及 Ti 的固溶体层。在 Ti/V/Cu/40Cr 的界面上没有发现金属间化合物和其他脆性相（见图 4-53），接头的最高抗拉强度为 420MPa。

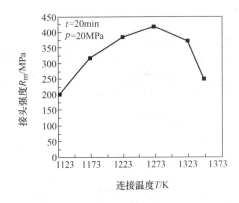

图 4-52　焊接温度对 TiAl/ Ti/V/Cu /40Cr
钢焊接接头抗拉强度的影响

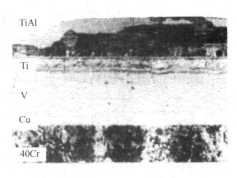

图 4-53　TiAl/Ti/V/Cu/40Cr 的接头组织

通过断口分析可见，其断裂都是发生在靠近 TiAl 金属间化合物的结合面上，即采用 Ti、V 和 Cu 作为中间层时断裂发生在 TiAl 与 Ti 的结合面；采用 V 和 Cu 作为中间层时断裂发生在 TiAl 与 V 的结合面。这是因为，经过分析发现在 TiAl 与 Ti 的结合面的靠近 TiAl 处形成 Ti_3Al，而在靠近 Ti 处则为 α-Ti 固熔体；在 TiAl 与 V 的结合面上形成 Al_3V。图 4-54 所示为采用 Ti、V 和 Cu 作为中间层，扩散焊参数为焊接温度 950℃、焊接压力 20MPa、保温时间 20min 时的接头断口。接头断口的撕裂坑处和平坦粘着处具有不同的化学成分，见表 4-12。可见，撕裂坑处为 TiAl 金属间化合物，平坦粘着处为 Ti_3Al 金属间化合物。接头断裂发生在 TiAl/Ti 界面上。对于采用 V 和 Cu 作为中间层时，断裂发生在

图 4-54　采用 Ti、V 和 Cu 作为中间
层的扩散焊接头断口

TiAl/V 界面上。这些生成物并不随着温度的变化而发生变化，只是随着温度的提高，元素扩散比较充分，扩散反应层厚度加厚而已。在 Cu 与 40Cr 钢的结合面上，没有发现明显的金属间化合物的析出。这是断裂不会发生在这个结合面上的原因。

表 4-12　扩散焊接头断口成分分析（原子分数，%）

元　素	Ti	Al	Cr	Nb	V	Cu	Fe
撕裂坑处	50.19	45.96	2.02	1.83	0	0	0
平坦粘着处	67.90	25.31	3.19	3.61	0	0	0

2. TiAl 金属间化合物与 40Cr 钢的钎焊

（1）TiAl 金属间化合物与 40Cr 钢的真空钎焊　对 TiAl 金属间化合物与钢进行钎焊是一种良好的选择，可以采用 Ag-Cu-Ti、Ti-Cu-Ni 系钎料进行钎焊，只要钎焊工艺条件选择合适，就可以获得良好的钎焊接头。下面介绍 TiAl 金属间化合物与 40Cr 钢之间的真空钎焊。

1）焊接工艺。TiAl 金属间化合物与 40Cr 钢之间进行真空钎焊时，采用 Ti 含量（质量分数）为 4%、熔化温度为 800℃、厚度为 0.2mm 的 Ag-Cu-Ti 系合金作为钎料，采用这种钎料可以改善 TiAl 金属间化合物与 40Cr 钢之间的润湿性和接头强度。钎焊之前采用 10% HF + 40% HNO₃ + 50% 蒸馏水溶液对 TiAl 浸泡 1 ~ 2min，以去除氧化膜，再用清水漂洗吹干。最后将 TiAl 金属间化合物与 40Cr 钢置入丙酮溶液中，去除油污。其钎焊参数为：钎焊温度 900℃，保温时间 10 ~ 15min，真空度 10^{-2}Pa。钎焊接头强度为 400MPa，与 TiAl 接近。

2）钎焊接头的显微组织。TiAl 金属间化合物与 40Cr 钢之间进行真空钎焊，采用 Ag-Cu-Ti 系合金作为钎料时，会发生 Ag 向 40Cr 中扩散以及沿 TiAl 的晶界扩散，同时 Ag-Cu-Ti 系钎料中有较多的 Cu 扩散到 TiAl 中，并且集中在 TiAl 与 Ag-Cu-Ti 系合金钎料界面上，因此，铜元素的浓度分布将出现一个稳定值，而形成铜的化合物。TiAl 中的 Ti 元素也会向 Ag-Cu-Ti 系钎料扩散，形成 Ti 的化合物。此外，在 TiAl 金属间化合物与 40Cr 钢之间的钎焊接头中还会形成单质 Ag 和 $AlCu_2Ti$ 相。

（2）TiAl 金属间化合物与 40Cr 钢的感应钎焊

1）TiAl 金属间化合物与 40Cr 钢的真空感应钎焊。

① 钎焊工艺。TiAl 金属间化合物成分（原子分数,%）为 Ti-43Al-1.7Cr-1.7Nb，钎料成分（质量分数,%）为 Ag-34.5Cu-1.5Ti，熔点为 810℃，钎焊温度为 850 ~ 950℃，保温 5min，真空度为 3×10^{-4}Pa。

② 接头组织。图 4-55 所示为不同钎焊温度、保温时间 5min 的接头形貌，表 4-13 为其

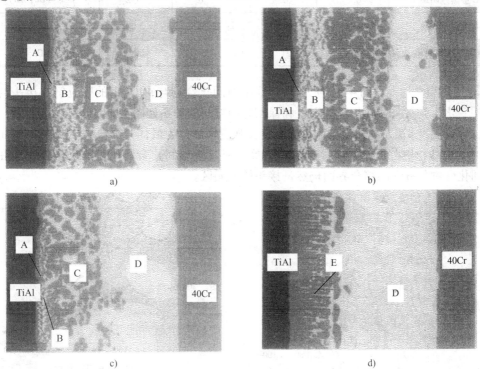

图 4-55　不同钎焊温度、保温时间 5min 的接头形貌
a）870℃　b）890℃　c）910℃　d）950℃

中反应层对应各点的能谱分析。结果发现钎料与两种母材都发生了界面反应，生成了许多反应相，这些反应产物依层状分布。在 870 ~ 890℃钎焊、保温 3min 时，反应层分为 A、B、C、D 四层；而 910℃钎焊、保温 3min 时，反应层分为 A、B、C 三层；而 950℃钎焊、保温 5min 时，反应层分为 E、D 两层。A 层主要是 $TiAl_3$ 构成，B 层主要是 Ag 固溶体及弥散分布于其中的 $TiAl_3$ 构成，C 层主要是由 Ag 固溶体和 Ti（Cu，Al）$_2$ 构成，D 层主要是由 Ag 固溶体和 Ag-Cu 共晶构成，E 层主要是由 Ti（Cu，Al）$_2$ 和少量的 Ag 固溶体构成。随着钎焊温度的提高，由于界面反应的加剧，形成了 Ti（Cu，Al）$_2$，使得钎缝中的 Ti 逐渐向 TiAl 金属间化合物移动，而使 Ag 固溶体和 Ag-Cu 共晶构成的 D 区扩大。可以看到，在 40Cr 钢侧没有明显的界面反应。接头组织为 TiAl/$TiAl_3$/$TiAl_3$ + Ag 基固溶体/Ti（Cu，Al）$_2$ + Ag 基固溶体/ + Ag 基固溶体 + Ag-Cu 共晶/40Cr 钢。

表4-13　图4-55 反应层对应各点的能谱分析

反应层、区	原子分数（%）				可能生成相
	Ag	Cu	Ti	Al	
A 层	1.2	2.0	27.8	69.0	$TiAl_3$
B 层灰色小点	4.0	8.2	23.0	64.8	$TiAl_3$
B 层白色基体	77.0	13.7	6.3	3.0	Ag 基固溶体
C 层白色基体	76.0	12.7	6.5	5.2	Ag 基固溶体
C 层黑色团块	0.3	32.1	33.0	33.2	Ti（Cu，Al）$_2$
D 层白色大块	83.0	12.0	1.5	3.5	Ag 基固溶体
D 层黑白相间相	78.0	21.3	0.3	0.4	Ag-Cu 共晶

③ 接头力学性能。图 4-56 所示为 TiAl 金属间化合物与 40Cr 钢的感应钎焊接头的显微硬度的变化。其接头强度与钎焊温度和保温时间之间的关系如图 4-57 和图 4-58 所示。可以看到，钎焊温度 870℃和保温时间 15min 接头强度最高，为最佳钎焊参数。图 4-59 所示为试样断口 X 射线衍射分析，可以看到，试样断在 TiAl 金属间化合物附近的反应层中。在 TiAl 金属间化合物与钎料的结合界面仍然是接头的薄弱区。

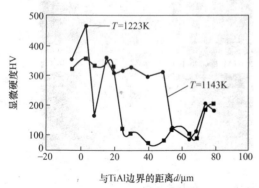

图 4-56　TiAl 金属间化合物与 40Cr 钢的
感应钎焊接头的显微硬度的变化

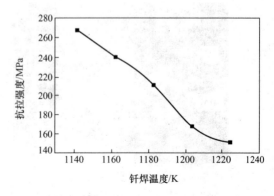

图 4-57　接头强度与钎焊温度之间的关系

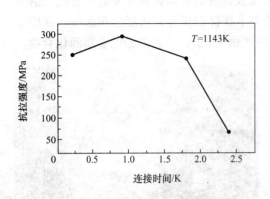

图4-58　接头强度与保温时间之间的关系

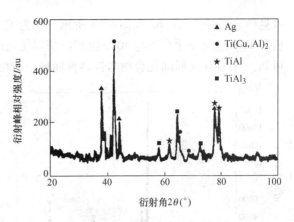

图4-59　试样断口 X 射线衍射分析

采用上述钎料还可以进行 TiAl 金属间化合物与碳钢及耐热钢的焊接。

2）TiAl 金属间化合物与40Cr 钢的氩气保护感应钎焊。图4-60 所示为 TiAl 金属间化合物与40Cr 钢的氩气保护感应钎焊装置示意图。钎料（质量分数,%）为 Ag-35.2Cu-1.8Ti，钎焊温度为870℃。

TiAl 金属间化合物与40Cr 钢的氩气保护感应钎焊的接头组织和性能与同种条件下的其他钎焊没有明显区别。

（3）TiAl 金属间化合物与40Cr 钢的真空扩散钎焊

1）扩散钎焊工艺。根据汽车发动机涡轮增压器的实际应用，涡轮和轴分别采用（原子分数,%）Ti-47Al-2Cr-2Nb 和40Cr 制造，需要焊接在一起。选用扩散钎焊工艺，钎料选用 Ag-Cu 共晶加（质量分数）4%Ti 作为钎料，其熔化温度约800℃。

焊前准备：母材经过打磨之后，用（质量分数）10% HF + 40% HNO_3 + 50% 蒸馏水溶液，经1~2min 去除氧化膜，清水漂洗吹干，再用丙酮清洗去除油污。

在真空度 10^{-2}Pa 条件下，加压0.4MPa、焊接温度900℃、保温时间10min 进行对接，钎料厚度为0.20mm。用此方法得到的焊接接头抗拉强度为387~425MPa，分别断裂在接头处和 TiAl 金属间化合物母材。

2）接头组织。图4-61 所示为 TiAl 金属间化合物与40Cr 钢的扩散钎焊接头显微组织，

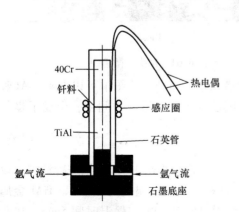

图4-60　TiAl 金属间化合物与40Cr 钢的氩气保护感应钎焊装置示意图

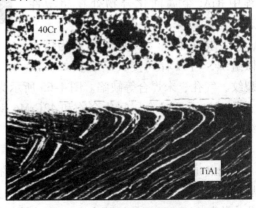

图4-61　TiAl 金属间化合物与40Cr 钢的扩散钎焊接头显微组织

可见结合良好。图4-62和图4-63所示分别为 TiAl 金属间化合物与钎料界面的 X 射线衍射分析和 TiAl 金属间化合物与 40Cr 钢扩散钎焊接头的电子探针扫描元素浓度分布曲线。从图中可知，在 TiAl 金属间化合物与钎料界面形成了反应产物 $AlCu_2Ti$ 这种复杂的金属间化合物。

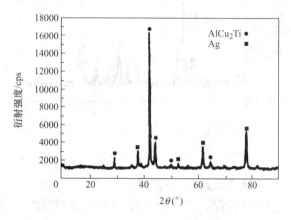

图 4-62　TiAl 金属间化合物与钎料
界面的 X 射线衍射分析

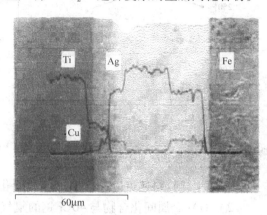

图 4-63　TiAl 金属间化合物与 40Cr 钢扩散钎焊
接头的电子探针扫描元素浓度分布曲线

4.4.2　TiAl 金属间化合物与 42CrMo 钢的焊接

1. TiAl 金属间化合物与 42CrMo 钢的扩散焊接

（1）扩散焊接工艺　采用的 TiAl 金属间化合物成分（原子分数,%）为 Ti-46.5Al-1Cr-2.5V，采用的中间层为 TA2 钛合金。扩散焊接参数为焊接温度 1100℃、保温时间 60min、焊接压力 15MPa，整个升温过程 100min，随炉冷却，真空下焊接。之所以选择焊接温度为 1100℃，是因为这个 TiAl 金属间化合物的超塑性温度（SPF）为 1000～1280℃，这样可使焊接过程中 TiAl 金属间化合物处在超塑性状态。

（2）接头组织　图 4-64 所示为接头显微组织，可以看到接头结合良好，没

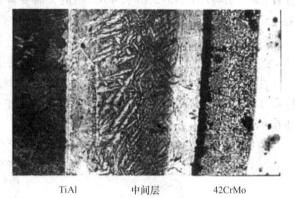

TiAl　　　　　中间层　　　　42CrMo

图 4-64　接头显微组织

有裂纹、气孔、未焊合等缺陷。图 4-65 所示为面扫描元素分布图，从图中可以看到，Al 和 Fe 分别越过了 TiAl 金属间化合物和 42CrMo 钢与中间层的界面，进入中间层，形成了良好的结合界面。

2. TiAl 金属间化合物与 42CrMo 钢的钎焊

采用（原子分数,%）Ti-48Al-2Cr-2Nb 的 TiAl 金属间化合物与 42CrMo 钢进行钎焊，以金属粉配制（质量分数,%）Ti-15Cu-15Ni 的钎料，钎料的液相线温度为 970℃。TiAl 金属间化合物与 42CrMo 钢的间隙为 50μm。钎焊参数为钎焊温度 1000℃，保温时间 5min。接头强度为（90.7～99.4)/95.0MPa。图 4-66 所示为接头组织的二次电子像。从图中可以看出，

接头界面结合良好，接头宽度比预制间隙宽，说明发生了界面反应。反应生成了 Ti- Al、Ti- Fe、Ti-Cu（Ni）等相，在 42CrMo 钢侧钎缝中形成了树枝状晶。

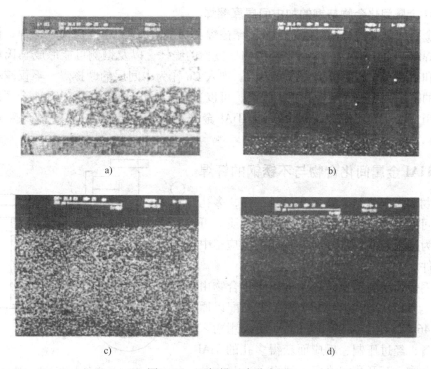

图 4-65 面扫描元素分布图

a）焊缝形貌 b）对应图 a 的 Al 元素面扫描图像 c）对应图 a 的 Ti 元素面扫描图像
d）对应图 a 的 Fe 元素面扫描图像

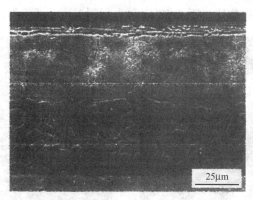

图 4-66 接头组织的二次电子像
注：图中上为 TiAl 金属间化合物，下为 42CrMo 钢。

4.4.3 TiAl 金属间化合物与钢的摩擦焊

1. TiAl 金属间化合物与钢的直接摩擦焊

摩擦焊也是一种固相连接，它是利用接触面上产生的摩擦热和在应力作用下发生塑性变形实现连接的一种方法。在 TiAl 金属间化合物之间的摩擦焊中，界面的热影响区很窄，TiAl

金属间化合物发生明显的再结晶，从而在界面形成细小的等轴晶粒，同时在与界面相距一定的范围内还存在大量的细微裂纹。

2. TiAl 金属间化合物与钢的加中间层摩擦焊

TiAl 金属间化合物与钢可以进行直接摩擦焊和加入 Cu 作为中间层的摩擦焊，但是进行直接摩擦焊时，由于 TiAl 金属间化合物和反应物的脆性，以及钢侧可能形成马氏体而可能出现宏观和微观裂纹，使得接头强度较低。加入 Cu 作为中间层的摩擦焊，不仅减小了钢侧热影响区的范围，接头强度也有很大提高，可以达到 375MPa，接头断在 TiAl 金属间化合物母材。采用 inconel718 作为中间层进行 TiAl 金属间化合物与钢的摩擦焊，接头强度达到 366MPa。

4.4.4 TiAl 金属间化合物与不锈钢的钎焊

（1）材料 与烧结金属多孔材料一样，多孔 TiAl 金属间化合物主要广泛应用于过滤介质，可以制作成为过滤元件，如图 4-67 所示的反应釜中的过滤元件。

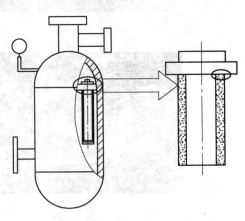

不锈钢为轧制的钢板，TiAl 金属间化合物由原子分数为 54%、纯度为 99.7% Ti 粉末配以原子分数为 46%、纯度为 99.8% 的 Al 粉采用粉末冶金法制备，经过压制、反应而获得多孔的 TiAl 金属间化合物，其开孔空隙率达到 40%，最大孔径为 20μm，透气度为 3×10^{-5}m/(Pa·s)，室温

图4-67 反应釜中的过滤元件示意图

抗拉强度为 81.5MPa。中间层材料采用 Ti 粉和 Cu 粉为原料，压制成质量分数（%）为 Ti-47Cu-3Cr 的 500μm 厚度的薄片。图 4-68 所示为不同温度下 Ti-47Cu-3Cr 钎料的形貌。

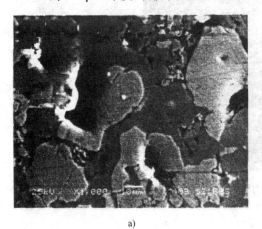
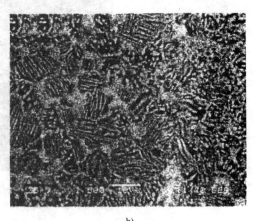

a)

b)

图4-68 不同温度下 Ti-47Cu-3Cr 钎料的形貌
a) 933℃ b) 950℃

（2）钎焊工艺 各种材料经过打磨和超声波丙酮清洗之后进行钎焊，夹具如图 4-69 所示。焊接参数为：真空度 4×10^{-2}Pa，焊接温度 955℃，保温时间 60～900s。

（3）接头抗拉强度　图 4-70 所示为接头抗拉强度与保温时间的关系曲线。可以看到，在保温时间 240s 时接头抗拉强度达到最大值，为 65MPa；保温时间 60s 时，焊接时间太短，界面反应不充分，未形成足够的反应层，界面结合强度不高；保温时间 240s 时，断口始发于钎料/不锈钢界面，然后通过钎料向多孔的 TiAl 金属间化合物扩展，断口与界面呈 45°夹角，如图 4-71 所示。

由于多孔的 TiAl 金属间化合物中存在大量空隙，随着保温时间的延长，熔化的液体钎料由于毛细管作用，被吸入 TiAl 金属间化合物小孔中，使得钎缝中出现缩孔，如图 4-72 所示。随着保温时间的延长，这种缩孔增多。这种缩孔越多，接头强度越低，断口也逐渐向钎缝转移。当保温时间很长时（600s 以上），试样断裂发生在钎缝。

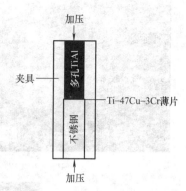

图 4-69　夹具示意图

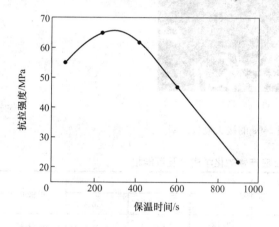

图 4-70　接头抗拉强度与保温时间的关系曲线

图 4-71　断口扩展（保温时间 420s）

（4）接头的显微组织　图 4-73 所示为保温时间 240s 的接头显微组织，其中图 4-73a 为整个 TiAl 金属间化合物/钎料/不锈钢显微组织全貌，图 4-73b 为钎料/不锈钢显微组织，图 4-73c 为 TiAl 金属间化合物/钎料显微组织。从图 4-73a 中可以看出，在钎缝中存在有少量的均匀细小的缩孔。这种缩孔能够有效地缓解焊接残余应力，提高接头强度。表 4-14 给出了图 4-73 中各点反应产物的化学成分及可能相。图 4-74 所示为 TiAl 金属间化合物侧断口 X 射线衍射结果。从这些分析来

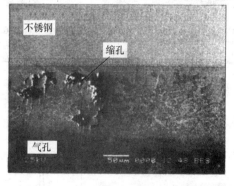

图 4-72　钎缝中不均匀收缩孔

看，其接头组织为 TiAl 金属间化合物/钎料/不锈钢，钎焊接头组织为 TiAl 金属间化合物/$Ti_3Al + Ti_2Cu/TiCu$ 钎料/ $Ti_2Cu + TiCu$ /$TiFe_2 + TiC +$ 富 Fe 层/不锈钢。

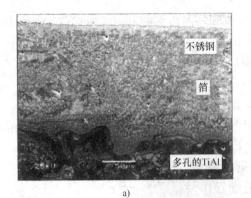
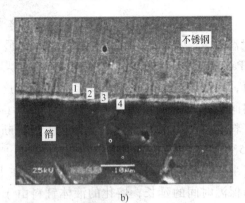

a)

b)

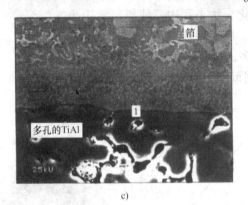

c)

图 4-73　保温时间 240s 的接头显微组织

表 4-14　图 4-73 中各点反应产物的化学成分及可能相

分层号	原子分数（%）							可能相
	C	Al	Ti	Cr	Mn	Fe	Cu	
1	10.90	—	—	20.14	7.18	61.78	—	富 Fe 相
2	10.70	—	7.85	18.06	8.14	55.25	—	富 Fe 相 + TiC
3	14.44	—	25.80	7.58	4.09	45.93	2.16	TiFe$_2$ + TiC
4	—	1.77	38.97	6.77	1.78	18.94	31.77	TiCu + Ti$_2$Cu
5	—	15.68	68.19	—	—	—	16.12	Ti$_3$Al + Ti$_2$Cu

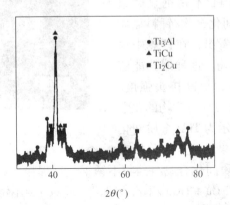

图 4-74　TiAl 金属间化合物侧断口 X 射线衍射结果

4.5　TiAl 金属间化合物与钛的焊接

4.5.1　TiAl 金属间化合物与钛的真空电子束焊

采用原子分数（%）为 Ti-43Al-9V-0.3Y［质量分数（%）为 Ti-26.5Al-12.4V-0.63Y］的 TiAl 金属间化合物。

TiAl 金属间化合物与 TC4 钛合金的真空电子束焊接头的宏观形貌如图 4-75 所示。由于 TiAl 金属间化合物的熔点低于 TC4 钛合金，而导热系数却高于 TC4 合金，因此熔化量较多。

TiAl 金属间化合物［Ti-43Al-9V-0.3Y 质量分数（%）］与 TC4 钛合金的真空电子束焊接头组织有其自己的特点：在 TC4 钛合金一侧的焊缝中为从母材的晶粒上联生长大的粗大柱状晶，而其热影响区的宽度随着焊接热输入的增大而增大，如图 4-76 所示。其组织为 α +β 等轴晶组织，晶粒尺寸由母材的 5~10μm 到过热区的 20~300μm（见图 4-77）；而在 TiAl 金属间化合物一侧焊缝虽然也是柱状晶，但与母材没有联生现象，在熔合区有一个浅色的耐腐蚀带（见图 4-78）。由于该区被加热到熔点附近，原来组织被变为 β 相组织，而后的快冷抑制了相变，β 相得以发生有序化而形成 B_2 相，难以腐蚀。

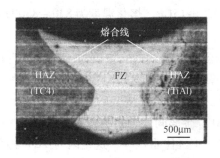

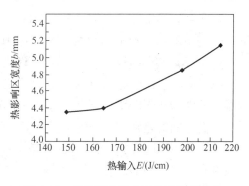

图 4-75　TiAl 与 TC4 真空电子束焊接头的宏观形貌　　　　图 4-76　TC4 侧热影响区的宽度的变化

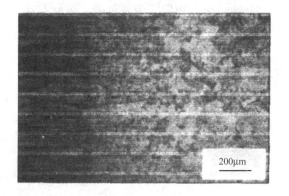

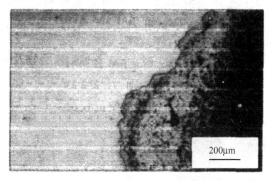

图 4-77　TC4 钛合金一侧热影响区　　　　　　图 4-78　TiAl 金属间化合物一侧热影响区

TiAl 金属间化合物与 TC4 钛合金的真空电子束焊焊缝金属的组织为以 α-Ti$_3$Al 为主，含

有 γ-TiAl、B2 相和 YAl₂ 相。由于 TiAl 金属间化合物与 TC4 钛合金熔合之后的 Ti∶Al 接近于 3∶1，混合之后与 α-Ti₃Al 的成分相当，因此焊缝金属的基本相是 α-Ti₃Al 相。

图 4-79 所示为电子束焊接参数对接头抗拉强度的影响，最佳电子束焊接参数是加速电压 55kV，电子束流 20mA，焊接速度 400mm/min。采用该参数获得的接头强度最高，可达到 209.8MPa。

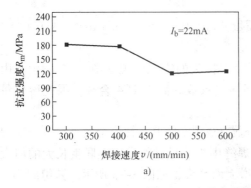
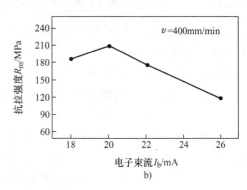

图 4-79　电子束焊接参数对接头抗拉强度的影响
a) 焊接速度变化的影响　b) 电子束流变化的影响

4.5.2　TiAl 金属间化合物与 TC4 钛合金的真空钎焊

TiAl 金属间化合物与 TC4 钛合金的钎焊，可以采用银钎料和钛基钎料，例如，（质量分数，%）Ag-28Cu（熔化温度为 779℃）、Ti-35Zr-15Ni-15Cu（熔化温度为 830~850℃）等。

1. 用 Ag-28Cu 钎料钎焊 TiAl 与 TC4

Ag-28Cu 基钎料对 TiAl 和 TC4 都有良好的润湿性。钎焊的真空度为 1.33×10⁻⁴Pa，钎焊温度分别为 900℃ 和 950℃，保温时间 10min。图 4-80 所示为它们接头组织的照片，可以看到它们之间的差别。当钎焊温度为 900℃ 时（见图 4-80a），接头的界面可以分为三个区：靠近 TC4 和 TiAl 侧的 I 区和 III 区都是 Ti（Cu，Al）₂ 金属间化合物层，为灰色带；中间的 II 区夹杂有花纹结构的白色区域为 Ag-Cu 共晶结构，I 区比 III 区厚，这是因为 TC4 中的 Ti 独立存在，易于扩散。当钎焊温度为 950℃ 时（见图 4-80b），接头的界面可以分为四个区：靠近 TC4 和 TiAl 侧的 I 区和 III 区都是 Ti（Cu，Al）₂ 金属间化合物层，为灰色带，依然存在；

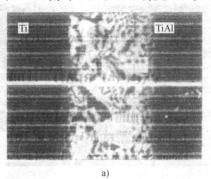
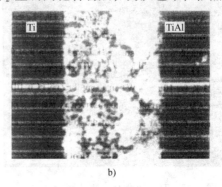

图 4-80　不同钎焊温度下 TiAl/Ag-Cu/TC4 的接头组织
a) 900℃　b) 950℃

而中间的区域则分为两个区（Ⅳ区和Ⅴ区），靠近TC4的Ⅳ区为Ti-Cu金属间化合物在Ag基固溶体中弥散分布形成的，靠近TiAl的Ⅴ区则是Ag基固溶体，其中灰黑色颗粒为富Cu相。

表4-15给出了用Ag-28Cu钎料钎焊TiAl与TC4接头的室温抗剪强度。可以看出，钎焊温度对抗剪强度的影响还是很显著的，这是由于钎焊温度不同，接头的界面结构就不同的结果。经过对试样断口的能谱分析和X射线衍射分析发现：钎焊温度较低时，界面反应不充分，自然接头强度不高；随着钎焊温度的提高，界面反应进行得比较完全，生成极薄的金属间化合物，还有一定量的弥散分布，对接头有强化作用；但是，如果钎焊温度太高，生成的金属间化合物较厚，接头强度就会下降。

表4-15　用Ag-28Cu钎料钎焊TiAl与TC4接头的室温抗剪强度（保温时间10min）

钎焊温度/℃	850	900	950	1000
抗剪强度/MPa	103.9	208.2	223.3	150.4

2. 用Ti-35Zr-15Ni-15Cu钎料钎焊TiAl与TC4

Ti-35Zr-15Ni-15Cu钎料对两种母材都有良好的润湿性，由于其中含有活性元素Ti，因此其润湿性优于Ag-28Cu钎料。钎焊的真空度为1.33×10^{-4}Pa，钎焊温度分别为900℃和950℃，保温时间10min。图4-81所示为它们接头组织的照片，可以看到它们之间的差别。当钎焊温度为900℃时（见图4-81a），接头的界面可以分为三个区：靠近TC4侧的Ⅰ区为浅灰色花纹结构；靠近TiAl侧的Ⅲ区为白色层状结构，都是Ti（Cu，Al）$_2$金属间化合物层，为灰色带；中间的Ⅱ区为弥散分布的深灰色的颗粒状组织。经过分析发现：Ⅰ区主要含有Ti、Ni、Cu三种元素组成的金属间化合物，X射线衍射分析发现了Ti$_2$Ni；Ⅲ区含有Ti、Zr、Ni、Cu四种元素，与钎料的原始成分相当，说明这是未发生反应的钎料；Ⅱ区主要是TiAl$_3$金属间化合物，这是由于TiAl金属间化合物中的Ti向钎缝中扩散，降低了这里的Ti含量的结果。当钎焊温度为950℃时（见图4-81b），接头的界面可以分为四个区：靠近TC4侧的Ⅰ区主要仍是含有Ti、Ni、Cu三种元素组成的金属间化合物Ti$_2$Ni，但是厚度增大；靠近TiAl侧的Ⅳ区是Ti（Cu，Al）$_2$金属间化合物反应层，在低温（钎焊温度900℃）的钎焊中并没有出现；Ⅱ区为靠近TC4侧的区域，与低温（钎焊温度900℃）的钎焊类似，主要是TiAl$_3$金属间化合物；Ⅴ区的枝晶组织中的Zr元素含量很高。

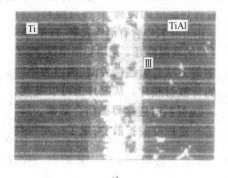
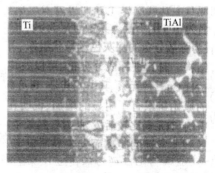

a)　　　　　　　　　　b)

图4-81　不同钎焊温度下TiAl/Ti-Zr-Ni-Cu/TC4的接头组织
a) 900℃　b) 950℃

表 4-16 给出了用 Ti-35Zr-15Ni-15Cu 钎料钎焊 TiAl 与 TC4 接头的室温抗剪强度。可以看出，钎焊温度对抗剪强度的影响还是很显著的，这是由于钎焊温度不同，接头的界面结构就不同的结果。由于这种钎料中的活性元素较多，随着钎焊温度的提高，生成的金属间化合物增多，生成的金属间化合物较厚，接头强度就会下降。因此，采用这种钎料时，应该采用较低的钎焊温度。

表 4-16　用 Ti-35Zr-15Ni-15Cu 钎料钎焊 TiAl 与 TC4 接头的室温抗剪强度（保温时间 10min）

钎焊温度/℃	850	900	950	1000
抗剪强度/MPa	139.97	101.45	89.44	70.28

4.6　Ti_3Al 金属间化合物

4.6.1　Ti_3Al 金属间化合物的发展及特性

1. Ti_3Al 金属间化合物的发展

Ti_3Al 基合金具有熔点高、密度低（$3.8 \sim 4.2 g/cm^3$）、强度高、高温抗氧化性能强等优点，其最高使用温度达 815℃，远远超过钛合金，特别是它的高温强度、持久强度和蠕变强度具有突出的优越性，因此，有广泛的应用前景。

20 世纪 70 年代后期开发了具有一定塑性的 α_2 合金［原子分数（%）为 Ti-24Al-14Nb］；20 世纪 80 年代初又开发了室温和高温强度更高的超 α_2 合金［原子分数（%）为 Ti-24Al-10Nb-3V-1Mo］；之后又开发了 TD2 合金［原子分数（%）为 Ti-24.5Al-10Nb-3V-1Mo］和 TAC-1 合金［原子分数（%）为 Ti-24Al-14Nb-3V-0.5Mo］；20 世纪 90 年代在 α_2 合金基础上开发了高 Nb 含量的三相（α_2 合金 + B2 + O 相）合金，这种高 Nb 含量的三相合金比 α_2 合金、超 α_2 合金具有更高的高温屈服强度、蠕变抗力和断裂韧度。O 相（Ti_2AlNb，正交晶系有序相）的高温强度目前在 Ti-Al-X 系中最佳，使用温度可达 800℃，还可以加入 Mo、W、Ta 等高温金属元素。高 Nb 含量的三相（α_2 合金 + B2 + O 相，以 Ti-23Al-17Nb 为代表）合金的室温屈服强度已经达到 1200MPa，断后伸长率达到 9% 以上，650℃ 的屈服强度达到 970MPa。

2. Ti_3Al 金属间化合物的特性

（1）Ti_3Al 金属间化合物的基本特性

1）Ti_3Al 金属间化合物的化学成分特点。Ti_3Al 金属间化合物的基础成分是（原子分数，%）Ti-(23~25)Al-(10~30)Nb，再进一步合金强化得到的。Ti_3Al 金属间化合物可以分为三个类型：Nb 的原子分数为 10%~12% 的 α_2 合金或者超 α_2 合金；Nb 的原子分数为 14%~17% 的 $\alpha_2 + \beta/B2$ 两相合金和 Nb 的原子分数为 23%~27% 的以 O 相为基的多相合金。Ti-Al 金属间化合物与钛合金和镍基耐热合金的性能比较见表 4-1，表 4-17 为一些典型的 Ti_3Al 金属间化合物的室温力学性能和蠕变性能。

表 4-17　一些典型的 Ti_3Al 金属间化合物的室温力学性能和蠕变性能

合　金	R_{eL}/MPa	R_m/MPa	断后伸长率（%）	K_{IC}/（MPa·m$^{1/2}$）	蠕变寿命[1]/h
Ti-25Al	538	538	0.3	—	—
Ti-24Al-11Nb	787	824	0.7	—	44.7
Ti-24Al-14Nb	831	977	2.1	—	59.5
Ti-24Al-14Nb-3V-0.5Mo	797	1034	9.4[2]，26.0[3]	—	—
Ti-25Al-10Nb-3V-1Mo	825	1042	2.2	13.5	360
Ti-24.5Al-17Nb	952	1010	5.8	28.3	62
Ti-25Al-17Nb-1Mo	989	1133	3.4	20.09	476
Ti-22Al-23Nb	863	1077	5.6	—	—
Ti-22Al-27Nb	1000	—	5.0	30.0	—
Ti-22Al-20Nb-5V	900	1161	18.8	—	—

[1] 650℃/380MPa 下的断裂时间。
[2] 带时效的特殊处理。
[3] 没有时效的特殊处理。

2）Ti_3Al 金属间化合物的点阵结构。Ti_3Al 金属间化合物的点阵结构为具有密排六方有序化后的 DO19 超点阵结构，是 α-Ti 结构的有序结构，也叫 α_2 相，Al 的原子分数为 22% ~ 39%。单相 α_2-Ti_3Al 室温脆性比较严重，室温断后伸长率只有 0.3% ~0.5%。

3）Ti_3Al 金属间化合物性能的改善。改善 Ti_3Al 金属间化合物性能的方法是添加质量分数大于 10% 的 β 相（bcc）稳定元素 Nb，形成 α_2 + β 两相组织。Nb 能够显著提高 Ti_3Al 金属间化合物的塑性，其机理是使得 α_2 相变细、能够形成塑性比较好的 β 相和能够促进滑移。其他 β 相（bcc）稳定元素还有 V、Mo、W 等。表 4-18 为 Ti_3Al 金属间化合物与钛合金的性能比较。

表 4-18　Ti_3Al 金属间化合物与钛合金的性能比较

合　金	密度/（g/cm^3）	弹性模量/GPa	蠕变极限温度/℃	氧化极限温度/℃	室温断后伸长率（%）	高温断后伸长率（%）
Ti_3Al	4.15	145	815	650	1 ~2	5 ~8
Ti-14Al-21Nb ［质量分数(%)］	4.6	98.5	600	650	2 ~5	15 ~30
Ti-6Al-2Sn-4Zr-2Mo[1]	4.5	114	500	500	10	15

[1] 为普通高温钛合金。

4）Ti_3Al 金属间化合物的物理化学性能。Ti_3Al 金属间化合物的线胀系数与钛合金相近，比较低。表 4-19 为 Ti_3Al 金属间化合物与钛合金的线胀系数的比较。

表 4-19　Ti_3Al 金属间化合物与钛合金的线胀系数的比较

温度/℃		20 ~100	20 ~200	20 ~300	20 ~400	20 ~500	20 ~600	20 ~650	20 ~700
$\alpha \times 10^{-6}$ /℃$^{-1}$	TD2 合金	8.4	8.9	9.2	9.5	9.8	9.9	10.1	10.1
	超 α_2 合金	8.8	8.9	9.3	9.7	10.2	10.3	10.5	—
	TC4 合金	9.1	9.2	9.3	9.5	9.7	10.0	—	—
	TC11 合金	9.3	9.3	9.5	9.7	10.0	10.2	—	10.4

Ti$_3$Al 金属间化合物的密度小、强度高、弹性模量高、抗氧化、抗蠕变能力强，具有良好的高温性能。其比强度随着温度的提高没有明显下降。

（2）影响 Ti$_3$Al 金属间化合物性能的因素

1）合金成分的影响。

① Nb、V、Mo 是 Ti$_3$Al 金属间化合物最重要的合金元素，这些合金元素既可以以固溶的形式存在，也可以形成新的合金相。

② Si 对 Ti$_3$Al 金属间化合物的性能也有明显的影响，添加原子分数为 1% 的 Si 就能够改善 Ti-24Al-11Nb 的室温拉伸性能和蠕变强度。它是通过 β_0 + 硅化物→α_2 相的包析反应来稳定初生 α_2 相，改变了合金元素在 α_2 和 β 两相之间的配比，从而影响显微组织。

③ Ta 可以提高 Ti$_3$Al-Nb 金属间化合物的强度、蠕变抗力、高周疲劳抗力，但是塑性降低。

④ 气体杂质和间隙原子能够降低其塑性和韧性，Ti$_3$Al 金属间化合物有氢脆现象。

良好的高温强度、蠕变抗力和环境抗力相结合的优良成分是含量较高的 Al 和适当含量的 β 稳定性元素（Mo、V、Ta、Nb、Cr、Mn、Fe、Si、Cu 等）。

⑤ B 能够提高 Ti$_3$Al 金属间化合物的室温和高温韧性；还能够降低它的氢脆性，这是因为 B 占据了 Ti$_3$Al 晶界最邻近的间隙位置，阻止了氢原子沿晶界的扩散。

⑥ Cr 是强化 Ti$_3$Al 的常用元素，它具有固溶强化作用，能够在一定程度上提高其塑性和强度，还可以提高 Ti$_3$Al 的抗氧化能力。

⑦ Zr 可以改善 Ti$_3$Al 的塑性、抗蠕变能力和可铸性。这是由于 Zr 增加了金属键的比例，使得变形容易了。

⑧ C 能够形成碳化物，使得材料得到强化。如果以石墨形式存在，则具有润滑作用，可以制作高温 Ti$_3$Al/石墨自润滑材料。Al 是一种球化剂，使得石墨球化，提高它的耐冲击性。

2）组织的影响。

① 组织形态的影响。

a. α_2 相。室温下具有密排六方有序化后的 DO19 超点阵结构，难以变形，是脆性相。

b. β 相。无序体心立方结构，它是高温相，室温下含量较少，室温下可明显改善塑性。

c. B2 相。亚稳态体心立方有序化结构，是高温 β 相快速冷却得到的组织，比较软，塑性好，但是韧性较差。

d. O 相。有序正交相，由 α_2 相发生小的扭转和 Nb 在点阵位置的有序化得到，在原子分数为 14% ~ 30% 的 Nb 含量范围内都发现了 O 相的存在。O 相具有较高的塑性和较高的蠕变强度。

e. α'_2 马氏体相。它是高温 β 相在中等冷却速度下得到的具有硬脆性的组织，用 α'_2 表示，呈现细针状，是不希望得到的相。

f. ω 相。它是高温 β 相在较快冷却速度下淬火得到的非稳定相，对平衡组织（如焊接接头组织）影响不详。

g. α_2 + B2 + O。其三相等轴细晶组织是比较理想的，一定量 B2 相的存在可以保证合金在室温下具有一定的塑性，但是对蠕变强度不利，O 相的存在，弥补了这个不足，使得蠕变强度提高。

另外，晶粒的大小、形态对 Ti₃Al-Nb 金属间化合物的塑性也有一定的影响，细晶、等轴晶可使塑性提高，柱状晶的方向性对塑性不利。

② 冷却速度的影响。冷却速度不同，β→α 转变组织不同，性能也就不同。在 β 转变温度以上水淬时，冷却速度可达 750℃/s，bcc 的 β 相可以完全保留下来；冷却速度在 5～50℃/s 范围内，bcc 的 β 相可以完全转变 α₂ 相，无 β 相残留。冷却速度提高，材料的硬度和强度增加。

（3）Ti₃Al 金属间化合物性能的改善　以 α₂ 相为主的 Ti₃Al 金属间化合物性能很脆，没有实用价值，需要对其进行改善。改善的方法如下。

1）合金化。加入适量的 β 相形成元素。最佳的 β 相形成元素是 Nb，图 4-82 所示为 Ti₃Al-Nb 伪二元相图，能够得到含有一定量 α₂ + β 相的组织。图 4-83 所示为 Ti₃Al-Nb（Ti-Al14-Nb21）合金的显微组织，图 4-84 所示为 Ti₃Al-Nb（Ti-Al14-Nb21）合金断口的微观形貌（SEM 照片）。可以看到，组织细小，断口为准解理为主，有明显的撕裂棱。

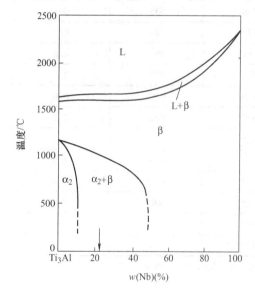

图 4-82　Ti₃Al-Nb 伪二元相图

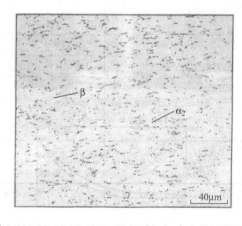

图 4-83　Ti₃Al-Nb（Ti-Al14-Nb21）合金的显微组织

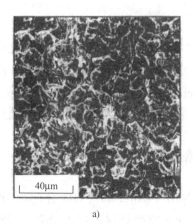

a)

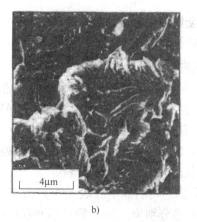

b)

图 4-84　Ti₃Al-Nb（Ti-Al14-Nb21）合金断口的微观形貌（SEM 照片）

其次的 β 相形成元素是 Mo、V 等。

2）细化晶粒。细化晶粒可以提高材料的塑性，快速凝固可以细化晶粒，从而可以提高塑性。

3）热处理。提高热处理温度可以减少 α_2 相，提高 B2 相和 O 相的含量，就可以提高材料的塑性。

4）控制间隙元素含量。间隙元素 C、N、H、O 能够降低材料的塑性。Ti_3Al 金属间化合物也有氢脆性，氢固溶于 Ti_3Al 中，造成 Ti_3Al 的晶格畸变，降低塑性和韧性。组织（$\alpha_2 + \beta$）可以使材料的强度提高，塑性和韧性下降。

5）控制化学成分的均匀度。材料的成分偏析能降低其力学性能。表 4-20 给出了典型 Ti_3Al 金属间化合物的室温力学性能。

表 4-20　典型 Ti_3Al 金属间化合物的室温力学性能

合　　金	微观组织	$R_{p0.2}$/MPa	R_m/MPa	A（%）
Ti-25Al	E	538	538	0.3
Ti-24Al-11Nb	W	787	824	0.7
	FW	761	967	4.8
Ti-24Al-14Nb	W	831	977	2.1
	W	825	1042	0.8
Ti-25Al-10Nb-3V-1Mo	FW	823	950	2.2
	C + P	745	907	1.1
	W + P	759	963	2.6
Ti-24.5Al-17Nb	W	952	1010	5.8
	W + P	705	940	10.0
Ti-25Al-17Nb-1Mo	FW	989	1133	3.4
Ti-25Al-14Nb	W	831	977	2.1

注：W—魏氏组织，FW—细小魏氏组织，C—网篮组织，P—初生 α_2 晶粒，E—等轴 α_2 组织。

4.6.2　Ti_3Al 金属间化合物的焊接性

1. Ti_3Al 金属间化合物的裂纹倾向

（1）Ti_3Al 金属间化合物的冷裂纹　Ti_3Al 金属间化合物与 Ni_3Al 金属间化合物不同，它一般不会形成热裂纹。Ti_3Al 金属间化合物产生热裂纹的临界应力范围很窄，因此，其裂纹倾向很小。图 4-85 所示为 Ti_3Al 在冷却和加热过程中的热塑性试验结果，说明 Ti_3Al 在高温下塑性较好，也不会产生热影响区裂纹。Ti_3Al 金属间化合物焊接的主要问题是室温下塑性较低以及由此引起的冷裂纹。

（2）影响 Ti_3Al 金属间化合物的冷裂纹敏感性的因素

1）母材状态和焊接方法的影响。

① 母材状态。母材原子分数（%）为 Ti-24Al-14Nb-1Mo（TD3 合金），其固溶温度为 950℃，三种状态分别为：（a）锻造后 980℃ +1h + 空冷处理；（b）热轧后 980℃ +1h + 空冷处理；（c）热轧后 950℃ +1h + 空冷处理。它们的室温力学性能见表 4-21。

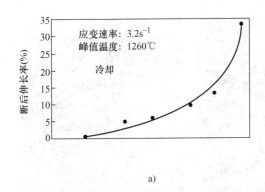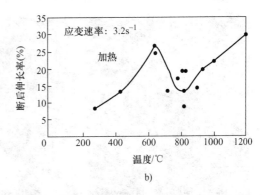

图 4-85 Ti_3Al-Nb（Ti-Al14-Nb21）在冷却和加热过程中的热塑性试验结果
a）冷却 b）加热

表 4-21 三种状态 TD3 合金的室温力学性能

材料状态	锻造后980℃ +1h + 空冷	热轧后980℃ +1h + 空冷		热轧后950℃ +1h + 空冷	
方向	—	轧向	垂直轧向	轧向	垂直轧向
抗拉强度/MPa	1052	975	921	984	1064
断后伸长率（%）	5.8	10.1	2.3	9.7	3.8

② 焊接方法。采用含 Nb 较高的 Ti-Al-Nb 合金作为焊丝，分别进行充氩箱中的手工 TIG 焊和大气中的自动 TIG 焊。

③ 冷裂纹敏感性。手工 TIG 焊时（a）状态没有任何裂纹，而（c）状态有时出现伴有响声的冷裂纹；自动 TIG 焊时（a）状态和（c）状态都产生了冷裂纹。裂纹起源于接头，并且垂直于焊缝向两侧母材扩展，这显然与母材的塑性有关，（a）状态比（c）状态的塑性好（断后伸长率分别为5.8%和3.8%）。而焊接方法的影响则与焊后的冷却速度有关，由于手工 TIG 焊是在充氩箱中进行，其冷却速度较在大气中的自动 TIG 焊的冷却速度慢，其残余应力也比后者小，因此，前者的冷裂纹敏感性比后者小。

④ 接头力学性能。手工 TIG 焊接头的力学性能为：（a）状态抗拉强度为919MPa，断后伸长率为3.1%；（c）状态抗拉强度为817MPa，断后伸长率为1.2%。都是断裂在热影响区。

2）预热的影响。采用 Ti-24Al-14Nb-4V 的 Ti_3Al 金属间化合物进行手工 TIG 焊，经过预热的焊接接头没有冷裂纹产生，而未经过预热的焊接接头有大量冷裂纹产生。经过预热的焊接接头的硬度比未经过预热的焊接接头的硬度低；氢对 Ti_3Al 金属间化合物焊接接头的冷裂纹敏感性也有促进作用，预热将促使氢的逆出。因此预热也是防止 Ti_3Al 金属间化合物产生冷裂纹的有效措施。图 4-86 所示为 Ti-24Al-14Nb-4V 的手工 TIG 焊焊接接头拉伸试样断口形貌，显然未预热的解理面较大，河流花样更加密集和明显，说明其脆性更大。其抗拉强度为：母材820.22MPa，预热245.8MPa，未预热637.95MPa。

2. Ti_3Al 金属间化合物的组织和性能特征

与一般的高温 Ti 合金［如原子分数（%）为 Ti-Al6-Sn2-Zr4-Mo2-Si0.1］相比，Ti_3Al 金属间化合物具有室温和高温的高弹性模量、高抗蠕变性能和高抗氧化性，但是，其低温塑性很低，只有1% ~2%。改善其塑性的办法是在 Ti_3Al 中加入一些 β（bcc）相稳定元素，

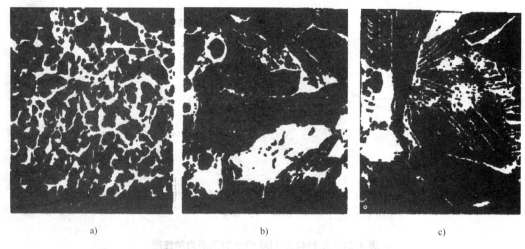

a)　　　　　　　　　　　b)　　　　　　　　　　　c)

图 4-86　Ti-24Al-14Nb-4V 的手工 TIG 焊焊接接头拉伸试样断口形貌
a）母材　b）预热　c）未预热

如 Nb、V、Mo 和 W 等，形成一些以 Ti$_3$Al 成分为基的三元〔Ti- Al24- Nb11（原子分数，%）〕或多元〔Ti-Al25-Nb10-V3-Mo1（原子分数，%）〕合金。在这些合金中，除了有序的 α$_2$ 相外，还有少量的无序体心立方的 β（bcc）相（见图 4-83），从而改善了 Ti$_3$Al 金属间化合物的室温塑性（见表 4-21）。图 4-87 所示为其断口的微观形貌，可以看到穿越 α$_2$ 相晶粒的解理断裂，但是，由于在晶界上有 β 相存在而显示出塑性撕裂形貌。所以，为了改善 Ti$_3$Al 金属间化合物的室温塑性，在晶界上应该保有一定的 β 相。但是，焊接热循环往往破坏了这种有利的（α$_2$ + β）两相组织，使其焊后接头的塑性变坏。根据 Ti$_3$Al-Nb 伪二元相图（见图 4-83），Ti$_3$Al- Nb（Ti-Al14-Nb21）合金在平衡状态下的室温组织应该是（α$_2$ + β）的两相组织，加热到高温成为单相 β 相组织。但是，在冷却过程中，β 相的分解过程是非常缓慢的，来不及进行 β→α$_2$ 的转变，所得到的组织为亚稳态的体心立方 β 有序化结构（Cs-CI）B2。这种组织虽然较软，韧性也较好，但是，由于它的不稳定性，在相当于一般电弧焊的冷却速度下会变成硬脆的 α$_2$ 的马氏体 α$_2'$。这种细针状组织的塑性几乎为 0。图 4-87 所示为冷却速度 100℃/s 时的 Ti$_3$Al-Nb（Ti-Al14-Nb21）金属间化合物 TEM 照片。要想得到比较理想的（α$_2$ + β）两相组织，必须非常缓慢地冷却，这就需要对工件进行预热，如对于

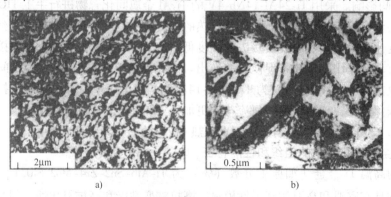

a)　　　　　　　　　　　b)

图 4-87　冷却速度 100℃/s 时的 Ti$_3$Al-Nb（Ti-Al14-Nb21）金属间化合物 TEM 照片

3mm 的薄板需要预热 600℃，冷却速度低于 25℃/s 或进行焊后热处理。因此，焊后连续冷

却时冷却速度对 Ti₃Al 的组织有决定性的影响。图 4-88 所示为冷却速度对两种 Ti₃Al 金属间化合物硬度的影响。从图中可以看到，峰值硬度刚好对应于生成 α₂ 的中等冷却速度，而且，峰值硬度对应的冷却速度与合金成分有关，合金含量越高，越容易得到 α₂′ 组织。

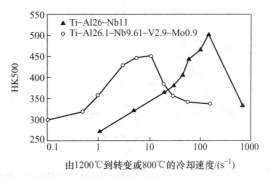

图 4-88 冷却速度对两种 Ti₃Al 金属间化合物硬度的影响

3. Ti₃Al 金属间化合物的冷却组织转变

Ti₃Al 金属间化合物在高温下得到 β 相，在冷却到低温时，就如同钢一样，将发生组织转变。图 4-89 所示为 Ti₃Al 金属间化合物 CCT（连续冷却）曲线示意图，图 4-90 所示为一种简略的 α₂ 和超级 α₂ 的 CCT（连续冷却）曲线图。用此图根据其连续冷却曲线就可能预测它冷却之后的组织，就如同钢一样。当然这种研究还是很初步的，需要继续加以深入研究。

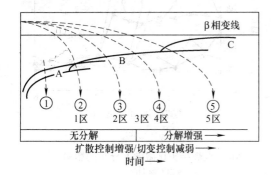

图 4-89 Ti₃Al 金属间化合物 CCT
（连续冷却）曲线示意图
①—β→B₂ᵖ ②—β→α₂′ + B₂ᵖ ③—β→α₂′ + α₂ᵖ
④—β→α₂′ + α₂ + β/B2 ⑤—β→（α₂ + β）+ α₂′ + α₂ + β

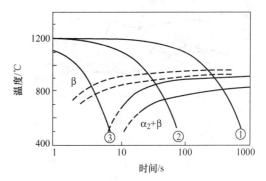

图 4-90 α₂ 和超级 α₂ 的 CCT
（连续冷却）曲线图
--- Ti-26Al-11Nb —— Ti-26.1Al-9.61Nb-2.9V-0.9Mo
①—冷却速度 1℃/s ②—冷却速度 10℃/s
③—冷却速度 100℃/s

4. 预热和焊后热处理对接头性能的影响

（1）预热对接头性能的影响 图 4-91 所示为 Ti-23Al-14Nb-3V 氩弧焊接头的显微硬度分布曲线。该材料具有很大的冷裂纹敏感性，手工氩弧焊时产生大量裂纹，甚至伴随有清晰的开裂声。焊前预热能够明显降低它的裂纹倾向，并且可避免焊件的过度氧化。焊接区的结晶层状线消失，热影响区的硬度峰得到缓和，接头强度系数从不预热的 29.97% 提高到 77.78%。母材抗拉强度为 820.22MPa，屈服强度为 583.53MPa，断后伸长率为 17.21%。不预热时氩弧焊焊接接头抗拉强度只有 245.80MPa，预热后氩弧焊焊接接头抗拉强度可达 637.95MPa。

（2）焊后热处理对接头性能的影响 对大多数金属的焊接接头来说，焊后热处理能够降低残余应力，提高断裂韧度。同样，焊后热处理也能够使 Ti₃Al 金属间化合物焊缝的显微组织和力学性能得到改善。图 4-92 所示为焊后热处理对（质量分数,%）Ti-14Al-21Nb 的点

焊接头显微硬度分布的影响。

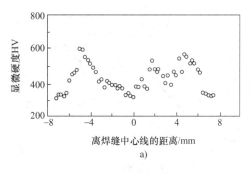

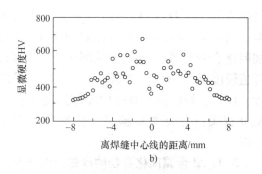

a) b)

图 4-91 Ti-23Al-14Nb-3V 氩弧焊接头的显微硬度分布曲线
a）预热前 b）预热后

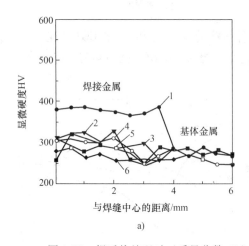

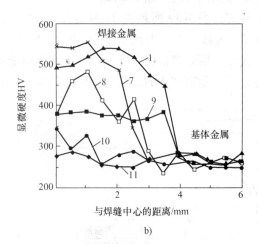

a) b)

图 4-92 焊后热处理对（质量分数，%）Ti-14Al-21Nb 的点焊接头显微硬度分布的影响
1—焊接状态 2—980℃×1min 3—980℃×30min 4—980℃×1h
5—980℃×2h 6—980℃×4h 7—650℃×1min 8—650℃×1h
9—650℃×4h 10—650℃×12h 11—650℃×50h

4.7 Ti$_3$Al 金属间化合物的焊接

Ti$_3$Al 金属间化合物可以进行熔焊（如电子束焊、TIG 焊、激光焊等），特别适合进行固相焊接（如摩擦焊、扩散焊和钎焊等）。

4.7.1 Ti$_3$Al 金属间化合物的熔焊

1. Ti$_3$Al 金属间化合物的电子束焊

（1）Ti-Al14-Nb21 金属间化合物的电子束焊 图 4-93 所示为不同焊接条件（即不同的冷却速度）对 Ti$_3$Al-Nb（Ti-Al14-Nb21）金属间化合物电子束焊接接头硬度的影响。

图 4-94 所示为焊接热输入 370J/mm 时焊缝组织的 TEM 照片。焊缝组织主要是 α$_2'$ 针状组织，从图 4-93 中可以看到，其焊接接头的硬度也最高。当焊接热输入为 96J/mm 时，冷却速度已基本抑制了 β→α$_2$ 的转变，其焊缝组织主要是亚稳态的 β（B2），如图 4-95 所示，

图中的细针状组织为 α_2 的马氏体组织 α_2'。当焊接热输入再降到为 67J/mm 时，其焊缝组织主要是亚稳态的 β（B2）。焊接热影响区超过 $\beta \rightarrow \alpha_2$ 转变温度的组织，在冷却过程中就会转变为细针状的马氏体组织 α_2'。从图 4-93 可以看出，无论采用什么样的焊接条件，焊接接头相对于母材来说，都会不可避免地发生明显的硬化，只是这个硬化区的范围不同而已。如图 4-93 所示，随着焊接热输入的降低，其硬化区的范围也缩小。同时，随着焊接热输入的降低，冷却速度增大，细针状的马氏体组织 α_2' 减少，亚稳态的 β（B2）增加，焊接接头的硬度就降低。

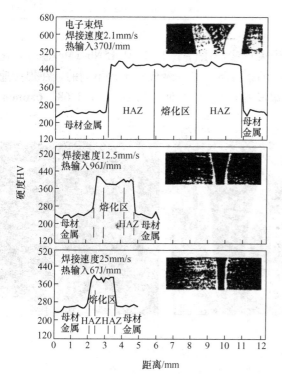

图 4-93　不同焊接条件对 Ti_3Al-Nb（Ti-Al14-Nb21）金属间化合物电子束焊接接头硬度的影响

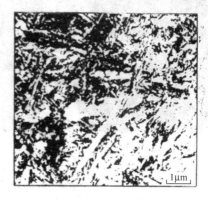

图 4-94　焊接热输入 370J/mm 时 Ti_3Al-Nb（Ti-Al14-Nb21）金属间化合物电子束焊焊缝组织的 TEM 照片

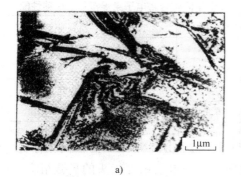

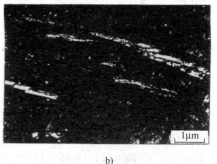

a)　　　　　　　　　　　　　　b)

图 4-95　焊接热输入 96J/mm 时 Ti_3Al-Nb（Ti-Al14-Nb21）金属间化合物电子束焊焊缝组织
a）明场　b）暗场

（2）Ti-24Al-15Nb-1Mo 金属间化合物的电子束焊

1）焊接参数。表4-22 给出了 Ti-24Al-15Nb-1Mo 金属间化合物的电子束焊焊接参数。

表4-22　Ti-24Al-15Nb-1Mo 金属间化合物的电子束焊焊接参数（η 为有效功率系数）

序号	焊接速度/(mm/s)	电子束电流/mA	聚焦电流/mA	加速电压/kV	线能量/(kJ·s/mm)	真空度/Torr[①]	工作距离/mm
1	4	80	852/825	60	1.20η	2×10^{-4}	160
2	8	100	852/825	60	0.75η	2×10^{-4}	160
3	14	130	852/825	60	0.56η	2×10^{-4}	160

①1Torr = 133.322Pa。

2）焊缝成形。图4-96 所示为上述电子束焊参数条件下 Ti-24Al-15Nb-1Mo 金属间化合物的焊缝成形。可以看出，在焊接速度不同的条件下，其焊缝成形也是不同的。在焊接速度为 4mm/s、8mm/s、14mm/s 时，其焊缝宽度和深宽比分别为 7.2mm 和 3.68、6.6mm 和 4.0、6.0mm 和 5.4。

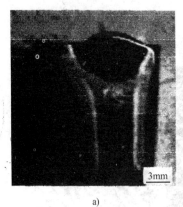  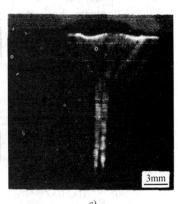

图4-96　电子束焊 Ti-24Al-15Nb-1Mo 金属间化合物的焊缝成形
a）焊接速度4mm/s　b）焊接速度8mm/s　c）焊接速度14mm/s

3）接头力学性能。表4-23 和图4-97 分别给出了不同焊接速度下 Ti-24Al-15Nb-1Mo 金属间化合物电子束焊接头的拉伸性能和显微硬度分布。

表4-23　不同焊接速度下 Ti-24Al-15Nb-1Mo 金属间化合物电子束焊接头的拉伸性能

焊接参数	R_m/MPa	A（%）	Z（%）	断裂部位	KU/J·cm²
$v = 14$mm/s，$E = 0.56\eta$	1045	3.6	7.7	HAZ	6.0
$v = 8$mm/s，$E = 0.75\eta$	938	1.2	0.6	焊缝	3.7
$v = 4$mm/s，$E = 1.20\eta$	924	0.1	0.2	焊缝	3.5
焊缝金属	1108	6.3	12.2	—	7.0

4）接头组织。图4-98 和图4-99 所示分别为 Ti-24Al-15Nb-1Mo 金属间化合物母材及其不同焊接速度条件下 Ti-24Al-15Nb-1Mo 金属间化合物电子束焊接头的显微组织。Ti-24Al-15Nb-1Mo 金属间化合物母材经过 1000℃ ×1h 的固溶处理能够达到初生 α_2 相、片状 O 相和 β/B2 相含量的最佳匹配，如图4-98 所示。图4-100 所示为不同焊接速度条件下 Ti-24Al-

15Nb-1Mo 金属间化合物电子束焊焊缝金属柱状晶尺寸的变化。从图 4-100 可以看到，焊接速度不同，焊缝金属柱状晶尺寸是不同的。可以看到，焊接速度越小，晶粒越粗大，因此，塑性和韧性降低就越明显。

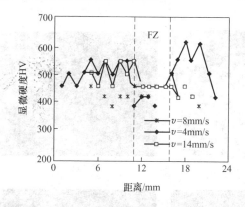

图 4-97　不同焊接速度下 Ti-24Al-15Nb-1Mo 金属间化合物电子束焊接头的显微硬度分布

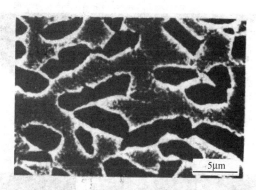

图 4-98　Ti-24Al-15Nb-1Mo 金属间化合物母材的显微组织

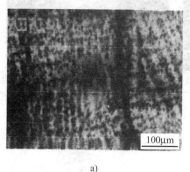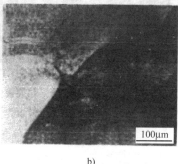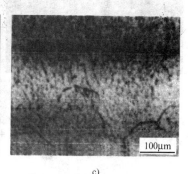

a)　　　　　　　　　　b)　　　　　　　　　　c)

图 4-99　Ti-24Al-15Nb-1Mo 金属间化合物在不同焊接速度条件下电子束焊接头的显微组织
a) 焊接速度 4mm/s　b) 焊接速度 8mm/s　c) 焊接速度 14mm/s

图 4-101 所示为 Ti-24Al-15Nb-1Mo 金属间化合物母材固溶处理组织的显微组织及各组成相的衍射花样。可以看到，母材固溶处理组织为 $\beta/B2 + O + \alpha_2$ 相，其中较大的块状组织是 α_2 相，细小片状组织为 O 相，基体是 $\beta/B2$ 相。

图 4-102 所示为采用不同焊接速度得到的 Ti-24Al-15Nb-1Mo 金属间化合物电子束焊焊缝 TEM 形貌。可以看出，焊缝组织中除 $\beta/B2$ 转变、O 相和次生 α_2 相之外，还有 ω 相存在。焊接速度为 4mm/s 时焊缝中的片状相为次生 α_2 相（或者叫 α_2' 相），如图 4-103 所

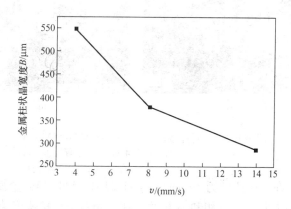

图 4-100　不同焊接速度条件下 Ti-24Al-15Nb-1Mo 金属间化合物电子束焊焊缝金属柱状晶宽度（B）的变化

示。焊接速度为 8mm/s 时焊缝中除包含残留的 β/B2 和次生 α_2 相之外，还有针状的 ω 相，如图 4-104 所示。ω 相是因为在高温快冷过程中，介稳的 B2 相晶面滑移并以无扩散方式而形成。ω 相继承了 B2 相的有序结构，ω 相的存在使得焊接接头强度提高，塑性降低。

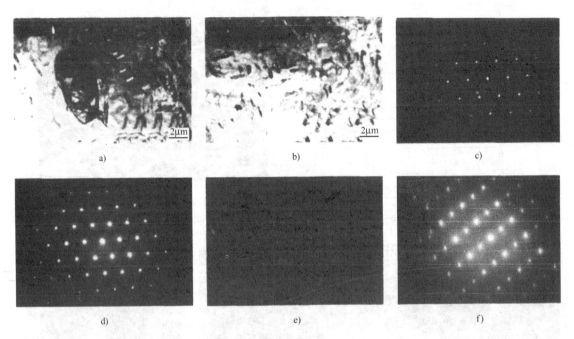

a)　　　　　　　b)　　　　　　　c)

d)　　　　　　　e)　　　　　　　f)

图 4-101　Ti-24Al-15Nb-1Mo 金属间化合物母材固溶处理组织的显微组织及各组成相的衍射花样

a) TEM 的位置　b) 时效的 TEM　c) 461β 相 [111]　d) 462B2 相 [111]　e) 457O 相　f) 458 和 459α_2 相 [132]

a)　　　　　　　b)　　　　　　　c)

图 4-102　不同焊接速度得到的 Ti-24Al-15Nb-1Mo 金属间化合物电子束焊焊缝 TEM 形貌

a) 焊接速度 4mm/s　b) 焊接速度 8mm/s　c) 焊接速度 14mm/s

在焊接速度为 14mm/s 的 Ti-24Al-15Nb-1Mo 金属间化合物电子束焊焊缝 TEM 组织中，进一步证明了 O 相和 ω 相的存在。相对于焊接速度为 4mm/s 和 8mm/s 的焊缝组织，焊接速度为 4mm/s 的焊缝中 α_2/O 片状相更加细小，如图 4-103 所示。因此，可以认为，不同焊接速度的焊缝组织中次生的 α_2/O 片状相束尺寸大小不同。焊接线能量越小，即焊接速度越大，α_2/O 片状相束尺寸越小，接头的塑性、韧性越好。

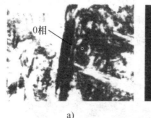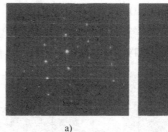

a)　　　　　　　　b)　　　　　　　　　　　a)　　　　　　　　b)

图 4-103　焊接速度 4mm/s 时焊缝中的 O 相　　图 4-104　焊接速度 8mm/s 时焊缝中的 ω 相和

a) O 相的位置　b) O 相衍射花样　　　　　　　　　次生的 α_2 相衍射花样

a) 451ω 相 [-122]　b) 452α_2 相 [124]

图 4-105 和图 4-106 所示分别为 Ti-24Al-xNb 合金系相图和 Ti-24.5Al-12.5Nb-1.5Mo 的等温（TTT）转变曲线。参考图 4-105 和图 4-106，可以看到，对于 Ti-24.5Al-12.5Nb-1.5Mo 的电子束焊焊缝金属，由于液态高温停留时间很短、冷却速度很快，焊缝金属中等轴初生 α_2 相消失，即高温下 $\beta \rightarrow B2 + \alpha_2$ 相和 $\beta \rightarrow B2$ 的有序化过程（或者叫作相变）被抑制，焊缝中保留大量残留的 β 组织。结合图 4-99 和图 4-106 及三个不同冷却速度的焊缝组织，$B2 \rightarrow O + B2$、$O + B2 \rightarrow O + B2 + \alpha_2$、$\alpha_2 \rightarrow O + \alpha_2$、$B2 \rightarrow B2 + \alpha_2$ 过程相对于母材固溶处理的组织转变程度各不相同。高线能量（低焊接速度，低冷却速度）的焊缝组织 $B2 \rightarrow O + B2$、$O + B2 \rightarrow O + B2 + \alpha_2$ 的转变程度大于低线能量（高焊接速度，高冷却速度）的焊缝组织；相反，低线能量（高焊接速度，高冷却速度）的焊缝组织中的 $B2 \rightarrow O + B2$ 高于高线能量（低焊接速度，低冷却速度）的焊缝。因此，焊接速度不同，焊缝金属中残留的 β 相和 β 相转变产物各组分的体积分数以及次生的 α_2/O 片状相束尺寸大小也不同。

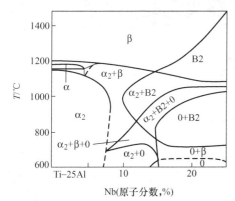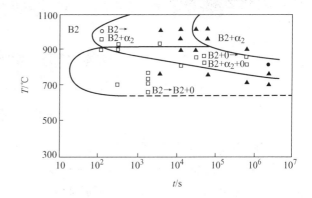

图 4-105　Ti-24Al-xNb 合金系相图　　　　　图 4-106　Ti-24.5Al-12.5Nb-1.5Mo

的等温（TTT）转变曲线

这样，Ti-24Al-15Nb-1Mo 金属间化合物电子束焊焊缝组织为残留 β/B2 相和包括次生 α_2 相与 O 相在内的 β 转变组织。但是，由于冷却速度太大，β 的转变过程受到抑制，电子束焊焊缝中的转变组织 α_2 相的体积含量小于 O 相，α_2/O 相以片状相束存在。

2. Ti$_3$Al 金属间化合物的 TIG 焊

采用焊接电流 90A、电弧电压 10 ~ 11V 和焊接速度 4.2mm/s 的焊接条件对 Ti$_3$Al-Nb（Ti-Al14-Nb21）金属间化合物进行 TIG 焊时，焊缝和热影响区的组织均为细针状 α_2' 组织

（见图 4-107 和图 4-108）。这时熔池的冷却速度为 65℃/s。图 4-109 所示为 TIG 焊时 Ti_3Al-Nb（Ti-Al14-Nb21）金属间化合物焊接裂纹断口形貌 TEM 照片。图 4-110 所示为无填充丝 TIG 焊时 Ti_3Al-Nb（Ti-Al14-Nb21）金属间化合物焊缝弧坑的固态裂纹的宏观形貌。

 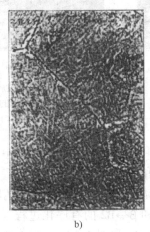
a)   b)

图 4-107　TIG 焊时 Ti_3Al-Nb（Ti-Al14-Nb21）
金属间化合物焊缝和热影响区的显微组织

图 4-108　TIG 焊时 Ti_3Al-Nb（Ti-Al14-Nb21）
金属间化合物焊缝的显微组织 TEM 照片

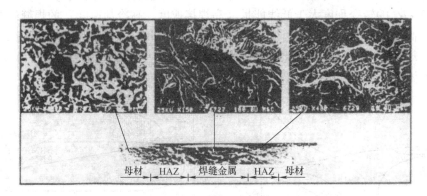

母材　HAZ　焊缝金属　HAZ　母材

图 4-109　TIG 焊时 Ti_3Al-Nb（Ti-Al14-Nb21）金属间化合物焊接裂纹断口形貌 TEM 照片

采用激光焊焊接 Ti_3Al-Nb（Ti-Al14-Nb21）金属间化合物时，焊缝和热影响区的组织与 TIG 焊类似，均为细针状马氏体 α_2' 组织和残留的 β 相。即使采用 Ti_3Al-Nb（Ti-Al14-Nb21）金属间化合物不熔化的摩擦焊也会形成细针状马氏体 α_2' 组织。

Ti_3Al-Nb（Ti-Al14-Nb21）金属间化合物还存在氢脆问题，氢脆与氢化物（TiNbH、TiH_2 和 Ti_3AlH）的形成有关，如果在焊接接头中形成了脆硬的细针状马氏体 α_2' 组织，其脆性就更加严重。从上述分析可以看出，焊接接头中凡是加热温度超过 $\beta \rightarrow \alpha_2$ 转变温度的区域，都可能在冷却过程中形成脆硬的细针状马氏体 α_2' 组织，使其脆化。因此，采用加热温度低于 $\beta \rightarrow \alpha_2$ 转变温度的扩散焊来焊接 Ti_3Al 金属间化合物，就应该不会形成脆硬的细针状马氏体 α_2' 组织，不会脆化。图 4-111 所示为加热温度为 1035℃（低于 $\beta \rightarrow \alpha_2$ 转变温度）时采用扩散焊方法焊接 Ti_3Al-Nb（Ti-Al14-Nb21）金属间化合物的接头组织。

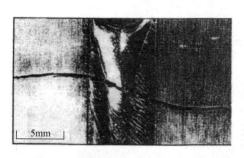

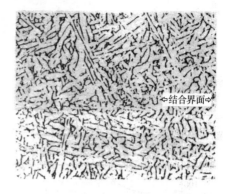

图 4-110　TIG 焊时 Ti_3Al-Nb（Ti-Al14-Nb21）
金属间化合物焊缝弧坑的固态裂纹

图 4-111　加热温度为 1035℃时采用扩散焊焊接
Ti_3Al-Nb（Ti-Al14-Nb21）金属间化合物的接头组织

4.7.2　Ti_3Al 金属间化合物的超塑性/扩散焊

1. Ti_3Al 的超塑性

（1）Ti_3Al 的超塑性现象　Ti_3Al 基合金在室温下是硬而脆的材料，断后伸长率只有 3% ~ 4%，难以被利用。但是，在加热到一定温度和低应力状态下，受适当的拉伸，可获得很大的塑性变形，这是"材料超塑性"的特征。Ti_3Al 基合金在稳定的低应力状态下也显示出无细颈的非常延伸，图 4- 112 所示为 Ti_3Al 基合金超塑性变形时应力与应变关系曲线。

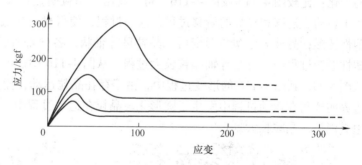

图 4-112　Ti_3Al 基合金超塑性变形时应力与应变关系曲线

由图 4-112 可以看出，这种超塑性变形下应力-应变的特点是低应力下平稳变形，并不产生加工硬化。

图 4-113 所示为 Ti-14Al-21Nb 三元系合金及 Ti-14Al-21Nb-3Mo-1V 五元系合金在不同温度下，以 1.49×10^{-5}/s 和 4.52×10^{-5}/s 的应变速率拉伸变形的结果。由图可以看出，随着温度的上升，Ti_3Al 基合金断后伸长率明显提高。在 950℃时，三元合金的断后伸长率可达 477%；而五元合金的断后伸长率可达 573%。如果五元系合金的试验温度提高到 980℃时，则断后伸长率可达 1096.4%。这说明温度对 Ti_3Al 基合金的超塑性有极大的影响。

Ti_3Al 基合金的超塑性形变性能，除受温度的影响之外，受应变速率的影响也很大。图 4-114 所示为 Ti-14Al-21Nb-3Mo-1V 五元系合金，在 950℃时，以不同的应变速率对试样进行拉伸，所得到的断后伸长率与应变速率之间的关系曲线。从图中可以看出，断后伸长率与应变速率之间存在一个最佳配合的关系。对 Ti-14Al-21Nb-3Mo-1V 五元系合金，在 950℃时，最佳应变速率为 $4.52 \times 10^{-5} s^{-1}$ 时，可得到 573% 的最大断后伸长率；同时也可看到，这种合金在高温下，在较大的应变速率范围内，均具有较好的超塑性。

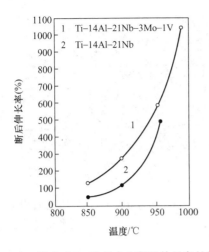

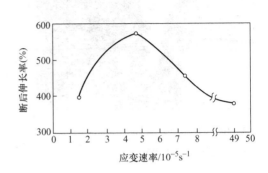

图 4-113　温度对 Ti_3Al 基合金断后伸长率的影响　　图 4-114　Ti-14Al-21Nb-3Mo-1V 五元系合金，
在 950℃时的断后伸长率与应变速率之间的关系曲线

（2）Ti_3Al 的超塑性机理　金相观察表明，Ti_3Al 基合金超塑性形变后，组织发生了明显的变化：比较图 4-115 及图 4-116，可以看出，晶粒明显长大，伴随着晶粒长大，晶粒还发生了转动、迁移和晶界的滑移过程，这一过程，使得材料在低应力状态下，可以产生很大的塑性变形；另外，超塑性形变后，晶粒呈等轴状，各向都有长大，因此，Ti_3Al 基合金的超塑性形变过程中，也是等轴晶粒长大过程；从图 4-116 中还可看到晶粒边界圆形化，这说明从图 4-115 到图 4-116 的形变过程中，由于存在晶粒运动，而且是长时间的缓慢运动，晶粒边界的棱角在运动过程中发生了圆形化。晶粒在运动过程中，晶粒互相靠拢、挤压，使晶粒边界消失，晶粒长大。

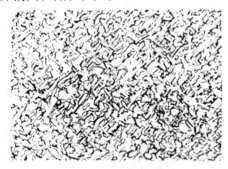

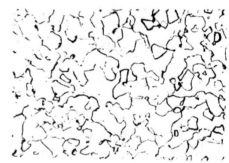

图 4-115　超塑性形变前组织　　　　　　　　图 4-116　超塑性形变后组织

由此可以认为，扩散蠕变和晶界滑动是材料在高温下产生超塑性形变的主要原因。在高温拉伸时，形变在晶界附近引起畸变，条件适宜时，畸变晶界首先发生动态回复软化，使晶界滑动获得大的变形量。回复是在一定温度和时间下发生的，晶界滑动要在一定温度和应变速率下才能产生，这对应超塑性温度范围和超塑性应变速率范围。应变速率过高，来不及回复或完全回复，变形就不足；应变速率过低，回复效果难以发挥，变形也不足，这两种情况都妨碍晶界滑动而降低断后伸长率。在较低应变速率的拉伸条件下，流变变形阶段出现周期性波浪形的应力-应变曲线，这表明发生了回复、再结晶，引起软化之后紧跟着又重新硬化，如此周期性进行。就扩散蠕变而言，扩散速率强烈依赖于温度。在足够高的温度下，扩散蠕变才能进行。因此，在超塑性温度范围内，温度升高，扩散加速，应变增大，断后伸长率增大。

2. Ti₃Al 的超塑性成形/扩散连接（SPF/DB）

超塑性成形/扩散连接（SPF/DB）有三种形式，即：先超塑性成形，后扩散连接；先扩散连接，后超塑性成形；超塑性成形及扩散连接同时进行。

先扩散连接，后超塑性成形的工艺是将 Ti-14Al-21Nb-3Mo-1V 五元系合金管、板材料，在 950℃ 时，进行先扩散连接，之后仍在 980℃ 在石墨模具中进行超塑性成形。其界面金相组织如图 4-117 所示。

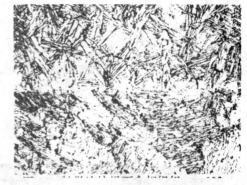

图 4-117　先扩散连接，后超塑性成形的界面金相组织（×100）

4.7.3　Ti₃Al 的钎焊

可以采用不同化学成分的钎料，钎料化学成分不同，其与被焊母材的作用不同，接头组织和性能也会有所不同。

1. 采用无银活性钎料

（1）采用 Ti-Cu-Ni 基钎料

1）钎焊工艺。母材采用牌号 TD2 的 Ti₃Al 金属间化合物，名义成分（原子分数，%）Ti-24Al-15Nb-1Mo，钎料为（质量分数，%）Ti-15Cu-15Ni。

钎焊参数为：真空度 2×10^{-2} Pa，钎焊温度 980℃，保温时间 10min。

2）钎焊接头组织。

① 钎焊接头组织特征。图 4-118 所示为真空度 2×10^{-2} Pa、钎焊温度 980℃、保温时间 10min 条件下钎焊接头的背散射像、二次电子像和光镜像。表 4-24 为图 4-118a 中 A、B、C、D 和图 b 钎缝中央灰色（E）、白色（F）的化学成分。

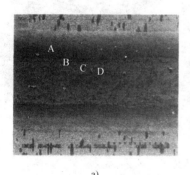  

a)　　　　　　　　　　　　b)　　　　　　　　　　　　c)

图 4-118　真空度 2×10^{-2} Pa、钎焊温度 980℃、保温时间 10min 条件下的钎焊接头组织
a) 背散射像　b) 二次电子像　c) 光镜像

图 4-119 所示为不同钎焊工艺条件下接头拉伸性能试样的断口剖面。从图中可见，不论焊接参数如何，全部断在钎缝中央，这说明钎缝中央是接头的薄弱环节。

表4-24 图4-118a 中 A、B、C、D 和图 b 钎缝中央灰色（E）、白色（F）的化学成分（质量分数,%）

位 置	Ti	Cu	Ni	Nb	Al	可能相
A	65.51	6.16	3.86	18.34	6.14	β
B	70.59	8.44	12.51	5.54	2.93	β
C	61.93	12.94	24.39	—	0.75	$Ti_2Ni(Cu) + Ti_2Cu(Ni)$
D	75.62	9.38	6.18	5.06	3.76	β
E	55.30	9.90	30.37	3.12	1.31	$Ti_2Ni(Cu)$
F	56.84	24.15	14.05	3.38	1.58	$Ti_2Cu(Ni)$

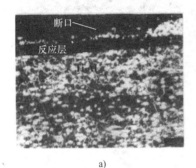 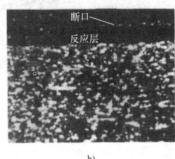 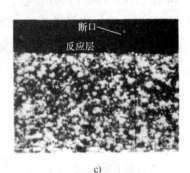

a)   b)   c)

图 4-119 不同钎焊工艺条件下接头拉伸性能试样的断口剖面
a) 980℃×10min   b) 1050℃×10min   c) 1010℃×60min

② 影响钎焊接头组织的因素。

a. 钎焊工艺的影响。图 4-120 所示为不同钎焊工艺下的接头组织。可以看到，随着钎焊条件的强化（增加钎焊温度和提高保温时间），由于元素的扩散，钎缝中灰色的化合物相减少以至于消失，晶粒长大，因此，采用强钎焊参数是不利的。

 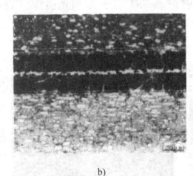 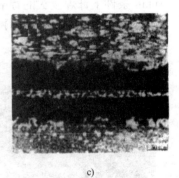

a)   b)   c)

图 4-120 不同钎焊工艺下的接头组织
a) 980℃×10min   b) 1050℃×10min   c) 980℃×60min

b. 间隙的影响。图 4-121 所示为 1050℃×60min 钎焊工艺条件下不同间隙的接头组织，可以看到，在相同钎焊参数条件下，不同装配间隙（30μm、70μm 和 100μm）的接头组织是不同的。同时还可以看到在装配间隙为 30μm 时，钎缝中央的化合物相扩散殆尽。

图 4-122 所示为 1050℃×60min、间隙 30μm 钎焊工艺条件下钎焊接头的背散射像和元

素线扫描。可见，钎缝中央的 Ti_2Ni（Cu）＋ Ti_2Cu（Ni）＋ Ti（β 相）层消失，化合物相构成元素 Ni 和 Cu 均匀分布。但是，却在晶界形成某些化合物，如图 4-123 所示。因此，接头性能仍然不佳。

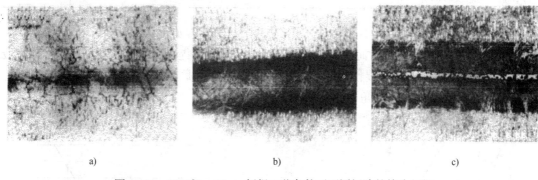

a)　　　　　　　　　　b)　　　　　　　　　　c)

图 4-121　1050℃ ×60min 钎焊工艺条件下不同间隙的接头组织

a）30μm　b）70μm　c）100μm

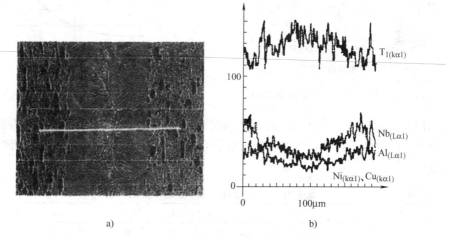

a)　　　　　　　　　　　　　　b)

图 4-122　1050℃ ×60min 钎焊工艺条件下钎焊接头的背散射像和元素线扫描

a）背散射像　b）元素线扫描

3）钎焊接头高温剪切强度。不同钎焊工艺条件下接头高温（650℃）剪切强度见表 4-25。可见钎焊温度较低，保温时间较短，接头性能较好。

（2）采用 Ti-20Zr-13Ni-7Cu 钎料

1）母材和钎料。Ti_3Al 基合金母材的化学成分（摩尔分数,%）为 Ti-14Al-21Nb，钎料的化学成分（质量分数,%）为 Ti-20Zr-13Ni-7Cu。

2）钎料对母材的润湿性。将钎料去除表面氧化物，Ti3Al 基合金母材经丙酮清洗，在真空度为 1.5×10^{-2}Pa、保温15min 的条件下，加热温度对润湿角的影响如图 4-124 所示。

图 4-123　1050℃ ×60min、间隙 30μm 钎焊工艺条件下晶界形成的某些化合物

表 4-25　不同钎焊工艺条件下接头高温（650℃）剪切强度/MPa

钎焊条件	980℃×10min	1015℃×10min	1050℃×10min	980℃×30min	980℃×60min	1010℃×60min
剪切强度/MPa	(311~364)/341.5	(197~280)/244.7	(121~269)/209.3	(260~320)/290.3	(179~308)/255.0	(192~255)/224.0

从图 4-124 可以看到，加热温度在 980℃以上时才具有良好的润湿性。

液态金属上方气体压力对润湿性也有明显影响，真空度提高，气体压力降低，气体对液态金属的表面张力减小，润湿性改善，因此，提高真空度是改善钎料润湿性的重要手段。图 4-125 所示为真空度对润湿角的影响。

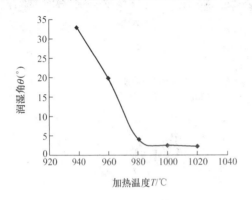

图 4-124　加热温度对润湿角的影响

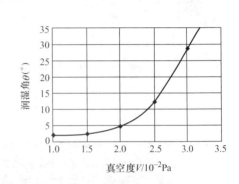

图 4-125　真空度对润湿角的影响

3）钎料与 Ti_3Al 的冶金作用。钎焊一侧接头的组织如图 4-126 所示。可以看到，明显地分为三个区，扩散区是钎料和母材相互扩散和作用的结果。表 4-26 是能谱分析对三个区域分析的数据。

表 4-26　能谱分析对三个区域分析的数据

区域	TiAl	Al	Zr	Nb	Cu	Ni
母材区	余量	11.55	—	20.6	—	—
扩散区	余量	2.25	15.4	2.95	4.55	7.6
钎料区	余量	—	19.45	—	6.1	12.6

从表 4-26 可以看出，母材区和钎料区基本上保持了其原始化学成分，而扩散区则是以钎料化学成分为主，同时包含了由母材扩散过来的成分。图 4-127 所示为用电子探针线扫描

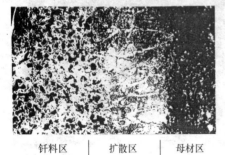

图 4-126　钎焊一侧接头的组织

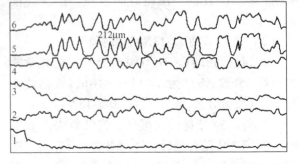

图 4-127　电子探针线扫描接头区各元素的含量变化情况
1—AL　2—ZR　3—NB　4—TI　5—NI　6—CU

接头区各元素含量变化情况。可以看出，各元素发生了明显的扩散，形成了一定宽度（图中约 80μm）的扩散区，其组织主要是各元素在 Ti 中的固溶体及金属间化合物。

（3）采用 Ti-35Zr-15Ni-15Cu 钎料

1）材料。母材 Ti_3Al 金属间化合物的化学成分（摩尔分数，%）为 Ti-14Al-27Nb（抗拉强度 977MPa，屈服强度 790～831MPa，断后伸长率 2.1%～3.3%），钎料为 Ti-35Zr-15Ni-15Cu，熔点为 830～850℃。

2）接头组织。图 4-128 所示为真空度为 8×10^{-4}Pa、钎焊温度为 950℃、保温时间为 5min 的接头的背散射电子像和元素线扫描图像，图 4-129 所示为其钎焊接头断口的 X 射线衍射图谱。可以看到，其断口组织为 Ti_2Ni、Ti（Cu，Al）$_2$ 金属间化合物和 Ti 的固溶体。Ⅰ区主要是 Ti_2Ni，Ⅱ区和Ⅲ区中的黑色块状物为 Ti（Cu，Al）$_2$ 金属间化合物，这两种物质都很脆，它们是界面反应产物。Ⅲ区中的白色基体是 Ti 的固溶体。

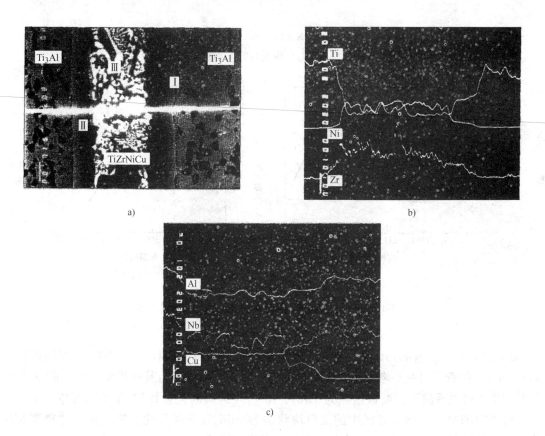

图 4-128　真空度为 8×10^{-4}Pa、钎焊温度为 950℃、
保温时间为 5min 的接头的背散射电子像和元素线扫描图像
a）背散射电子像　b）、c）元素线扫描图像

3）接头强度。图 4-130 所示为钎焊温度和保温时间对接头剪切强度的影响。可以看到，钎焊温度为 1050℃、保温时间为 5min 时，接头剪切强度最高，为 253.6MPa。

（4）采用 Ni-7Cr-5Si-3B 钎料

1）材料。母材 Ti_3Al 金属间化合物的化学成分（摩尔分数，%）为 Ti-14Al-27Nb（抗拉强度 977MPa，屈服强度 790~831MPa，断后伸长率 2.1%~3.3%），钎料为 Ni-7Cr-5Si-3B-3Fe，熔点为 970~1000℃。

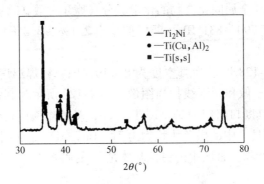

图 4-129　真空度为 $8×10^{-4}$Pa、钎焊温度为950℃、
保温时间为 5min 的接头断口的 X 射线衍射图谱

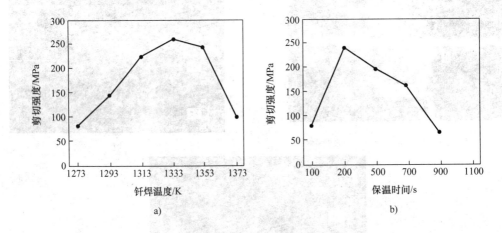

a)

b)

图 4-130　钎焊温度和保温时间对接头剪切强度的影响
a）保温时间 5min　b）钎焊温度 950℃

2）接头组织。图 4-131 所示为真空度为 $8×10^{-4}$Pa、钎焊温度为1000℃、保温时间为5min 的接头的背散射电子像和元素线扫描图像，图 4-132 所示为其钎焊接头断口的 X 射线衍射图谱。可以看到，其断口组织为 $TiAl_3$、$AlNi_2Ti$ 金属间化合物和 Ni 的固溶体。Ⅰ区主要是白色的 $TiAl_3$，Ⅱ区和Ⅲ区中的黑色块状物为 $AlNi_2Ti$ 金属间化合物，这两种物质都很脆，它们是界面反应产物。Ⅲ区中的灰色基体是 Ni 的固溶体。

3）接头强度。图 4-133 所示为钎焊温度和保温时间对接头剪切强度的影响。可以看到，钎焊温度为1100℃、保温时间为5min 时，接头剪切强度最高，为 249.6MPa。

2. 采用银基钎料

（1）母材和钎料　Ti_3Al 基合金母材的化学成分（质量分数，%）为 Ti-14Al-27Nb（抗拉强度 977MPa，屈服强度 790~831MPa，断后伸长率 2.1%~3.3%），钎料的化学成分（质量分数，%）为 Ag-34Cu-16Zn，钎料的熔化温度为 690~775℃。

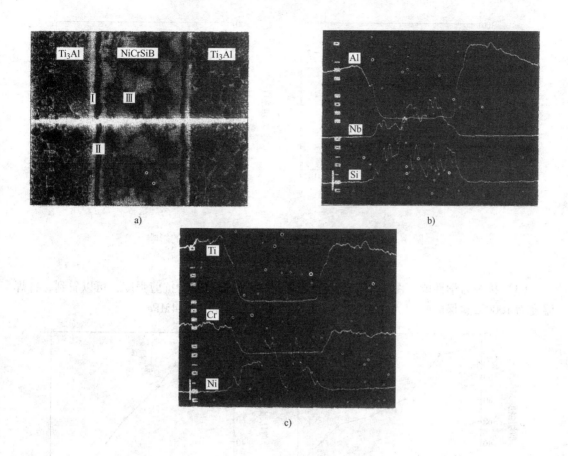

图 4-131 真空度为 8×10^{-4} Pa、钎焊温度为 1000℃、保温时间为 5min 的
接头的背散射电子像和元素线扫描图像
a）背散射电子像 b）、c）元素线扫描图像

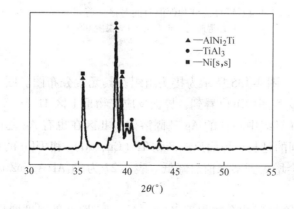

图 4-132 钎焊接头断口的 X 射线衍射图谱

（2）焊接条件 真空度为 8×10^{-4} Pa，钎焊温度为 900℃，钎焊时间为 3~30min。

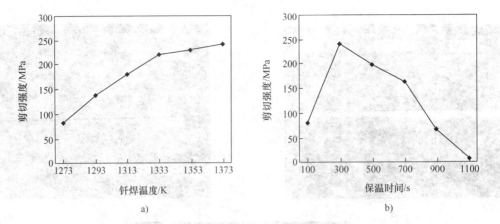

图 4-133　钎焊温度和保温时间对接头剪切强度的影响
a）保温时间 5min　b）钎焊温度 1000℃

（3）接头力学性能　图 4-134 所示为上述钎焊条件下接头的抗剪强度，可以看到，钎焊温度为 1000℃、保温时间为 5min 时的剪切强度最高，达到 125.4MPa。

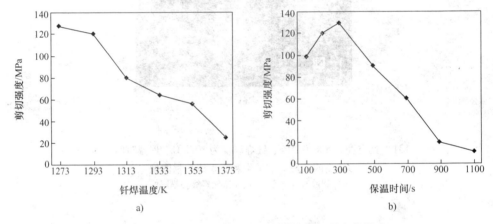

图 4-134　钎焊温度和保温时间对接头剪切强度的影响
a）保温时间 5min　b）钎焊温度 1000℃

（4）接头组织

1）接头显微组织。图 4-135 所示为接头组织及其元素分布图。图 4-136 所示为接头断口 X 射线衍射图。从这些图中可以看到，界面反应产物是 Ⅰ 区 Ti（Cu，Al）$_2$、Ⅱ 区 TiCu 的金属间化合物和Ⅲ区（钎缝中心）的 Ag 基固溶体，Ⅱ 区在也有 Ag 基固溶体，且随着钎焊温度的提高及保温时间的延长，界面反应产物 Ti（Cu，Al）$_2$ 和 TiCu 的金属间化合物会进一步增多，接头强度也会增大到某峰值后降低。表 4-27 为 Ti$_3$Al/AgCuZn/Ti$_3$Al 接头各部位化学成分分析结果。

2）反应层厚度。金属间化合物相 Ti（Cu，Al）$_2$ 和 TiCu 的厚度增长数学表达式为

$$X^2 = k_0 \exp\left(-Q/RT\right)/t \tag{4-6}$$

式中　X——反应层厚度（m）；

k_0——Ti（Cu，Al）$_2$ 和 TiCu 的厚度增长系数（m^2/s）；

Q——Ti（Cu，Al）$_2$ 和 TiCu 的厚度增长激活能（kJ/mol）；

R——气体常数，$R = 8.31 \times 10^{-3}$ kJ/（mol·K）；

T——温度（K）；

t——时间（s）。

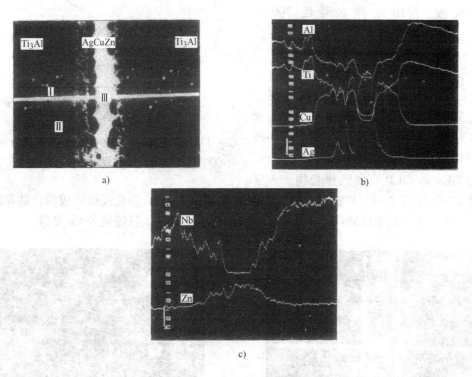

图 4-135 接头组织及其元素分布图

a）接头组织 b）、c）元素分布图

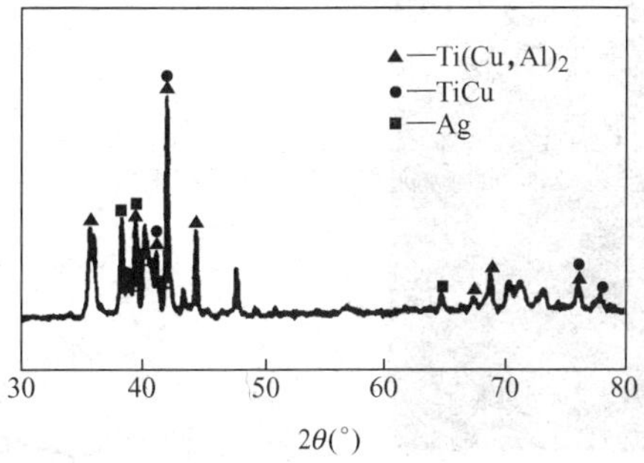

表 4-27 Ti$_3$Al/AgCuZn/Ti$_3$Al 接头各部位
化学成分分析结果 ［摩尔分数（%）］

元素	Ⅰ、Ⅱ	Ⅱ、Ⅲ
Ti	22.57	2.70
Al	40.47	0
Nb	16.63	1.51
Cu	19.22	2.37
Zn	0	1.28
Ag	1.12	92.25

图 4-136 接头断口 X 射线衍射图

图 4-137 所示为在真空度为 8×10^{-4} Pa、钎焊温度为 900℃ 条件下，反应层厚度与保温时间之间的关系。根据图 4-137 得到下式：

$$X^2 = 2.13 \times 10^{-5} \exp\ (-170/RT)\ /t \tag{4-7}$$

3. 采用 Cu 基钎料

（1）材料　母材 Ti_3Al 金属间化合物的化学成分（摩尔分数,%）为 Ti-14Al-27Nb（抗拉强度 977MPa，屈服强度 790 ~ 831MPa，断后伸长率 2.1% ~ 3.3%），钎料为 Cu – 7.1P，熔点为 710 ~ 800℃。

（2）接头组织　图 4-138 给出了真空度为 8×10^{-4} Pa、钎焊温度为 900℃、保温时间为 5min 的接头的背散射电子像和元素线扫描图像，图 4-139 所示为其钎焊接头断口的 X 射线衍射图谱。可以看到，其断口组织为 TiCu 和 Cu_3P 金属间化合物。Ⅰ区

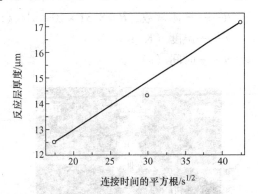

图 4-137　真空度为 8×10^{-4} Pa、钎焊温度为 900℃条件下，反应层厚度与保温时间之间的关系

主要是 TiCu，它是由母材扩散过来的 Ti 和钎料扩散过来的 Cu 发生反应形成的，是界面反应的产物；靠近Ⅰ区的Ⅱ区处则是 TiCu 和 Cu_3P 的混合组织区，钎缝区为 Cu_3P 区。

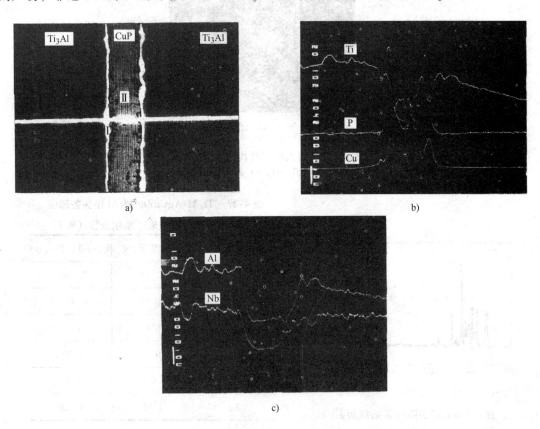

图 4-138　接头的背散射电子像和元素线扫描图像
a）背散射电子像　b）、c）元素线扫描图像

（3）接头强度　图 4-140 所示为钎焊温度和保温时间对接头剪切强度的影响。可以看

到，钎焊温度为 950℃、保温时间为 5min 时，接头剪切强度最高，为 98.6MPa。

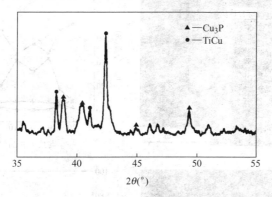

图 4-139　钎焊接头断口的 X 射线衍射图谱

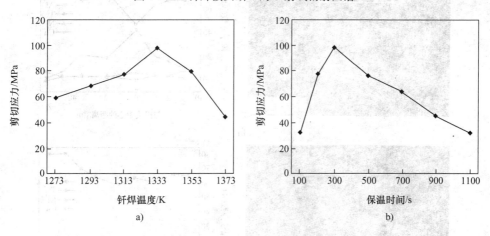

图 4-140　钎焊温度和保温时间对接头剪切强度的影响
a）保温时间 5min　b）钎焊温度 1000℃

4.8　Ti₃Al 基合金与 Ti 合金的 TLP 连接

4.8.1　材料和焊接工艺

1. 材料

Ti₃Al 基合金（原子分数,%）为 69Ti-16Al-15Nb，组织为 α_2 + β/B2 两相组成，α_2 相为球状，基体主要为层片状，为次生 α_2 相和黑色的 β/B2。采用快速冷却甩带制备厚度为 30μm 的 51Ti-5Zr-9Ni-35Cu（原子分数,%）作为中间层。

2. 焊接工艺

真空度不低于 10^{-3}Pa，焊接温度为 850~950℃，保温时间为 1~30min。

4.8.2　接头组织

图 4-141 所示为不同温度和保温时间的接头组织的 SEM 照片和主要元素分布曲线。从

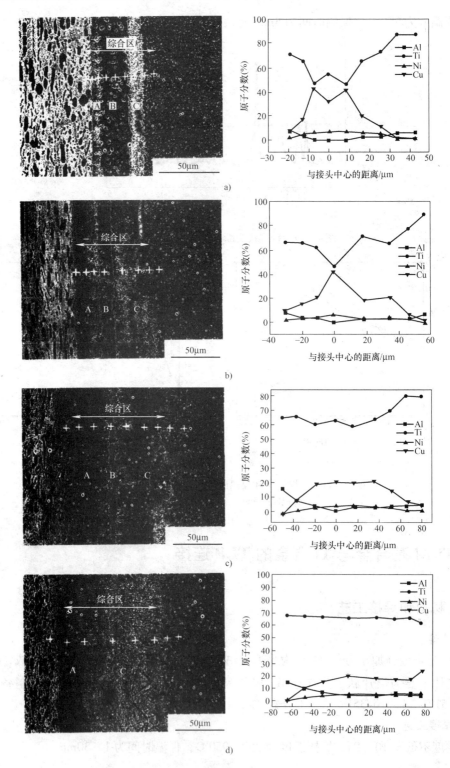

图 4-141　不同温度和保温时间的接头组织的 SEM 照片与主要元素分布曲线
a）焊接温度 850℃，保温时间 1min　b）焊接温度 850℃，保温时间 30min
c）焊接温度 900℃，保温时间 30min　d）焊接温度 950℃，保温时间 30min

图 4-141a 中可以看到，连接区宽度为 45μm，高于中间层厚度，这说明在两边侧的界面上发生了反应，界面反应很激烈。接头存在三个反应区 A、B、C，Ti_3Al 侧反应区（A）的宽度明显小于 Ti-6Al-4V 侧反应区（C）的宽度，这主要是由于 Ti_3Al 侧的 Ti-Al 结合为化合物和 Nb 原子体积较大使其扩散受阻之故。从主要元素分布曲线看，其中 A 区是 Ti_3Al 与中间层的反应层，其化学成分为 72.2Ti-8.5Al-9.1Nb-6.3Cu-2.3Zr-1.6Ni，组织为 Ti 的固溶体加 Ti_2Cu；B 区为中间层，其化学成分为 47.1Ti-0.3Al-0.4Nb-41.2Cu-4.3Zr-6.7Ni，化学成分与原始成分相比已经发生了变化；C 区是 Ti-6Al-4V 合金与中间层的反应层，其化学成分为 65.6Ti-3.1Al-0.6Nb-19.9Cu-4.4Zr-6.4Ni，组织为 Ti 的固溶体加 Ti_2Cu，但是，Ti_2Cu 比 A 区多。

从图 4-141c 中可以看到，连接区宽度增大。A、C 反应区宽度明显增大，B 区宽度进一步减小。A 区和 C 区的组织为 Ti 的固溶体加 Ti_2Cu，B 区组织主要为 Ti-Cu 金属间化合物。

从图 4-141d 可以看到，连接区宽度增大，元素分布进一步均匀化。B 层已经消失。接头组织是 Ti 的固溶体加 Ti_2Cu。

4.8.3　Ti_3Al 基合金与 Ti-6Al-4V 合金 TLP 连接接头硬度

图 4-142 所示为 Ti_3Al 基合金与 Ti-6Al-4V 合金 TLP 连接接头硬度。可以看到，随着焊接参数的变化，接头硬度也随着接头组织的变化而变化，最后达到比较平衡。

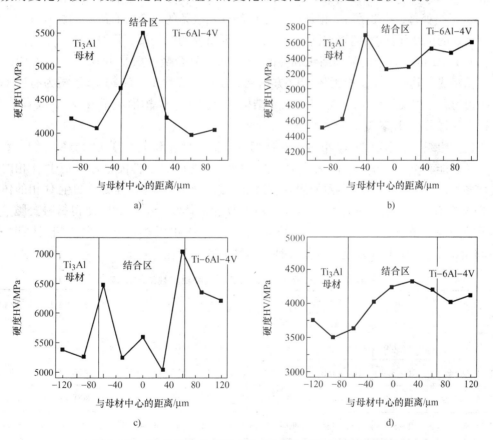

图 4-142　Ti_3Al 基合金与 Ti-6Al-4V 合金 TLP 连接接头硬度
a) 850℃ ×1min　b) 850℃ ×30min　c) 900℃ ×30min　d) 950℃ ×30min

4.9 Ti₂AlNb 基合金的焊接

4.9.1 概述

1988 年 Banerjee 等在对（原子分数,%）Ti-25Al-15Nb 合金在 β 相区淬火后回火时，首先发现了 O 相，O 相的组成是 Ti₂AlNb 基合金。这种合金具有较高的比强度、室温塑性、断裂韧度和蠕变抗力，而且无磁和具有较好的抗氧化性。由于这种材料可以作为航空航天和汽车发动机的结构材料，能够代替或者部分代替耐热合金等高密度材料，因此，受到人们的重视。

（1）Ti₂AlNb 基合金的成分 Ti₂AlNb 基合金的成分（原子分数,%）为 Ti-(18～30)Al-(12.5～30) Nb，由于 Nb 含量的不同，其各相区的温度范围也不相同，得到的热处理的显微组织和性能也不相同。当 Nb 含量（原子分数）小于 25% 时，其相组成为 β/B2 + O + α₂，这种合金主要有 Ti-25Al-17Nb、Ti-21Al-22Nb 和 Ti-22Al-23Nb，称为第一代 O 相合金；当 Nb 含量大于或等于 25% 时，在 β/B2 + O 两相区进行热处理得到的是 B2 + O，称为第二代 O 相合金，这种合金有 Ti-22Al-25Nb 和 Ti-22Al-27Nb 等。研究表明，O 相的强化作用比 α₂ 大，经过热处理，得到在 B2 相基体上分布着 O 相板条的合金具有最佳的综合性能，特别是具有良好的抗蠕变性能和抗氧化性能。目前主要研究的就是第二代 O 相合金。

（2）Ti₂AlNb 基合金的显微组织和性能 Ti₂AlNb 基合金一般是由 B2 + O + α₂ 中的两相或者三相组成。其中 B2/β 相为体心立方结构，β 相为无序 bcc 结构，B2 相为有序 bcc 结构，O 相为有序正交结构，α₂ 为密排六方结构的有序相。O 相形成于 α₂ 相，或者是由 B2 相经过中间过渡相 B₁₉ 转变为 O 相。

在显微组织中，含有的 α₂ 相和初生 O 相以及初生 O 相和次生 O 相的显微组织参数对合金的力学性能有决定性作用。α₂ 相的体积分数低于 8% 时力学性能最好。初生 O 相的体积分数增多、B2 相的减少都将导致屈服强度降低、断后伸长率略有提高。初生 O 相的体积分数在 63% 左右时，材料的屈服强度最大。初生 O 相的体积分数增大，使得材料变脆。初生 O 相板条提高屈服强度，但是蠕变强度降低，次生 O 相板条含量越少，蠕变强度越高。表 4-28 给出了 Ti₂AlNb 基合金与其他几种材料性能的比较。

表 4-28 Ti₂AlNb 基合金与其他几种材料性能的比较

合金种类	密度 / (g/cm³)	弹性模量/GPa		断后伸长率（%）		抗拉强度 /MPa	屈服强度 /MPa
		室温	900℃	室温	高温		
Ti 基合金	4.3～4.6	96～110	70～80	5～20	15～50（550℃）	480～1200	380～1150
γ-TiAl 基合金	3.76～3.9	160～180	130～150	1～4	10～60（870℃）	450～800	400～630
α₂-Ti₃Al 基合金	4.1～4.7	110～145	90～110	2～10	10～20（660℃）	800～1140	700～900
Ti₂AlNb 基合金	5.0～5.8	102～134	90～100	3.5～10	6～14（650℃）	1000～1500	650～1300
Ni 基合金	6.0～8.68	206～207	140～150	3～10	10～20（870℃）	1250～1450	800～1200

（3）影响 Ti_2AlNb 基合金性能的因素

1）合金元素的影响。

① Nb 是 β 相形成元素，能够提高材料的塑性。

② Si 能提高 Ti_2AlNb 在 650～700℃ 时的抗氧化性。

③ W 能提高 Ti_2AlNb 在 700℃ 以上的蠕变性能。

④ Ta 代替部分 Nb 可以提高 Ti_2AlNb 的力学性能。如（原子分数，%）Ti-22Al-20Nb-7Ta 合金：室温时，其抗拉强度为 1320MPa，屈服强度为 1200MPa，断后伸长率为 9.8%；650℃ 时，其抗拉强度为 1090MPa，屈服强度为 970MPa，断后伸长率为 14%。

⑤ Mo、V 是 β 相形成元素，能够促进 O 相的形成。

⑥ Mo、V、Zr 能够提高材料的蠕变性能。

2）热处理。热处理通过改变材料的相组成来改变材料的力学性能。图 4-143 所示为 Ti_2AlNb 的伪二元合金相图。图 4-144 所示为 Ti-22Al-25Nb 的 TTT 曲线。

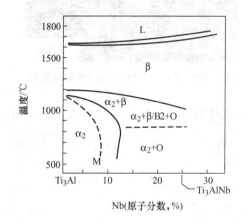

图 4-143 Ti_2AlNb 的伪二元合金相图

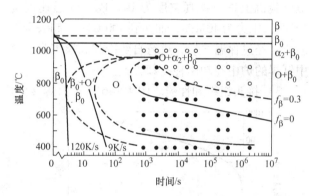

图 4-144 Ti-22Al-25Nb 的 TTT 曲线

4.9.2 Ti_2AlNb 基合金的焊接

1. Ti_2AlNb 基合金的激光焊

（1）母材 母材化学成分（质量分数，%）为 Ti-13.2Al-31.4Nb，在 α_2 + B2 + O 三相区轧制成材，然后经过 980℃、保温 60min 自然冷却的热处理，仍然是 α_2 + B2 + O 三相的等轴组织。其力学性能为：室温的抗拉强度为 1060MPa，屈服强度为 865MPa，断后伸长率为 22%；650℃ 的抗拉强度为 780MPa，屈服强度为 565MPa，断后伸长率为 23%。

（2）焊接参数及焊缝成形 激光功率为 650～2150kW，扫描速度为 25～537.5cm/min。扫描速度快时，焊缝背面出现咬边和飞溅；扫描速度慢时，焊缝背面出现咬边和下塌。采用脉冲激光焊接时，表面和背面成形均不太理想，飞溅和咬边比较严重。母材厚度为 1.1～1.3mm 时，采用激光功率 1000～2000kW、扫描速度 64～380cm/min，能够获得成形良好的焊接接头。焊接热输入为 1535J/cm 时，熔宽为 3.5mm；焊接热输入为 316J/cm 时，熔宽为 1mm。所有焊缝都没有裂纹、气孔和夹杂。

（3）接头拉伸性能 表 4-29 给出了不同热输入的接头拉伸性能。

表 4-29 不同热输入的接头拉伸性能

性　能	母　材	激光焊焊接接头的热输入/（J/cm）			
		316	400	600	945
抗拉强度/MPa	990	998	1020	930	925
断后伸长率（%）	21	15	14	17	12

2. Ti₂AlNb 基合金的瞬间液相扩散焊接

（1）采用 Ti-15Ni-15Cu 作为中间层

1）材料。母材（摩尔分数，%）为 Ti-22Al-25Nb，其室温和 650℃的抗拉强度分别为 1096MPa 和 809MPa，图 4-145 所示为母材的显微组织，中间层材料是快速冷却（非晶体）厚度为 50μm 的 Ti-15Ni-15Cu，熔点为 902～932℃。

2）焊接工艺。焊接是在 Gleeble-1500D 热模拟试验机上进行，真空度为 10⁻³Pa，升温速度为 4℃/s，压力为 40MPa，加热到 400℃时，卸去全部载荷。经过保温之后，进行自然冷却和模拟真空炉中钎焊的炉中冷却两种冷却方式。

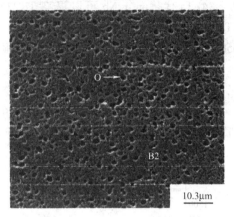

图 4-145　Ti-22Al-25Nb 母材的显微组织

3）接头组织和性能。图 4-146 所示为焊接温度和保温时间对接头抗拉强度的影响。可

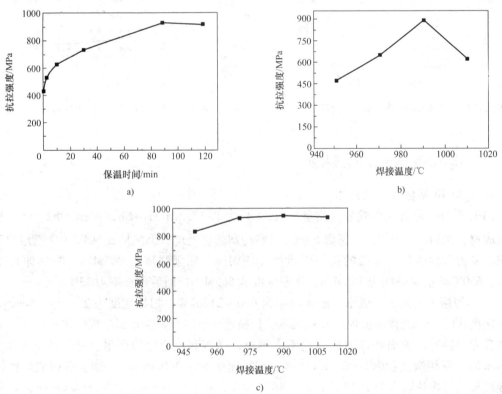

图 4-146　焊接温度和保温时间对接头抗拉强度的影响
a）焊接温度 970℃　b）保温时间 10min　c）保温时间 90min

以看到，在焊接温度 970℃、保温时间达到 90min 之后，可以得到最大的抗拉强度 931MPa，达到母材的 85%。

图 4-147 所示为焊接温度均为 970℃、保温时间不同时的接头组织。从图中可以看到，保温时间太短，界面反应不完全，还存有残留液相。残留液相组织为 Ti_2（Cu，Ni）和 Ti（Cu，Ni）组织（从 Ti-Cu 和 Ti-Ni 二元合金相图可以看出），这种组织是脆性组织，因此，接头强度不高。随着保温时间的延长，残留液相消失，接头强度有所提高。保温时间继续延长，接头组织会发生均匀化，接头强度继续提高。

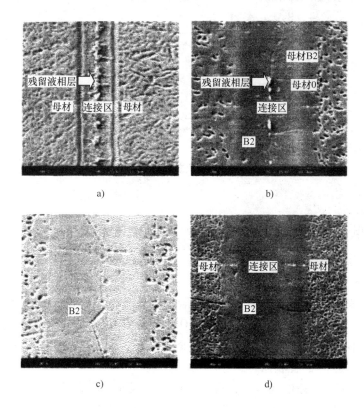

图 4-147 焊接温度均为 970℃、保温时间不同时的接头组织
a）不保温 b）保温 10min c）保温 30min d）保温 90min

图 4-148 所示为焊接温度为 970℃、保温时间不同时的焊接接头的元素分布。

4）焊接接头的形成。Ti_2AlNb 基合金的瞬间液相扩散焊接焊接接头的形成过程可以分为 5 个阶段。

① 第一个阶段。加热温度低于 Ti-22Al-25Nb 熔点 T_m 的固态相互扩散阶段，这时的扩散程度低，界面结合不明显。

② 第二个阶段。这是中间层熔化阶段。加热温度达到 Ti-22Al-25Nb 熔点 T_m 和焊接温度 T_B，这时中间层熔化成为液态，母材中的成分向液态中间层溶解。

③ 第三个阶段。这是液态金属中的化学成分均匀化和液态区扩大的阶段。这个时期的液态金属保持在焊接温度 T_B 阶段。这时，由于液态温度高于中间层的熔点，液态金属的化学成分与母材相差较大，母材进一步与液态金属相互扩散和溶解，液态金属的化学成分逐渐

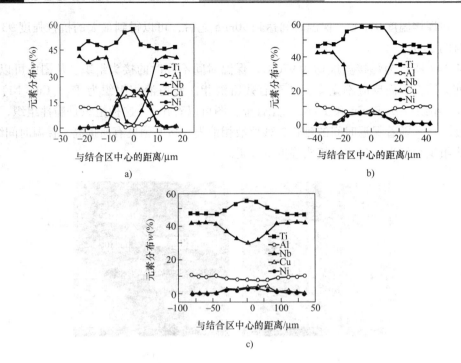

图 4-148　焊接温度为 970℃、保温时间不同时的焊接接头的元素分布
a) 保温 10min　b) 保温 30min　c) 保温 90min

均匀化，并且液态金属加宽，达到最大值。

④ 第四个阶段。这是液态金属等温凝固阶段，这个阶段是接头组织形成的重要阶段。在液态金属开始凝固时，界面母材的 B2 相和 O 相颗粒就成为良好的现成晶核，液态金属首先在 B2 相和 O 相颗粒表面成核，并且向液态金属中心长大，形成高温 β 相（含有 Ti、Al、Nb、Ni 和 Cu5 种元素）的柱状晶。

应该指出，第三个阶段时间很短，只有不到 1s，因此，保温时间不到 1min 的试验中就已经在结合界面出现了结晶组织（见图 4-148a）β 相（含有 Ti、Al、Nb、Ni 和 Cu5 种元素）的柱状晶。

保温时间不同母材与液态中间层的反应程度不同。

保温时间较短时，原来中间层中的 Ni 和 Cu 来不及向两侧母材扩散而残留在液态金属中，在随后的冷却凝固过程中发生共晶反应。这时接头的室温组织为含有微量 Al 和 Nb 的 Ti$_2$（Ni，Cu）和 Ti（Ni，Cu）组织，这是脆性相。其接头的元素分布如图 4-149a 所示。

保温时间延长之后（焊接温度 970℃ 时大于 10min），等温凝固过程充分。保温结束之后，接头区的组织均为 β 相（含有 Ti、Al、Nb、Ni 和 Cu5 种元素）的柱状晶，而无残留的液态金属。快速冷却之后，直接由 β 相柱状晶转变为 B2 相柱状晶，如图 4-147b、c、d 所示。

⑤ 第五个阶段。这是接头组织均匀化阶段。在等温凝固阶段结束之后，也就是说，在液态金属全部凝固之后，由于结晶过程的不均匀性，β 相柱状晶的化学成分是不均匀的。如

果继续延长保温时间，母材与已经凝固的焊缝金属之间，还会通过母材与已经凝固的焊缝金属之间的界面继续发生相互扩散。其结果是：焊接接头元素进一步均匀化和扩大焊接区。这时同样得到的是 β 相柱状晶，只不过其化学成分进一步均匀化了，如图 4-147b、c、d 及图 4-148b、c 所示。可以看到，在经过 90min 保温之后，元素进一步均匀化了，特别是 Cu、Ni、Al 已经基本均匀化了，而 Ti 和 Nb 的分布还没有充分均匀化，这是因为 Ti 和 Nb 的原子直径较大、扩散能力较小的缘故（Ti、Al、Nb、Ni 和 Cu 的原子半径分别为 0.200nm、0.182nm、0.208nm、0.162nm 和 0.157nm）。

5）接头抗拉强度。表 4-30 给出了焊后冷却工艺对接头抗拉强度的影响。可以看到，快速冷却接头强度明显低于慢速冷却接头强度。所以，采用焊接温度 990℃、保温时间 90min 以及慢速冷却可以得到较高强度的焊接接头，室温和 650℃ 的接头抗拉强度分别达到 1040MPa 和 659MPa，分别为母材的 95% 和 81%。

表 4-30　焊后冷却工艺对接头抗拉强度的影响

冷却方式	连接温度/℃	保温时间/min	抗拉强度/MPa（室温）	抗拉强度/MPa（650℃）
快速冷却工艺	970	90	931	430
	990		952	477
慢速冷却工艺	970		1018	604
	990		1041	659
原始母材	—	—	1096	809

6）拉伸试样的断口。图 4-149 所示为不同保温时间拉伸试样的断口。

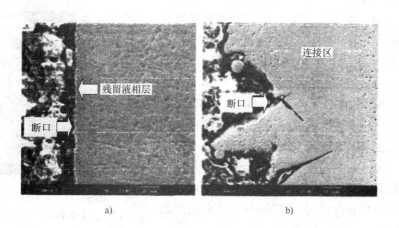

a)　　　　　　　　　　b)

图 4-149　不同保温时间拉伸试样的断口
a) 保温时间较长　b) 保温时间较短

（2）采用 Ni/Ti/Ni 复合中间层　图 4-150 所示为 Ni-Ti 二元合金相图，从图中可以看到，Ni-Ti 之间能够形成三种共晶组织，最低的熔化温度是 942℃。这种合金组织具有较高的熔点，适合高温应用。

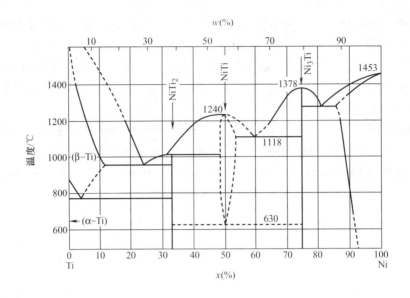

图 4-150　Ni-Ti 二元合金相图

注：NiTi₂：六方。NiTi：立方，CsCl（B2）型。在 630℃ 以下分解为 NiTi₂ 和 Ni₃Ti。急冷时，由于马氏体转变（$M_s = -50 - 100℃$），变成斜方，AuCd（B19）型，是有名的形状记忆合金（镍钛，Nitinol）。Ni₃Ti：六方，DO₂₄ 型的代表性化合物。

1）材料和焊接工艺。母材为 Ti₂AlNb 基合金（原子分数,%）Ti-11.72Al-32.31Nb-1.7V-1.7Mo，中间层材料采用 100μmTi 箔和 10μmNi 箔叠加而成，焊接是在真空度为 10^{-3} Pa 的条件下进行的。

2）接头组织。随着焊接温度的提高或者保温时间的延长，与图 4-147 类似，焊缝宽度会逐渐增大，残留液相区减少和消失。如图 4-151 所示（焊接温度 970℃，保温 90min），接头区可以分为 A、B、C 三个区：A 区为 B2 相的 Ti₂AlNb 区，B 区为 B2 相的 Ti₂AlNb、AlNb₂/Ti₃Al，C 区为大量的 Ti₂Ni 和少量的 TiNi。C 区是残留的中间层液相凝固得到的。

3）接头强度。图 4-152 和图 4-153 所示分别为焊接温度和保温时间对接头剪切强度的影响。可以看到焊接温度 1000℃ 和保温时间 120min，接头强度最高，达到 323MPa。

图 4-151　焊接接头组织
（焊接温度 970℃，保温 90min）

4.9.3　Ti₂AlNb 基合金与钛合金的电子束焊

（1）焊接工艺　材料（摩尔分数,%）为 Ti-24Al-15Nb-1.5Mo 和钛合金 TC11［摩尔分数（%）Ti-11Al-1.5Mo］。焊接参数见表 4-31。图 4-154 所示为焊接接头组织形貌。

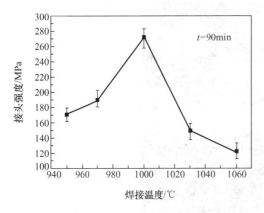

图 4-152 焊接温度对接头剪切强度的影响

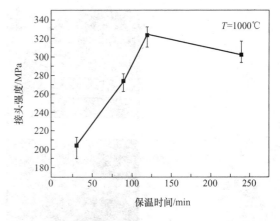

图 4-153 保温时间对接头剪切强度的影响

表 4-31 焊接参数

工艺	加速电压 U/kV	聚焦电流 I_r/mA	焊接电流 I_b/mA	焊接速度 v/（mm/s）	焊接热输入 E/（kJ/m）
Ⅰ	150	2030	18	20	135
Ⅱ	150	2030	20	20	150

（2）接头组织和性能 从图 4-154 可以看到，随着焊接热输入的增大，柱状晶的宽度明显增大，且在焊缝中心出现了等轴晶。

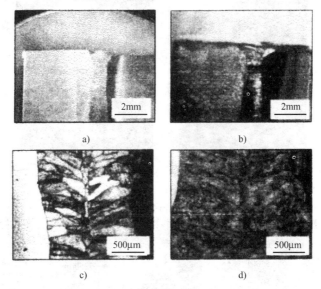

图 4-154 焊接接头组织形貌
a) 焊接工艺Ⅰ宏观形貌 b) 焊接工艺Ⅱ宏观形貌 c) 焊接工艺Ⅰ微观形貌 d) 焊接工艺Ⅱ微观形貌

图 4-155 所示为母材和相应焊接热影响区组织，图中看到 Ti-24Al-15Nb-1.5Mo 热影响区的组织明显长大。图 4-156 所示为焊接接头的显微组织，可以看到，焊接热输入较小的Ⅰ号接头没有明显的晶粒边界，而焊接热输入较大的Ⅱ号接头就有了明显的晶粒边界，而且组织比较粗大。图 4-157 所示为不同工艺条件下接头区的显微硬度分布，Ⅰ号接头的显微硬度高于Ⅱ号接头。

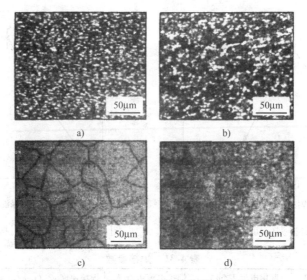

图 4-155　母材和相应焊接热影响区组织
a）Ti-24Al-15Nb-1.5Mo 侧母材　b）TC11 侧母材　c）Ti-24Al-15Nb-1.5Mo 侧热影响区　d）TC11 侧热影响区

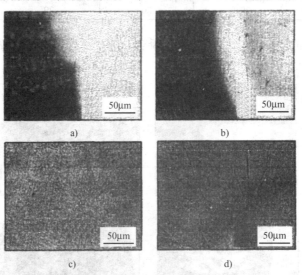

图 4-156　焊接接头的显微组织
a）Ⅰ号 TC11 侧接头　b）Ⅱ号 TC11 侧接头　c）Ⅰ号接头中心　d）Ⅱ号接头中心

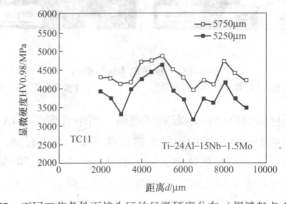

图 4-157　不同工艺条件下接头区的显微硬度分布（焊缝起点 4250μm）

4.9.4 Ti₂AlNb 与镍基合金的真空扩散焊接

（1）材料

1）母材。Ti₂AlNb 的化学成分（原子分数，%）一般为 Ti-（18～30）Al-（12.5～30）Nb，这里采用（原子分数，%）Ti-24Al-25Nb，GH4169 的化学成分见表 4-32。

表 4-32 GH4169 的化学成分（质量分数，%）

C	Cr	Ni	Mo	Al	Ti	Nb	B	Mn	Si	S	P
0.08	17～21	50～55	2.8～3.3	0.3～0.7	0.75～1.15	4.75～5.5	0.06	0.035	0.035	0.015	0.015

2）中间层材料。由于 Ti₂AlNb 和 GH4169 的线胀系数相差太大，因此最好是使用中间层材料。采用中间层材料应该满足下列要求：应当与母材有较好的互溶性，不形成脆性化合物；比较软，易于变形；由于母材的性能差别较大，容易形成较大的残余应力，因此，中间层应该能够缓解这种残余应力。具有这种性能的材料有：Nb、Ta、Mo、Ni、V。这里采用 Nb、Ta、Mo 作为中间层。

（2）焊接工艺 中间层厚度为 10μm，焊接温度为 950℃，保温时间为 1h，连接压力为 120kN（试样断面 10mm×10mm），真空度为 3×10⁻³Pa。

（3）接头组织

1）不采用中间层。不采用中间层，直接对 Ti₂AlNb 和 GH4169 两种材料进行扩散焊时，接头不能焊接。这是由于两种材料含有多种元素，互相扩散后，会形成多种脆性相。根据二元合金相图，只是二元化合物就至少有 Ti₃Ni、TiNi、TiNi₃、Al₃Ni、Al₃Ni₂、AlNi、Al₃Ni₅、AlNi₃、AlNb₃、AlNb₂、Al₃Nb、Ni₈Nb、Ni₃Nb、Ni₆Nb₇、TiCr₂、Al₃Fe、Al₅Fe₂、Al₂Fe、Al-Fe、AlFe₃、NbFe₂、Nb₆Fe₇、TiFe、TiFe₂ 等。这些化合物都是脆性相，因此，Ti₂AlNb 和 GH4169 两种材料不能直接进行扩散焊。

2）采用 Mo 作为中间层。采用 Mo 作为中间层对 Ti₂AlNb 和 GH4169 两种材料进行扩散焊时，宏观上似乎可以得到完整的接头，但是，在从 1.5m 高处自由落体时，试样接头自连接界面断裂成两个部分，说明接头很脆，或者本来就有裂纹。从二元合金相图可知，只是 Mo-Ni 二元化合物就有 MoNi、MoNi₃、MoNi₄ 等以及多达 7 种的 Mo-Al 间化合物。这些脆性的金属间化合物一旦形成，就使得接头形成大量脆性相，而使得接头脆化。

3）采用 Ta、Nb 作为中间层。采用 Ta、Nb 作为中间层对 Ti₂AlNb 和 GH4169 两种材料进行扩散焊时，与 Ti₂AlNb 一侧连接良好，但与 GH4169 一侧的连接就会出现裂纹，如图 4-158 所示。这是因为 Nb-Ta、Nb-Ti 和 Ta-Ti 之间都能够形成无限固溶体，因此，在采用 Ta、Nb 作为中间层对 Ti₂AlNb 和 GH4169 两种材料进行扩散焊时，与 Ti₂AlNb 一侧连接良好，不会出现裂纹。

① 以 Ta 作为中间层。以 Ta 作为中间层时（见图 4-159），其接头区形成了三层。即与 GH4169 结合一侧，界面反应层厚度为 3μm，与 Ti₂AlNb 结合一侧，界面反应层厚度为 1μm，残留的中间层 Ta 还有 9μm。其两个界面反应层的化学成分分别为：与 GH4169 结合一侧，界面反应层（原子分数，%）为 29.60Ta-35.12Ni-17.78Cr-17.50Fe，根据 Ta-Cr（见图 4-160）、Ta-Fe（见图 4-161）和 Ta-Ni（见图 4-162）各自的二元合金相图可知，它们能

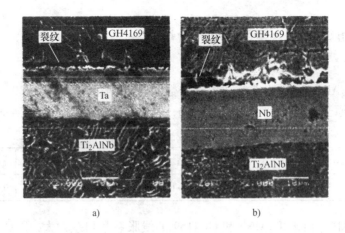

图 4-158　采用 Ta、Nb 作为中间层 Ti_2AlNb 和 GH4169 的扩散焊接头

a）中间层 Ta　b）中间层 Nb

够形成各种脆性的金属间化合物。这些金属间化合物的线胀系数与 GH4169 相差较大，因此，在 Ta 中间层与 GH4169 的界面容易形成裂纹。与 Ti_2AlNb 结合一侧，界面反应层（原子分数，%）为 0.88Ta-24.19Nb-21.17Ni-53.76Ti。可以看到，这个区域的化学成分基本上是在 Ti_2AlNb 溶入了微量的 Ta，仍然大体上保留了 Ti_2AlNb 的基本化学成分。

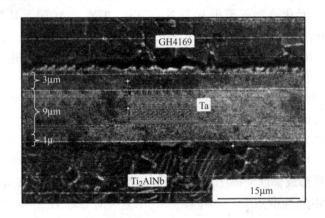

图 4-159　中间层为 Ta 的 Ti_2AlNb 和 GH4169 扩散焊接头

②以 Nb 作为中间层。以 Nb 作为中间层时，Nb 与 GH4169 结合一侧的主要合金元素 Cr、Fe、Nb 的二元合金相图与 Ta 同这些元素的基本相似，也是都能形成各种脆性的金属间化合物。这些金属间化合物的线胀系数与 GH4169 相差较大，因此，在 Nb 中间层与 GH4169 的界面容易形成裂纹。与 Ti_2AlNb 结合一侧，由于母材中本来也会有大量 Nb，因此，也应该能够形成良好的结合。

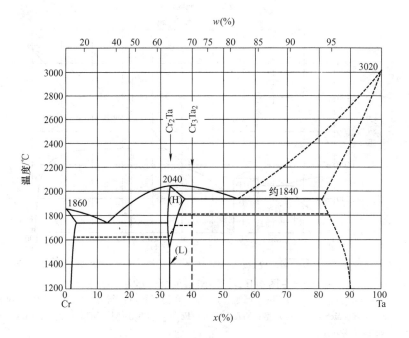

图 4-160　Ta-Cr 二元合金相图

注：Cr_2Ta［低温（L）］：立方，Cu_2Mg（C15）型；Cr_2Ta［高温（H）］：六方，Zn_2Mg（C14）型；Cr_3Ta_2：不明。

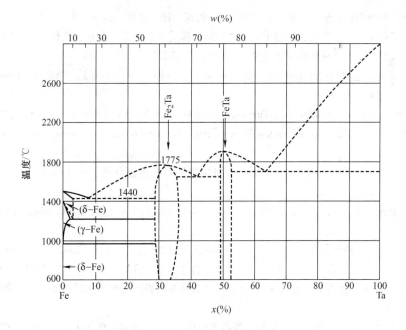

图 4-161　Ta-Fe 二元合金相图

注：Fe_2Ta：六方，$MgZn_2$（C14）型；FeTa：不明；Ta 侧不确定。

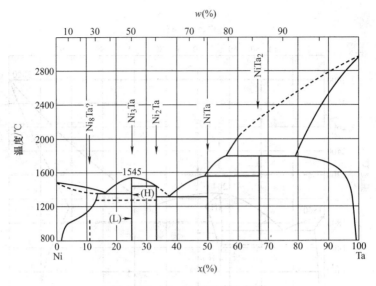

图 4-162　Ta-Ni 二元合金相图

注：Ni_3Ta [低温（L）]：单斜，与 $NbPt_3$ 同型；Ni_3Ta [高温（H）]：斜方，Cu_3Ti（DOa）型和正方，Al_3Ti（DO_{22}）型；Ni_2Ta：正方，$MoSi_2$（$C11b$）型；$NiTa$：六方，Fe_7W_6（$D8_5$）型；$NiTa_2$：正方，$CuAl_2$（$C16$）型；有报道说 Ni 侧存在 Nl_8Ta（正方）。

参 考 文 献

[1] 山口正治，马越佑吉. 金属间化合物 [M]. 丁树深，译. 北京：科学出版社，1991.

[2] 中国机械工程学会焊接学会. 焊接手册：材料的焊接 [M]. 3 版. 北京：机械工业出版社，2008.

[3] 任家烈，吴爱萍. 先进材料的焊接 [M]. 北京：机械工业出版社，2000.

[4] David S A, et al. Weldability and Microstructure of a Titanium Alminide [J]. Welding Journal, 1990, 69 (4)：133-140.

[5] Baeslack W A, et al. Weldability of a Titanium Alminide [J]. Welding Journal, 1989, 68 (12)：483-498.

[6] Patterso R A, et al. Titanium Alminide：Electron Beam Weldability [J]. Welding Journal, 1989, 69 (1)：39-44.

[7] 中尾嘉邦，等. 金属间化合物 γ-TiAl 金属间化合物の扩散接合性と继手强度 [J]. 溶接学会志，1993, 11 (4)：538-544.

[8] 何鹏，张秉钢，冯吉才，等. 以 Ti/V/Cu、V/Cu 为中间层的 TiAl 合金与 40Cr 钢的扩散连接 [J]. 宇航材料工艺，2000 (4)：53-57.

[9] 张柯，吴鲁海，楼松年，等. TiAl 合金与 40Cr 的扩散钎焊 [J]. 焊接，2002 (10)：35-38.

[10] 刘会杰，李卓然，冯吉才，等. SiC 陶瓷与 TiAl 合金的真空钎焊 [J]. 焊接，1993 (3)：7-10.

[11] 刘会杰，冯吉才，钱乙余，等. SiC/TiAl 扩散连接接头的界面结构及连接强度 [J]. 焊接学报，1999 (3)：170-174.

[12] 李亚江，王娟，刘鹏. 异种难焊材料的焊接及应用 [M]. 北京：化学工业出版社，2004.

[13] 李志远，钱乙余，张九海，等. 先进连接方法 [M]. 北京：机械工业出版社，2000.

[14] 赵越，等. 钎焊技术及应用 [M]. 北京：化学工业出版社，2004.

[15] 中村孝，小林德夫，森本一. 抵抗溶接（溶接全书 8）[M]. （日本）东京：产报出版，1979.

[16] 桥本达哉, 冈本郁男. 固相溶接ろう付 (溶接全书9) [M]. (日本) 东京: 产报出版, 1979.

[17] 长崎诚三, 平林真. 二元合金状态图集 [M]. 刘安生, 译. 北京: 冶金工业出版社, 2004.

[18] 张文雪, 鹿安理, 王国庆. 冷却速度对 Ti_3Al 基合金性能的影响, 第八次全国焊接会议论文集: 第 2 册 [C]. 北京: 机械工业出版社, 1997: 491 - 492.

[19] 毛忠汉, 陈靖. 银铜钛活性钎料的特性及应用, 第九次全国焊接会议论文集: 第 1 册 [C]. 哈尔滨: 黑龙江人民出版社, 1999: 44 - 49.

[20] 何鹏, 张九海, 冯吉才, 等. 用复合中间层扩散连接 TiAl 合金与 40Cr 钢, 第九次全国焊接会议论文集: 第 1 册 [C]. 哈尔滨: 黑龙江人民出版社, 1999: 87 - 92.

[21] 黄宁, 魏友辉, 陈少辉. Ti_3Al 的钎焊性能、组织及应用研究, 第九次全国焊接会议论文集: 第 1 册 [C]. 哈尔滨: 黑龙江人民出版社, 1999: 160 - 163.

[22] 王一粟, 刘凤鱼, 翁艳. TiAl 金属间化合物真空扩散焊接工艺研究, 第九次全国焊接会议论文集: 第 1 册 [C]. 哈尔滨: 黑龙江人民出版社, 1999: 200 - 203.

[23] 张蕾蕾. TiAl 金属间化合物研究现状及发展趋势 [J]. 材料开发与应用, 1992 (5).

[24] 贺跃辉, 黄伯云, 王斌. TiAl 基合金固态焊接 [J]. 金属学报, 1998 (11): 1167 - 1172.

[25] 李卓然, 曹健, 冯吉才. TiAl 基合金与 Ti 合金的真空钎焊 [J]. 焊接, 2006 (3): 51 - 54.

[26] 李玉龙, 何鹏, 冯吉才. TiAl/40Cr 感应钎焊接头界面结构及力学性能分析 [J]. 机械工程学报, 2005 (10): 93 - 96.

[27] 李玉龙, 冯吉才, 何鹏, 等. TiAl/40Cr 高频感应钎焊接头界面组织及力学性能 [J]. 中国有色金属学报, 2004 (8): 1269 - 1272.

[28] 李玉龙, 何鹏, 冯吉才, 等. TiAl 基合金与钢连接技术研究进展 [J]. 焊接, 2005 (10): 13 - 16.

[29] 张秉刚, 陈国庆, 何景山, 等. Ti-43Al-9V-0.3Y/TC4 异种材料电子束焊接 (EBW) [J]. 焊接学报, 2007 (4): 41 - 44.

[30] 李玉龙, 冯吉才, 何鹏. TiAl 基合金钎焊技术研究现状及展望 [J]. 焊接, 2007 (12): 13 - 17.

[31] 陈国庆, 张秉刚, 何景山. 热输入对 TiAl 基合金电子束焊接头性能的影响 [J]. 焊接学报, 2007 (6): 85 - 88.

[32] 周恒, 李宏伟, 冯吉才. Ti_3Al 合金的真空钎焊 [J]. 有色金属, 2005 (2): 11 - 14.

[33] 陈国庆, 张秉刚, 刘伟, 等. TiAl 金属间化合物电子束焊接头应力场分布特征 [J]. 焊接学报, 2010 (1): 1 - 4.

[34] 陈国庆, 张秉刚, 何景山, 等. TiAl 基合金电子束焊接头组织及转变规律 [J]. 焊接学报, 2007 (5): 81 - 84.

[35] 曹健, 冯吉才, 李卓然. 采用自蔓延高温合成技术焊接 TiAl 合金 [J]. 焊接学报, 2005 (11): 5 - 8.

[36] 张秉刚, 冯吉才, 吴林, 等. TiAl/TiAl 和 TiAl/TC4 真空电子束焊接头组织及焊接性 [J]. 焊接, 2004 (5): 14 - 16, 31.

[37] 李玉龙, 何鹏, 冯吉才. TiAl/42CrMo 感应钎焊接头力学性能及断裂特征 [J]. 焊接学报, 2006 (10): 81 - 84.

[38] 许威, 何景山, 冯吉才. TiAl/Ag-Cu-Ni-Li-/CrMo 感应钎焊接头的组织特征 [J]. 焊接学报, 2005 (3): 13 - 16.

[39] 陈国庆, 冯吉才, 何景山, 等. TiAl 基合金及其连接技术的研究进展 [J]. 焊接, 2004 (1): 16 - 20.

[40] 李玉龙, 何鹏, 冯吉才. TiAl 基合金与钢连接技术研究进展 [J]. 焊接, 2005 (10): 13 - 16.

[41] 李卓然, 曹健, 冯吉才, 等. TiAl 基合金与 Ti 合金的真空钎焊 [J]. 焊接, 2006 (3): 51 - 53.

[42] 熊华平, 毛唯, 陈波, 等. TiAl 基合金连接技术的研究进展 [J]. 航空制造技术, 2008 (25): 108 - 112.

[43] 秦高梧, 郝士明. Ti-Al 系金属间化合物 [J]. 稀有金属材料与工程, 1995 (2) 1 - 6.

[44] 王彬, 张炯, 贺跃辉, 等. TiAl 基合金固态焊接的研究现状 [J]. 材料导报, 1998 (5): 16 - 18.

[45] 贺跃辉, 等. TiAl 基合金固态焊接 [J]. 金属学报, 1998 (5).

[46] 张柯, 吴鲁海, 楼松年, 等. TiAl/40Cr 扩散钎焊 [J]. 焊接, 2002 (10) 35 – 37.

[47] 李云, 吴红, 尚福军, 等. TiAl 金属间化合物与 42CrMo 钢的真空扩散连接 [J]. 兵器材料科学与工程, 2001 (3): 45 – 47.

[48] 周群, 贺跃辉, 江垚, 等. 多孔 TiAl 金属间化合物和 434L 不锈钢的钎焊连接 [J]. 粉末冶金材料科学与工程, 2000 (1): 30 – 34.

[49] 陈波, 熊华平, 毛唯, 等. 采用 Ti-15Cu-15Ni 钎料的 TiAl/42CrMo 钢接头组织与形成机理 [J]. 航空材料学报, 2006 (3): 317 – 318.

[50] 叶雷, 熊华平, 陈波. CoFe 基和 Fe 基高温钎料钎焊 TiAl 合金接头显微组织 [J]. 材料工程, 2010 (10): 61 – 65.

[51] 曹健, 冯吉才, 李卓然. 场助自蔓延高温连接 TiAl 合金的中间层选择 [J]. 焊接学报, 2004 (5).

[52] 何鹏, 冯吉才, 韩杰才, 等. TiAl/Ti/V/Cu/40Cr 钢扩散连接界面组织结构对接头强度的影响 [J]. 焊接, 2002 (11): 15 – 17.

[53] 何鹏, 冯吉才, 韩杰才, 等. TiAl/V/Cu/40Cr 钢扩散连接界面组织结构对接头强度的影响 [J]. 焊接, 2002 (7): 12 – 14.

[54] 张秉刚, 陈国庆, 何景山, 等. Ti-43Al-9V-0.3Y/TC4 异种材料电子束焊接 (EBW) [J]. 焊接学报, 2007 (4): 41 – 44.

[55] 吴爱萍, 邹贵生, 任家烈. Ti₃Al 合金的发展现状及其连接技术 [J]. 航空制造技术, 2007 (6): 30 – 35.

[56] 潘辉, 毛唯. 影响 Ti₃Al 钎焊接头性能的关键因素探讨 [J]. 材料工程, 2009 (增刊 1): 201 – 205.

[57] 何鹏, 冯吉才, 周恒. 不同钎料对 Ti₃Al 合金钎焊接头强度及界面微观组织的影响 [J]. 中国有色金属学报, 2005 (1): 24 – 32.

[58] 刘博, 崔约贤, 钱宗德, 等. Ti₃Al-Nb 基合金的焊接性研究进展 [J]. 宇航材料工艺, 2007 (1): 1 – 6.

[59] 司玉锋, 孟丽华, 陈玉勇. Ti₂AlNb 基合金的研究进展 [J]. 宇航材料工艺, 2006 (3): 10 – 13.

[60] 王孟光, 孙建科, 陈志强. Ti₃Al 基合金室温塑性的改善方法 [J]. 稀有金属快报, 2007 (11): 7 – 11.

[61] 高峻, 姚泽坤, 刘莹莹. 电子束焊接热输入对 Ti-24Al-15Nb-1.5Mo/TC11 双金属焊接接头组织和显微硬度的影响 [J]. 焊接学报, 2009 (7): 33 – 36, 40.

[62] 吴爱萍, 邹贵生, 张红军. Ti-24Al-17Nb 合金的激光焊接 [J]. 宇航材料工艺, 2001 (6): 58 – 62.

[63] 邹贵生, 谢二虎, 白海林, 等. 连接参数对 Ti-22Al-25Nb 合金 TLP 扩散连接接头性能的影响 [J]. 焊接技术, 2007 (6): 15 – 17.

[64] 邹贵生, 谢二虎, 白海林, 等. Ti2AlNb 相合金 Ti-22Al-25Nb 的 TLP 扩散连接 [J]. 稀有金属材料与工程, 2008 (12): 2181 – 2185.

[65] 谷晓燕, 孙大千, 刘力. Ti₃Al 基合金与 Ti-6Al-4V 合金 TLP 连接接头的组织转变 [J]. 材料工程, 2010 (6): 59 – 62.

[66] 张文雪, 鹿安理, 王国庆. 冷却速度对 Ti₃Al 基合金性能的影响, 第八次全国焊接会议论文集: 第 2 册 [C]. 北京: 机械工业出版社, 1997: 491 – 492.

[67] 毛忠汉, 陈靖. 银铜钛活性钎料的特性及应用, 第九次全国焊接会议论文集: 第 1 册 [C]. 哈尔滨: 黑龙江人民出版社, 1999: 44 – 49.

[68] 何鹏, 张九海, 冯吉才, 等. 用复合中间层扩散连接 TiAl 合金与 40Cr 钢, 第九次全国焊接会议论文集: 第 1 册 [C]. 哈尔滨: 黑龙江人民出版社, 1999: 87 – 92.

[69] 黄宁, 魏友辉, 陈少辉. Ti₃Al 的钎焊性能、组织及应用研究, 第九次全国焊接会议论文集: 第 1 册 [C]. 哈尔滨: 黑龙江人民出版社, 1999: 160 – 163.

[70] 王一粟, 刘凤鱼, 翁艳. TiAl 金属间化合物真空扩散焊接工艺研究, 第九次全国焊接会议论文集: 第 1 册 [C]. 哈尔滨: 黑龙江人民出版社, 1999: 200 – 203.

[71] 张蕾蕾, 陈达, 林栋樑. TiAl 金属间化合物研究现状及发展趋势 [J]. 材料开发与应用, 1995: 44 - 47.

[72] 贺跃辉, 黄伯云, 王斌. TiAl 基合金固态焊接 [J]. 金属学报, 1998 (11).

[73] 李卓然, 曹健, 冯吉才. TiAl 基合金与 Ti 合金的真空钎焊 [J]. 焊接, 2006 (3): 51 - 54.

[74] 李玉龙, 何鹏, 冯吉才. TiAl/40Cr 感应钎焊接头界面结构及力学性能分析 [J]. 机械工程学报, 2005 (10): 93 - 96.

[75] 李玉龙, 冯吉才, 何鹏, 等. TiAl/40Cr 高频感应钎焊接头界面组织及力学性能 [J]. 中国有色金属学报, 2004 (8): 1269 - 1272.

[76] 李玉龙, 何鹏, 冯吉才, 等. TiAl 基合金与钢连接技术研究进展 [J]. 焊接, 2005 (10): 13 - 16.

[77] 张秉刚, 陈国庆, 何景山, 等. Ti-43Al-9V-0.3Y/TC4 异种材料电子束焊接 (EBW) [J]. 焊接学报, 2007 (4): 41 - 44.

[78] 李玉龙, 冯吉才, 何鹏. TiAl 基合金钎焊技术研究现状及展望 [J]. 焊接, 2007 (12): 13 - 17.

[79] 陈国庆, 张秉刚, 何景山. 热输入对 TiAl 基合金电子束焊接头性能的影响 [J]. 焊接学报, 2007 (6): 85 - 88.

[80] 周恒, 李宏伟, 冯吉才. Ti_3Al 合金的真空钎焊 [J]. 有色金属, 2005 (2): 11 - 14.

[81] 陈国庆, 张秉刚, 刘伟, 等. TiAl 金属间化合物电子束焊接头应力场分布特征 [J]. 焊接学报, 2010 (1): 1 - 4.

[82] 陈国庆, 张秉刚, 何景山, 等. TiAl 基合金电子束焊接头组织及转变规律 [J]. 焊接学报, 2007 (5): 81 - 84.

[83] 曹健, 冯吉才, 李卓然. 采用自蔓延高温合成技术焊接 TiAl 合金 [J]. 焊接学报, 2005 (11): 5 - 8.

[84] 张秉刚, 冯吉才, 吴林, 等. TiAl/TiAl 和 TiAl/TC4 真空电子束焊接头组织及焊接性 [J]. 焊接, 2004 (5): 14 - 16, 31.

[85] 李玉龙, 何鹏, 冯吉才. TiAl/42CrMo 感应钎焊接头力学性能及断裂特征 [J]. 焊接学报, 2006 (10): 81 - 84.

[86] 许威, 何景山, 冯吉才. TiAl/Ag-Cu-Ni-Li-/CrMo 感应钎焊接头的组织特征 [J]. 焊接学报, 2005 (3): 13 - 16.

[87] 陈国庆, 冯吉才, 何景山, 等. TiAl 基合金及其连接技术的研究进展 [J]. 焊接, 2004 (1): 16 - 20.

[88] 李玉龙, 何鹏, 冯吉才. TiAl 基合金与钢连接技术研究进展 [J]. 焊接, 2005 (10): 13 - 16.

[89] 李卓然, 曹健, 冯吉才, 等. TiAl 基合金与 Ti 合金的真空钎焊 [J]. 焊接, 2006 (3): 51 - 53.

[90] 熊华平, 毛唯, 陈波, 等. TiAl 基合金连接技术的研究进展 [J]. 航空制造技术, 2008 (25): 108 - 112.

[91] 钱锦文, 侯金保, 李京龙, 等. Ti_2AlNb/GH4169 真空扩散连接初步研究 [J]. 金属铸锻焊技术, 2008 (7): 90 - 92.

[92] 袁鸿, 谷卫华, 余槐, 等. 电子束焊接线能量对 Ti-24Al-15Nb-1Mo 合金接头组织性能的影响 [J]. 航空材料学报, 2006 (10): 35 - 40.

[93] 欧文沛, 黄伯云, 贺跃辉, 等. TiAl 金属间化合物超塑性研究概况 [J]. 材料导报, 1996 (5): 22 - 26.

[94] 邓忠勇, 黄伯云, 贺跃辉, 等. 显微组织对 TiAl 基合金超塑性的影响 [J]. 材料工程, 1999 (12): 26 - 28.

[95] 李文, 张瑞林, 余瑞璜. Ti-Al 系的相图及 Ti-Al 系 [J]. 材料导报, 1995 (4): 14 - 18.

[96] 李文, 王晓光, 靳学辉. Ti-Al 系 Ti-Al 系脆性研究述评 [J]. 物理, 1998 (11): 676 - 679, 694.

[97] 黄伯云, 贺跃辉, 曲选辉, 等. 快速变形法细化 TiAl 晶粒 [J]. 中国有色金属学报, 1996 (2): 52 - 55.

[98] 鲁世强, 黄伯云, 贺跃辉, 等. TiAl 基合金的超塑性力学性能 [J]. 材料导报, 2002 (6): 1 - 4.

[99] 郭建亭, 周文龙. 金属间化合物超塑性研究进展 [J]. 材料导报, 2005 (5): 18 - 20.

[100] 彭超群, 黄伯云, 贺跃辉. TiAl 基合金的工艺－显微组织－力学性能关系 [J]. 中国有色金属学报, 2001 (8): 527 - 540.

第5章 铁－铝金属间化合物的焊接

铁－铝金属间化合物的研究，始于20世纪30年代，到80年代被作为结构材料得到广泛研究，90年代发现水汽是引起其脆性的主要原因。采用快速凝固工艺制备的Fe_3Al金属间化合物具有很好的塑性，室温塑性可达15%~20%，强度可达960MPa。我国对铁－铝金属间化合物的研究已经取得明显进展，并且进入实用阶段。

5.1 铁－铝金属间化合物的结构、性能和应用

5.1.1 铁－铝金属间化合物的结构

铁－铝二元合金之间会形成一系列金属间化合物，如图2-17所示，但是最受到关注的是Fe_3Al和$FeAl$两种金属间化合物。

$FeAl$的结构为B2型有序金属间化合物。

图5-1所示为Fe_3Al金属间化合物成分范围，它一般是指铝的质量分数为25%~35%的Fe-Al金属间化合物，呈体心立方结构。Fe_3Al的结构有三种：无序固溶体A2（或者α）相，不完全B2（或者γ）相结构的有序相，DO3结构的有序相，以及两相区α+B2和α+DO3。以含铝量（质量分数）为25%~28%的Fe_3Al为例，高温时为无序α相，在750~950℃之间发生有序转变为B2相，在550℃左右再次发生有序化转变为DO3相。B2是由体心立方的A2派生而来，化学式是$FeAl$。图5-2所示为相同成分的B2和DO3的有序结构晶胞。

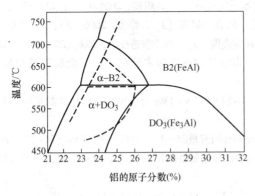

图5-1 Fe_3Al金属间化合物成分范围

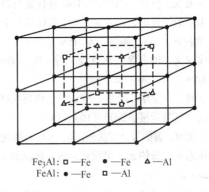

图5-2 相同成分的B2和DO3的
有序结构晶胞

5.1.2 铁－铝金属间化合物的性能

1. Fe_3Al金属间化合物的物理性能

表5-1给出了Fe_3Al和$FeAl$的物理性能。Fe_3Al的键合类型多样，使其具有特殊的晶体

结构、电子结构和能带结构。由于这些结构特点，使其具有耐高温、耐腐蚀、抗氧化、耐磨损等良好性能，从而成为航空、航天、交通运输、化工、机械等许多工业部门的重要结构材料。因还具有声、光、电磁等特殊物理性能，所以还成为极具潜力的功能材料，如半导体材料、超导材料、软磁材料等。此外，与 Ti-Al、Ni-Al 两类金属间化合物相比，除了具有高强度、耐腐蚀等之外，还具有低成本和低密度等优点。

表 5-1　Fe_3Al 和 FeAl 的物理性能

结构	合金	弹性模量/GPa	熔点/℃	有序临界温度/℃	密度/（g/cm³）
DO_3	Fe_3Al	140	1540	540	6.72
B_2	FeAl	259	1250~1400	1250~1400	5.56
$L1_2$	Ni_3Al	178	1390	1390	7.50
B_2	NiAl	293	1640	1640	5.86
DO_3	Ti_3Al	110~145	1600	1100	4.2
$L1_0$	TiAl	176	1460	1460	3.9

2. Fe_3Al 金属间化合物的力学性能

（1）Fe_3Al 金属间化合物与钢材的力学性能的比较　　Fe_3Al 金属间化合物具有很好的抗氧化和抗硫化的能力，与不锈钢相比，又有低成本和密度较小的优势，但是，其塑性较低和 600℃ 以上强度迅速降低是 Fe_3Al 金属间化合物作为结构材料得到应用的一大障碍。

在力学性能上，Fe_3Al 金属间化合物在室温强度、屈服强度以及 600℃ 以上的高温强度上已经与有些合金钢和不锈钢相当或者更好。表 5-2 为 Fe_3Al 金属间化合物与几种钢材的力学性能的比较。

表 5-2　Fe_3Al 金属间化合物与几种钢材的力学性能的比较

材料	Fe_3Al 金属间化合物			合金钢	不锈钢		
	Fe-28Al-2Cr-B	Fe-28Al-5Cr-Zr-B	Fe-28Al-5Cr-Nb-B	40Cr	304	310	422
室温抗拉强度/MPa	397	450	423	750	300	270	940
室温断后伸长率（%）	14	19	14	10	60	50	5
600℃ 抗拉强度/MPa	270	340	320	—	84	150	520

（2）影响 Fe_3Al 金属间化合物的力学性能的因素

1）热处理对 Fe_3Al 金属间化合物的力学性能的影响。采用热处理的方法可以改变 Fe_3Al 金属间化合物的相结构，从而改变它的力学性能。例如，对于 Al 含量（原子分数，%）为 22.5%~36% 的 DO3 结构的 Fe_3Al 金属间化合物，在 B2 相区（540℃ 以上）进行多道次轧制后，在再结晶温度下退火，并且以适当的热处理工艺，以使其得到 B2 结构的组织，可以使得 Fe-Al-Cr-Zr-B 材料的室温断后伸长率提高到 19.1%。表 5-3 给出了在其他条件相同的条件下，一些 Fe_3Al 金属间化合物的两种结构力学性能的比较。

表 5-3　一些 Fe_3Al 金属间化合物的两种结构力学性能的比较

材料成分（原子分数,%）	抗拉强度/MPa		屈服强度/MPa		断后伸长率/%	
	DO3	B2	DO3	B2	DO3	B2
Fe-28Al	339.0	350.0	—	—	2.0	12.3
Fe-28Al-5Cr	280.0	345.0	—	—	6.4	16.8
Fe-28Al-5Cr-0.05B	281.0	330.0	—	—	7.1	18.1
Fe-28Al-5Cr-0.05B-0.01Zr	288.0	520.0	—	—	4.0	19.1
Fe-28Al-5Cr-0.3B	561.5	745.3	418.0	552.1	3.0	8.8
Fe-28Al-5Cr-0.3B-0.003Mo	558.8	741.5	470.0	534.8	3.1	10.3
Fe-28Al-5Cr-0.3B-0.1Zr	641.0	760.0	550.0	640.4	2.6	9.3
Fe-28Al-5Cr-0.3B-0.2Zr	475.0	767.3	318.6	560.6	5.3	10.9

2）合金元素的影响。

① H 的影响。Fe_3Al 金属间化合物具有足够的滑移系，但是，一般情况下，仍然具有很大的脆性，被认为是由于环境中存在水汽的缘故，这是因为与大多数铝合金一样，铝与水汽发生了如下反应

$$2Al + 3H_2O \rightarrow Al_2O_3 + 6H^+ + 6e^- \tag{5-1}$$

是 H^+ 导致了材料的脆性，致使在室温下 Fe_3Al 金属间化合物的断后伸长率只有 3% 左右，但是，在纯氧的环境下，Fe_3Al 金属间化合物却有 18% 的断后伸长率。

② Cr 的影响。Cr 可以有效地提高 Fe_3Al 金属间化合物的室温塑性，但是却降低了 800℃时的屈服强度。在 Fe_3Al 金属间化合物中加入 Cr 能改善其室温塑性，就是因为在 Fe_3Al 金属间化合物表面形成了致密的 Cr_2O_3，从而阻止了式（5-1）反应的发生。

③ Mo 的影响。Mo 可以有效地提高 Fe_3Al 金属间化合物的强度，但是却降低了室温塑性。

④ Cr 与 Mo 的共同影响。在 Fe-28Al-5Cr 中加入不同原子分数的 Mo，可以提高其蠕变寿命和室温及 600℃下的抗拉强度和屈服强度，但是，其相应的塑性就要降低，见表 5-4。

表 5-4　Cr 与 Mo（原子分数,%）的共同作用对 Fe_3Al 金属间化合物的蠕变性能和拉伸性能的影响

合金号	合金成分	蠕变断裂（600℃，250MPa）		室温拉伸实验			600℃拉伸实验		
		寿命/h	断后伸长率（%）	屈服强度/MPa	抗拉强度/MPa	断后伸长率（%）	屈服强度/MPa	抗拉强度/MPa	断后伸长率（%）
1	Fe-28Al-5Cr-0.5Mo	23	53	577	678	10.0	415	434	39
2	Fe-28Al-5Cr-1.0Mo	45	33	618	732	7.5	442	471	30
3	Fe-28Al-5Cr-1.5Mo	85	20	625	792	5.6	535	553	19
4	Fe-28Al-5Cr-2.0Mo	120	20	640	811	2.9	561	587	17
5	Fe-28Al-2Cr-2.0Mo	210	25	605	757	6.0	508	544	17

⑤ 稀土元素的影响。Fe_3Al 中加入稀土元素 Ce 和 La 之后，晶粒得到细化，再结晶温度降低，加入 Ce 可以显著提高 Fe_3Al 金属间化合物的室温强度。加入微量 Ce 和原子分数为 2% 的 Cr 可以得到室温强度和塑性的良好配合。

在 Fe_3Al 金属间化合物中加入 Ce 能够改善其室温塑性，也是因为在 Fe_3Al 金属间化合物表面形成了致密的 Cr_2O_3，从而阻止了式（5-1）反应的发生。

（3）Fe_3Al 金属间化合物的抗氧化性　能够与 Fe_3Al 金属间化合物产生氧化物的不外如下三种：Al_2O_3、FeO 和 Fe_2O_3，它们在高温下的生成自由能分别为 -602kJ、-24.5kJ 和 -18.3kJ。因此，在高温环境下，将优先形成致密的 Al_2O_3，而阻止 FeO 和 Fe_2O_3 的产生，所以，具有良好的高温抗氧化性。

（4）Fe_3Al 金属间化合物的超塑性　原子分数（%）为 Fe-28Al-5Cr 和 Fe-28Al-5Cr-0.5Nb-0.1C 两种材料在 850℃ 之下，以 8.3×10^{-4} m/s 的变形速度进行拉伸试验，其断后伸长率分别为 145% 和 254%。

5.2　Fe_3Al 金属间化合物的焊接

5.2.1　Fe_3Al 金属间化合物的焊接接头的裂纹倾向

1. Fe_3Al 金属间化合物的焊接接头的冷裂纹倾向

（1）Fe_3Al 金属间化合物的焊接接头产生冷裂纹的敏感性　Fe_3Al 金属间化合物的焊接接头产生冷裂纹的条件也遵循一般的三原则：材料的脆化、接头的应力状态、氢引起的脆化。Fe_3Al 金属间化合物的焊接接头对于这三个方面的性能都是不利的。

1）Fe_3Al 金属间化合物的焊接接头的脆性。从图 5-1 所示可以看到，在焊后冷却的条件下，在转变温度 T_c（约550℃）时，将发生 B2 向 DO3 的转变，DO3 比 B2 的脆性大，是一种脆性组织。

2）Fe_3Al 金属间化合物的焊接接头的应力状态。Fe_3Al 金属间化合物的导热系数小，热胀系数大，因此焊接接头的残余应力大。

3）氢的作用。Fe_3Al 金属间化合物熔体的黏度大，流动性差，不利于氢气的排出，导致焊缝中氢的含量增大。

综合上述分析，Fe_3Al 金属间化合物的焊接接头产生冷裂纹的敏感性还是比较大的。

（2）防止 Fe_3Al 金属间化合物的焊接接头产生冷裂纹的措施

1）采取低氢焊接。干燥焊接材料，彻底清理焊接材料（包括母材和填充材料），加强对焊接区的保护（采用高纯度惰性气体保护，或者在真空下进行焊接），进行预热、后热或者预热加后热。

2）改善焊缝金属性能。采用合适的填充材料，改善焊缝金属组织，降低焊缝金属的脆性，提高塑性。

3）降低 Fe_3Al 金属间化合物的焊接接头的残余应力。进行预热、后热或者预热加后热，选择合适的填充材料，以缓解焊接接头的残余应力。

综合上述分析，最有效地防止 Fe_3Al 金属间化合物的焊接接头产生冷裂纹的措施还是预热、后热或者预热加后热。

2. Fe_3Al 金属间化合物的焊接接头的热裂纹倾向

Fe_3Al 金属间化合物的焊接接头产生热裂纹的敏感性仍然决定于冶金因素和力学因素。

对焊缝金属进行变质剂处理，如采用 B、Cr、Nb、Mn、C 等元素作为变质剂。采用变质剂的原则应该是能够避免产生低熔点共晶，增大焊缝金属的塑性和强度，以及缓解焊接接头的残余应力。

采用合适的焊接工艺，主要是采用合适的焊接速度和焊接热输入。

Fe_3Al 金属间化合物的脆性较大，在水汽环境中氢脆敏感性很高，容易产生焊接冷裂纹。采用常规的熔焊方法难以进行焊接，但是，采用真空扩散焊，选用合理的焊接参数可以成功地实现焊接；也可以采用钨极氩弧焊进行 Fe_3Al 金属间化合物的堆焊。

5.2.2 Fe_3Al 金属间化合物的熔焊

1. 焊条电弧焊

表5-5 给出了焊条电弧焊采用的 Fe_3Al 金属间化合物的化学成分及热物理性能。表5-6 为几种焊条的化学成分及力学性能。焊接条件：①焊条直径为 2.5mm，焊接电流为 100 ~ 120A，电弧电压为 24 ~ 26V，焊接速度为 0.2 ~ 0.3cm/s，焊接热输入为 8.84 ~ 13.26kJ/cm；②焊条直径为 3.2mm，焊接电流为 125 ~ 140A，电弧电压为 24 ~ 27V，焊接速度为 0.25 ~ 0.35cm/s，焊接热输入为 9.18 ~ 12.85kJ/cm。选择 E310-16 焊条。

表5-5　Fe_3Al 金属间化合物的化学成分及热物理性能

化学成分（质量分数，%）						
Fe	Al	Cr	Nb	Zr	B	Ce
81.0 ~ 82.5	16.0 ~ 17.0	2.40 ~ 2.55	0.95 ~ 0.98	0.05 ~ 0.15	0.01 ~ 0.05	0.05 ~ 0.15

热物理性能							
结构	有序临界温度/℃	杨氏模量/GPa	熔点/℃	热胀系数/$10^{-6}K^{-1}$	密度/（kg/m^3）	抗拉强度/MPa	断后伸长率（%）	硬度HRC
DO_3	480 ~ 570	140	1540	11.5	6720	455	3	≥29

表5-6　焊条电弧焊采用的焊条的化学成分及力学性能

焊条型号	熔敷金属的化学成分（质量分数，%）						力学性能	
	C	Cr	Ni	Mn	Mo	Si	抗拉强度/MPa	断后伸长率（%）
E308 – 16	≤0.08	18.0 ~ 21.0	9.0 ~ 11.0	0.5 ~ 2.5	≤0.75	≤0.90	≥550	≥35
E316 – 16	≤0.08	17.0 ~ 20.0	11.0 ~ 14.0	0.5 ~ 2.5	2.0 ~ 3.0	≤0.90	≥520	≥30
E309 – 16	≤0.15	22.0 ~ 25.0	12.0 ~ 14.0	0.5 ~ 2.5	≤0.75	≤0.90	≥550	≥25
E310 – 16	0.08 ~ 0.20	25.0 ~ 28.0	20.0 ~ 22.5	1.0 ~ 2.5	≤0.75	≤0.75	≥550	≥25

2. Fe_3Al 金属间化合物的 TIG 焊

（1）Fe_3Al 金属间化合物的 TIG 焊的裂纹倾向

1）Fe_3Al 金属间化合物的 TIG 焊产生的裂纹。Fe_3Al 金属间化合物母材的化学成分见表5-7。焊丝采用 Fe_3AlCr、CrMo 钢（FCM）、18-8Ti 不锈钢、Ni 基高温合金 [Ni2（主要成分是 Ni）、Ni82 和 Incone1625（成分为 80Ni-20Cr）、C-4（成分为 68Ni-16Cr-Mo）]，焊丝直径为 2.5mm。

表 5-7　Fe₃Al 金属间化合物母材的化学成分（质量分数，%）

合金	Al	Cr	Mo	Nb	C	Y	Fe
Fe₃Al（Cr）	15.7	5.72	—	—	—	—	平衡
Fe₃Al（CrNbC）	16.4	5.45	—	0.94	0.03	—	平衡
Fe-16Al（CrMoNbYC）	8.90	5.11	1.92	0.23	0.033	0.06	平衡

表 5-8 给出了 Fe₃Al 金属间化合物 TIG 焊的裂纹倾向。可见，Fe₃Al 金属间化合物的 TIG 焊既有热裂纹倾向，也有冷裂纹倾向。其中 CrMo 钢（FCM）焊丝最好，没有出现任何裂纹，也没有咬边、焊穿、未焊透等缺陷。

表 5-8　Fe₃Al 金属间化合物 TIG 焊的裂纹倾向

焊缝金属	Fe₃Al（Cr）	CrMo 焊丝	1Cr18Ni9Ti	Ni2	Ni82	Incone1625	C-4
Fe₃Al（Cr）	裂纹[1][3]	无裂纹	裂纹[1]	无裂纹	无裂纹	裂纹[1]	裂纹[2][3]
Fe₃Al（CrNbC）	裂纹[1][3]	无裂纹	裂纹[1]	裂纹[2][3]	裂纹[2][3]	裂纹[1][2]	裂纹[1]
Fe-16Al（CrMoNbYC）	—	无裂纹	裂纹[1]				

[1] 纵向裂纹。
[2] 横向裂纹。
[3] 冷裂纹。

2）Fe₃Al 金属间化合物 TIG 焊产生裂纹的影响因素。

① 材料的影响。可以看到，对于母材来说，形成焊接裂纹的敏感性为 Fe₃Al（Cr）＜ Fe₃Al（CrNbC）＜ Fe-16Al（CrMoNbYC）；对于焊丝来说，CrMo 钢（FCM）焊丝最好，其次是 Ni82 和 Incone1625。

对于焊丝来说，采用 CrMo 钢（FCM）焊丝时，由于它除了含有 Fe 之外，还含有 Cr，焊丝易于与母材充分熔合，并且利于成分均匀化，母材与焊缝化学成分连续变化。采用 CrMo 钢（FCM）焊丝焊接三种母材的焊接接头各区的化学成分见表 5-9。可以看出，焊接接头各区的化学成分相差不大，是连续变化的。

表 5-9　采用 CrMo 钢（FCM）焊丝焊接三种母材的焊接接头各区的化学成分（原子分数，%）

母材	焊丝	分析区域	原子分数（%）				
			Fe	Al	Cr	Nb	Mo
Fe₃Al（Cr）	FCM	FZ	81.9	14.5	3.5	—	—
		HAZ	74.6	20.8	4.6	—	—
		BM	67.1	27.6	5.2	—	—
Fe₃Al（CrNbC）	FCM	FZ	77.8	17.9	3.6	0.68	0.08
		HAZ	73.0	22.3	4.2	0.47	0.07
		BM	67.5	26.9	5.1	0.50	—
Fe-16Al（CrMoNbYC）	FCM	FZ	87.1	9.00	3.2	0.07	0.70
		HAZ	85.2	10.4	3.4	0.12	0.90
		BM	78.0	15.3	5.0	0.26	1.20

图 5-3 所示为采用 CrMo 钢（FCM）焊丝对 Fe₃Al（CrNbC）和 Fe-16Al（CrMoNbYC）进行 TIG 焊的接头焊接热影响区和熔化区焊缝组织。可以看出，焊缝金属呈现出联生结晶的良好的熔焊形貌。而采用 Ni 基焊丝时，熔化区焊缝化学成分与母材有很大差异，组织呈现不连续的变化，造成不熔合，如图 5-4 所示。

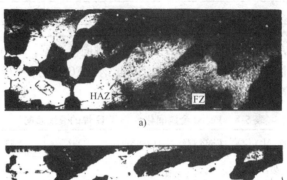

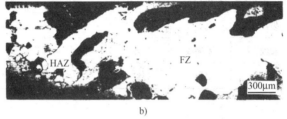

图 5-3　采用 CrMo 钢（FCM）焊丝对 Fe₃Al（CrNbC）和 Fe-16Al（CrMoNbYC）
进行 TIG 焊的接头焊接热影响区（HAZ）和熔化区（FZ）焊缝组织
a）Fe₃Al（CrNbC）　b）Fe₃Al（CrMoNbYC）

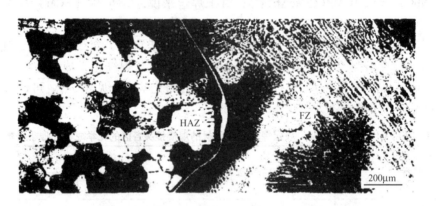

图 5-4　采用 Ni 基焊丝对 Fe₃Al 进行 TIG 焊的接头焊接热影响区
（HAZ）和熔化区（FZ）焊缝组织

② 焊接工艺的影响。

a. 焊接电流的影响。采用 CrMo 钢（FCM）焊丝时，降低焊接电流（焊接线能量）可以得到良好的焊接接头。采用本体焊丝 Fe₃Al（Cr）时，对焊接电流（焊接线能量）的变化比较敏感，电流较大时产生裂纹，电流较小时，就可以避免裂纹。采用小焊接电流（焊接线能量），用焊丝 Fe₃Al（Cr）能够成功地焊接 Fe₃Al（CrNbC），而且对 Fe-16Al（CrMoNbYC）更加明显。随着焊接电流（焊接线能量）的降低，能够由无法焊接到实现对接。

　　减小焊接电流（焊接线能量），还能够减小角变形，减轻氧化，加强熔池流动，有利于焊缝组织的均匀化和成形，还可以细化晶粒。

　　b. 预热和缓冷。从图5-5所示的低碳钢和Fe_3Al的热导率及线胀系数与温度之间的关系。可以看到，Fe_3Al的热导率较小而线胀系数较大，因此容易产生大的残余应力而产生裂纹。采用预热和缓冷的工艺措施，有利于减少裂纹的产生。

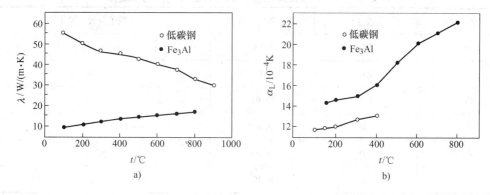

图5-5　低碳钢和Fe_3Al的热导率及线胀系数
与温度之间的关系

　　Fe_3Al金属间化合物也有脆性转变现象，其脆性转变温度在300℃左右。因此，也具有较大的冷裂纹敏感性，其产生冷裂纹的条件与钢相同，也是有明显的氢脆现象和延迟产生的特征。所以预热和缓冷可以有效地避免冷裂纹的产生。预热到400℃就可以有效地防止冷裂纹的产生。过高的预热温度，会导致晶粒粗大，反而会增大产生冷裂纹的敏感性。

　　c. 焊接参数的优化。焊前预热400℃，保温2h，焊后随炉冷却，焊接电流为50～80A，电弧电压为8～15V，焊接速度为0.5～2mm/s，氩气正、反面流量分别为20L/min和10L/min，就可以得到良好的焊接接头。

　　（2）Fe_3Al金属间化合物的TIG焊接

　　1）焊接工艺。采用Cr23-Ni13作为填充材料，焊接条件为：焊接电流100～115A，电弧电压11～12V，焊接速度0.15～0.18cm/s，氩气流量7L/min，焊接热输入5.5～6.9kJ/cm。

　　2）Fe_3Al金属间化合物的TIG焊接接头的组织。

　　① Fe_3Al金属间化合物的TIG焊缝金属的化学成分与组织。

　　a. Fe_3Al金属间化合物的TIG焊缝金属的化学成分。图5-6和表5-10给出了焊缝金属的化学成分。从焊缝的化学成分可以看到，其Al含量（原子分数）约为Fe_3Al金属间化合物的1/5，焊缝金属的铬当量为25.43%，镍当量为6.58%。根据舍夫勒组织图（见图5-8）可以知道，焊缝金属的组织主要是粗大的铁素体（约为85%）。

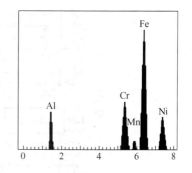

图5-6　Fe_3Al金属间化合物TIG焊缝
金属的化学成分

　　b. Fe_3Al金属间化合物的TIG焊缝金属的组织。图5-7所示为Fe_3Al金属间化合物的TIG焊缝金属的典型形貌。由于结晶过程的不平衡性，往往在粗大的铁素体树枝晶之间，存在合金元素的偏析，见表5-11。可以看到，这种合金元素的偏析，使得 Al 含量比表5-10 中的平均值大大降低（约为焊缝平均值的1/4），Ni、Cr 含量大大增加，分别增加了 102% 和 45%。根据舍夫勒组织图（见图5-8），其奥氏体应该达到 90% 以上，从而导致在树枝晶之间形成了相当的奥氏体，如图5-9 所示。

表 5-10　Fe₃Al 金属间化合物 TIG 焊缝金属的化学成分

合金元素	能谱分析	质量分数（%）	原子分数（%）
Al	ED	7.83	13.79
Si	ED	0.50	0.90
Cr	ED	12.93	12.68
Mn	ED	0.80	0.75
Fe	ED	71.49	65.28
Ni	ED	6.45	5.60

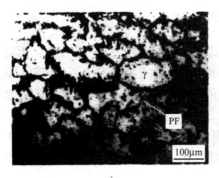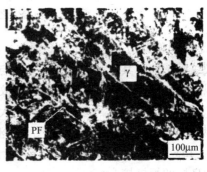

a)　　　　　　　　　　　　　　　　　b)

图 5-7　Fe₃Al 金属间化合物的 TIG 焊缝金属的典型形貌

a）等轴晶　b）柱状晶

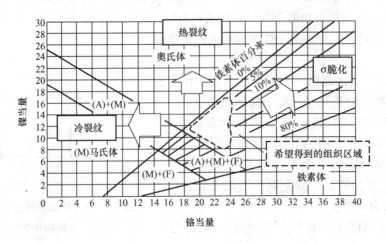

图 5-8　舍夫勒组织图

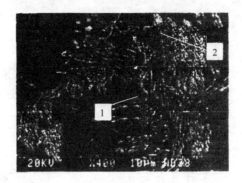

图 5-9 Fe₃Al 金属间化合物的 TIG 焊缝中的奥氏体

表 5-11 图 5-9 中 1、2 点的化学成分

位 置	能谱分析	质量分数（%）				
		Al	Cr	Mn	Fe	Ni
1	ED	1.55	20.61	1.48	62.82	13.23
2	ED	1.84	20.67	1.53	63.21	12.53
平均	ED	1.70	20.64	1.51	63.02	12.88
焊缝	ED	7.83	12.93	0.80	71.49	6.45

② Fe_3Al 金属间化合物的 TIG 不均匀混合区的组织。Fe_3Al 金属间化合物的 TIG 不均匀混合区的组织是以铁素体的柱状晶和等轴晶的混合组织为主，晶内存在大量细小的析出相，如图 5-10a 所示。在部分区域存在有 Fe_3Al 熔化的滞留条，Fe_3Al 熔化的滞留条之间是细小的奥氏体组织，见图 5-10b。

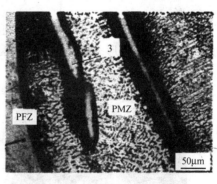

a)   b)

图 5-10 Fe_3Al 金属间化合物的 TIG 不均匀混合区的组织 [不完全混合区（PMZ）、部分熔化区（PFZ）]

Fe_3Al 的熔化温度范围比较窄，随着 Al 含量的增加，结晶温度范围扩大，容易形成树枝晶。Al 被氧化形成 Al_2O_3，Al_2O_3 熔点高，呈固态；Cr 提高了 Fe_3Al 的液相线温度。这些因素都增大了黏度，降低了流动性（见图 5-11，螺旋线越长流动性越好）。图 5-12 和表 5-12 给出了滞留条的化学成分，与图 5-11 对照，其流动性是很差的。

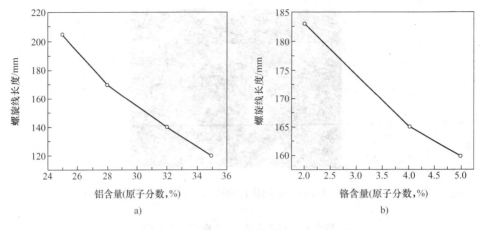

图 5-11　Fe₃Al 的流动性与合金元素含量的关系

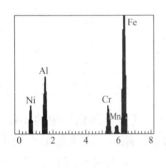

图 5-12　滞留条的化学成分

表 5-12　滞留条的化学成分

元素	含量	
	质量分数（%）	原子分数（%）
Al	10.42	19.36
Cr	7.21	6.96
Mn	0.58	0.53
Fe	75.52	67.80
Ni	6.27	5.35

③ Fe₃Al 金属间化合物的 TIG 熔合区的组织。图 5-13 所示为 Fe₃Al 金属间化合物的 TIG 熔合区的组织，铁素体的形态不规则，晶内有析出物。

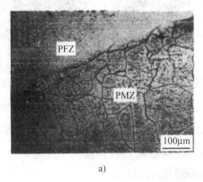
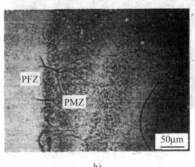

图 5-13　Fe₃Al 金属间化合物的 TIG 熔合区的组织
［不完全混合区（PMZ）、部分熔化区（PFZ）］

（3）Fe₃Al 金属间化合物的 TIG 焊接接头的显微硬度　图 5-14 所示为 Fe₃Al 金属间化合物的 TIG 焊接接头的显微硬度。

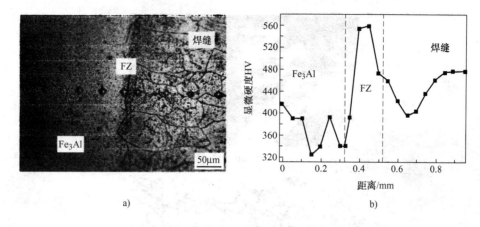

图5-14　Fe₃Al金属间化合物的TIG焊接接头的显微硬度

（4）接头的抗拉强度　接头的抗拉强度见表5-13。

表5-13　接头的抗拉强度

焊丝	母材	I/A	R_m/MPa	断裂区
FCM	Fe₃Al（Cr）	80～120	127	母材
		80～120	270	焊缝
FCM	Fe₃Al（CrNbC）	80～120	222	母材
		80～120	211	母材
Ni82	Fe₃Al（Cr）	80～120	170	HAZ
		80～120	61	母材
Ni2	Fe₃Al（Cr）	80～120	136	母材
		80～120	177	HAZ

3. Fe₃Al金属间化合物的真空电子束焊接

（1）焊接参数　采用如下电子束焊接参数：聚焦电流800～1200mA，焊接电流20～30mA，焊接速度0.5～2m/min，真空度1.33×10^{-2}Pa。

（2）焊缝成形　Fe₃Al（Cr）、Fe₃Al（CrNbC）和Fe-16Al（CrMoNbYC）三种材料的真空电子束焊都没有产生裂纹，焊缝窄，只有TIG焊的1/2（2mm），成形良好，无氧化皮，无皱褶，无夹杂，质量明显优于TIG焊。

（3）电子束焊接头组织　图5-15所示为Fe₃Al（CrNbC）和Fe-16Al（CrMoNbYC）的电子束焊接头组织。可以看到，组织细化，无裂纹。Fe₃Al（CrNbC）的电子束焊接头的抗拉强度为289MPa，弯曲强度为18MPa，而且均断在母材。

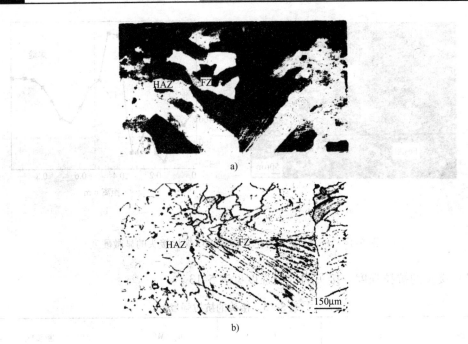

图 5-15　Fe_3Al（CrNbC）和 Fe-16Al（CrMoNbYC）电子束焊接头组织

5.3　Fe_3Al 金属间化合物与钢的焊接

5.3.1　Fe_3Al 金属间化合物与 Q235 钢的焊接

1. Fe_3Al 金属间化合物与 Q235 钢的 TIG 焊接

（1）Fe_3Al 金属间化合物与 Q235 钢的 TIG 焊接工艺　采用填充焊丝 Cr23-Ni13，直径为 2.5mm。表 5-14 给出了 Fe_3Al 金属间化合物与 Q235 钢的 TIG 焊接参数。这种焊接组合主要涉及 Fe、Al、Cr、Ni 四种元素的相互作用。表 5-15 给出了它们相互作用的特征。

表 5-14　Fe_3Al 金属间化合物与 Q235 钢的 TIG 焊接参数

焊接电流 I/A	焊接电压 U/V	焊接速度 $v/$（cm/s）	焊接热输入 $E/$（kJ/cm）$\eta = 0.7500$
95	11	0.1	7.83
		0.2	3.71
		0.3	2.48
110	12	0.15	6.6
		0.25	3.96
		0.35	2.83
130	13	0.25	5.07
		0.35	3.62
		0.40	3.16

表5-15 Fe、Al、Cr、Ni 四种元素的相互作用的特征

合金元素	熔点/℃	晶型转变温度/℃	晶格类型	原子半径/nm	形成固溶体		形成化合物
					无限	有限	
Fe	1536	910	α-Fe 体心立方 γ-Fe 面心立方	0.1241	α-Cr、 γ-Ni	Al、γ-Cr、 α-Ni	Cr、Ni、 Al
Al	660	—	面心立方	0.1431	—	Ni、Cr、Fe	Cr、Fe、Ni
Cr	1875	—	体心立方	0.1249	α-Fe	γ-Fe、Ni、 Al	Fe、Ni、 Al
Ni	1453	—	面心立方	0.1245	γ-Fe	Cr、Al、 α-Fe	Cr、Fe、 Al

（2）Fe_3Al 金属间化合物与 Q235 钢的 TIG 接头组织 众所周知，焊接接头可以分为完全混合区（即焊缝，HMZ）、不完全混合区（PMZ）、部分熔化区（PFZ）和热影响区（HAZ）。由于采用填充焊丝 Cr23-Ni13 进行 Fe_3Al 金属间化合物与 Q235 钢的 TIG 焊接时，其材料的性能相差很大，因此，其焊接接头的组织也非常复杂。

1）Fe_3Al 金属间化合物与 Q235 钢的 TIG 焊缝金属完全混合区（HMZ）的组织。图5-16 所示为采用填充焊丝 Cr23-Ni13 进行 Fe_3Al 金属间化合物与 Q235 钢的 TIG 焊接时焊缝金属

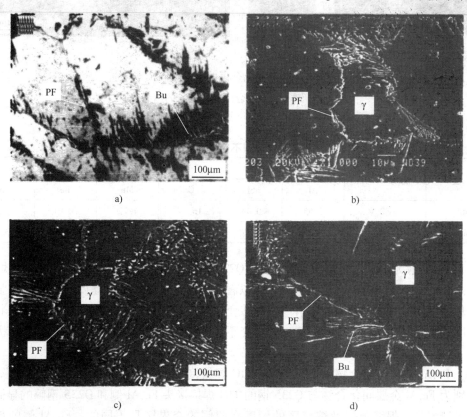

图5-16 采用 Cr23-Ni13 进行 Fe_3Al 金属间化合物与 Q235 钢的
TIG 焊接时焊缝金属（完全混合区）的组织

（完全混合区）的组织。可以看到，它是以 γ 奥氏体为基体，在奥氏体晶界有先共析铁素体（PF）析出，形成先共析铁素体网。上贝氏体（Bu）在 γ 奥氏体晶内形核，在晶内平行生长。

2）Fe_3Al 金属间化合物与 Q235 钢的 TIG 不完全混合区（PMZ）的组织。图 5-17 所示为 Fe_3Al 金属间化合物与 Q235 钢 TIG 接头近 Fe_3Al 侧不完全混合区（PMZ）的组织。可以看到，在不完全混合区（PMZ）出现了大量的胞状组织，这些胞状组织为富奥氏体带，比较细小，宽度约为 2μm。与完全混合区（HMZ）相比，其 Cr、Ni 含量明显下降，Al 含量明显上升（见表 5-16）。此区结晶时，首先析出一次 δ 铁素体，然后转变为奥氏体，最后部分转变为 α 铁素体，成为 γ+α 的混合组织。

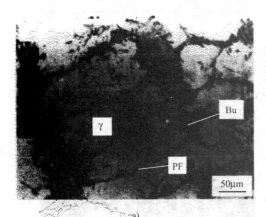
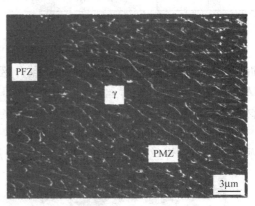

图 5-17　Fe_3Al 金属间化合物与 Q235 钢 TIG 接头近
Fe_3Al 侧不完全混合区（PMZ）的组织
a）柱状晶　b）胞状晶

表 5-16　完全混合区和不完全混合区的化学成分

位　置	能谱分析	质量分数（%）					
		Al	Si	Cr	Mn	Fe	Ni
HMZ	ED	1.65	0.43	16.77	1.22	70.01	9.92
PMZ	ED	3.66	0.77	13.00	1.57	75.23	3.77

图 5-18 所示为 Fe_3Al 金属间化合物与 Q235 钢 TIG 接头近 Fe_3Al 侧靠近部分熔化区（PFZ）、不完全混合区（PMZ）的组织。可以看到，在这个区域冷却速度对组织有明显的影响，冷却速度较慢时（见图 5-18a），γ→α 转变比较充分，γ 相相对较少，呈现蠕虫状；而冷却速度较快时（见图 5-18b），γ→α 转变不太充分，γ 相相对较多，呈现蠕虫状+板条状。

（3）Fe_3Al 金属间化合物与 Q235 钢的 TIG 焊接接头显微硬度分布　图 5-19 和图 5-20 所示分别为 Fe_3Al 金属间化合物与 Q235 钢的 TIG 焊接接头 Fe_3Al 侧和 Q235 钢侧的显微硬度分布。可以看到，焊缝金属及熔合区的硬度在两侧的交界区是不同的：Fe_3Al 侧的焊缝金属、Q235 钢侧焊缝金属的显微硬度低，而 Fe_3Al 侧的熔合区比 Q235 钢侧熔合区的显微硬度高。

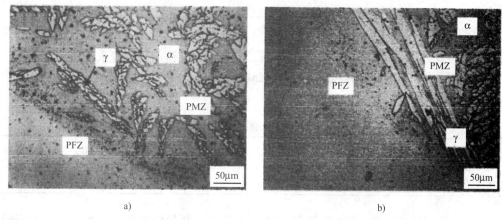

图 5-18 Fe₃Al 金属间化合物与 Q235 钢 TIG 接头近 Fe₃Al 侧靠近部分
熔化区（PFZ）、不完全混合区（PMZ）的组织
a）冷却速度较慢时 b）冷却速度较快时

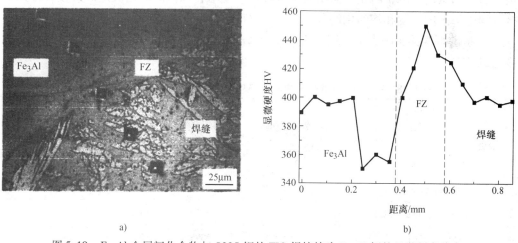

图 5-19 Fe₃Al 金属间化合物与 Q235 钢的 TIG 焊接接头 Fe₃Al 侧的显微硬度分布

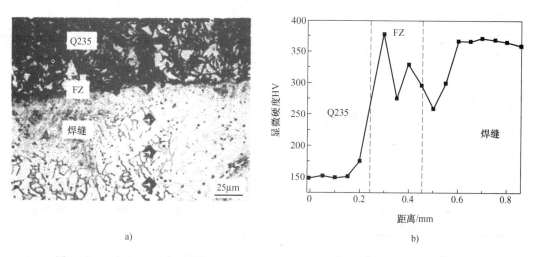

图 5-20 Fe₃Al 金属间化合物与 Q235 钢的 TIG 焊接接头 Q235 钢侧的显微硬度分布

2. Fe₃Al 金属间化合物与 Q235 钢的直接真空扩散焊

（1）焊前准备　将 Fe₃Al 金属间化合物与 Q235 钢表面加工平整，用砂纸打磨以去除表面的油污和氧化物，然后在丙酮中浸泡 30min，先用酒精擦洗、再用冷水冲洗后吹干。

（2）焊接工艺　将准备好的 Fe₃Al 金属间化合物与 Q235 钢焊件放入真空炉中进行扩散焊接，焊接参数见表 5-17。

表 5-17　Fe₃Al 金属间化合物与 Q235 钢扩散焊焊接参数

焊接温度/℃	保温时间/min	加热速度/（℃/min）	冷却速度/（℃/min）	焊接压力/MPa	真空度/Pa
1040 ~ 1060	45 ~ 60	15	30	15 ~ 17.2	1.0×10^{-4}

Fe₃Al 金属间化合物与 Q235 钢扩散焊的接头强度、断裂位置和断口形态主要取决于扩散焊过程中的焊接温度、保温时间和焊接压力。其中焊接温度尤为重要，因为它决定了元素的扩散活性；焊接压力的作用是使 Fe₃Al 金属间化合物与 Q235 钢接触表面发生塑性变形，促进材料间的紧密接触，防止界面出现空洞并控制变形；保温时间则决定焊接接头各元素在焊接过程中扩散的程度和均匀化的程度。

（3）扩散焊接接头的力学性能　Fe₃Al 金属间化合物与 Q235 钢扩散焊接头的室温剪切强度见表 5-18。

表 5-18　Fe₃Al 金属间化合物与 Q235 钢扩散焊接头的室温剪切强度

序号	工艺参数	截面积/mm²	剪切力/N	剪切强度/MPa	平均剪切强度/MPa
01	1000℃ ×60min，17.5MPa	9.98 × 8.02	3346	40.8	39.9
02	1000℃ ×60min，17.5MPa	9.97 × 7.99	3115	39.1	
03	1020℃ ×60min，17.5MPa	9.97 × 7.98	5370	67.5	67.5
04	1020℃ ×60min，17.5MPa	9.98 × 8.00	5395	67.6	
05	1040℃ ×60min，15.0MPa	9.95 × 7.96	5582	70.5	71.0
06	1040℃ ×60min，15.0MPa	9.98 × 8.02	5712	71.4	
07	1060℃ ×30min，15.0MPa	9.98 × 8.00	3377	42.3	43.4
08	1060℃ ×30min，15.0MPa	10.00 × 7.98	3551	44.5	
09	1060℃ ×45min，15.0MPa	9.97 × 7.96	5301	66.8	67.0
10	1060℃ ×45min，15.0MPa	9.96 × 7.98	5341	67.2	
11	1060℃ ×60min，12.0MPa	9.93 × 7.96	7762	98.2	95.8
12	1060℃ ×60min，12.0MPa	10.00 × 7.93	7406	93.4	
13	1080℃ ×60min，12.0MPa	9.95 × 7.98	6392	80.5	82.1
14	1080℃ ×60min，12.0MPa	10.02 × 7.96	6668	83.6	

图 5-21 所示为 Fe₃Al 金属间化合物与 Q235 钢真空扩散焊焊接接头显微硬度的测试结

果。Fe_3Al 金属间化合物真空扩散焊后的显微硬度为 490HV 与 Q235 钢 350HV。与表 5-19 给出的 Fe-Al 金属间化合物的显微硬度相比较，可以看出，在 Fe_3Al 金属间化合物与 Q235 钢真空扩散焊焊接接头反应层中没有明显的高硬度脆性相出现（如 $FeAl_2$、Fe_2Al_5、$FeAl_3$、Fe_2Al_7 等）。

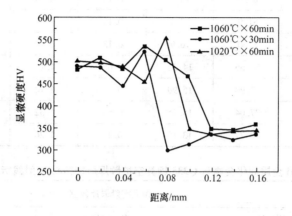

图 5-21　Fe_3Al 金属间化合物与 Q235 钢真空扩散焊
焊接接头显微硬度的测试结果

表 5-19　Fe-Al 金属间化合物的显微硬度和 Al 含量

化合物	铝含量（质量分数,%）		显微硬度 HV	化合物	铝含量（质量分数,%）		显微硬度 HV
	相图中数据	化学分析数据			相图中数据	化学分析数据	
Fe_3Al	13.87	14.04	350	Fe_2Al_5	54.71	54.92	820
FeAl	32.57	33.64	640	$FeAl_3$	59.18	59.40	990
$FeAl_2$	49.13	49.32	1030	Fe_2Al_7	62.93	63.32	1080

（4）扩散界面附近的显微组织　扫描电镜（SEM）分析表明，Fe_3Al 金属间化合物与 Q235 钢真空扩散焊焊接接头分为基体、扩散反应层和接近基体的反应层三部分。Fe_3Al 金属间化合物一侧的金相组织越过扩散反应层向低碳钢一侧连续的延伸，扩散界面呈镶嵌状互相交错。在扩散反应层靠近 Fe_3Al 一侧柱状晶粒较粗大，且金相组织大多为等轴晶；而在低碳钢一侧，由于 Al 元素的扩散过渡，使其铁素体晶粒也较粗大。因为 Al 元素还是铁素体形成元素，因此，在低碳钢一侧的反应层几乎都是铁素体；在靠近 Fe_3Al 一侧的反应层中有第二相析出，析出物的分布形态各异，大多沿晶界呈断续分布。Fe_3Al 金属间化合物与 Q235 钢真空扩散焊焊接接头电子探针分析的结果见表 5-20。呈现白色的第二相粒子中碳和铬的含量较高，Fe 和 Al 的含量较低，有可能形成铬的碳化物。这主要是由于 Fe_3Al 在焊接过程中冷却速度太快，溶质来不及充分扩散，结晶后使得碳和铬在晶内发生偏聚的缘故。表 5-21 为将 X 射线衍射分析的结果与粉末衍射标准委员会（JCPDS）公布的标准粉末衍射卡进行对比的结果。由此表可知，Fe_3Al 金属间化合物与 Q235 钢真空扩散焊焊接接头的显微组织主要是由 Fe_3Al 和 α-Fe（Al）组成，存在少量 FeAl 相，但是，不存在含 Al 更高的 Fe-Al 脆性相。这种显微组织有利于提高接头的韧性和抗裂纹的能力，保证焊接接头的质量。

表 5-20　Fe₃Al 金属间化合物与 Q235 钢真空扩散焊焊接接头电子探针分析的结果

位置	序号	Fe	Al	C	Cr	Mn	Si
Fe₃Al 基体	1	82.6	16.6	0.14	1.02	0.15	0.18
	2	82.7	16.3	0.13	0.99	0.15	0.22
	3	81.9	17.2	0.13	1.01	0.13	0.20
	4	82.0	16.9	0.13	0.94	0.18	0.20
第二相析出物	5	74.66	14.31	0.65	1.18	0.21	0.07
	6	77.90	15.90	0.61	1.18	0.23	0.10
	7	77.04	15.45	0.50	1.32	0.23	0.10
	8	78.77	13.10	0.22	1.26	0.20	0.06

表 5-21　Fe₃Al 金属间化合物与 Q235 钢真空扩散焊焊接接头 X 射线衍射分析的结果

测量数据	粉末衍射卡片数据								
	Fe₃Al			α-Fe（Al）			FeAl		
d/nm	d/nm	hkl	I/I_0	d/nm	hkl	I/I_0	d/nm	hkl	I/I_0
0.2881	—	—	—	—	—	—	0.2890	100	12
0.2063	0.2040	220	100	—	—	—	0.2040	110	100
0.2024	—	—	—	0.2027	110	100	—	—	—
0.1567	0.1670	220	10	—	—	—	—	—	—
0.1454	—	—	—	—	—	—	0.1450	200	8
0.1433	—	—	—	0.1433	200	20	—	—	—
0.1331	0.1330	331	10	—	—	—	—	—	—
0.1271	0.1290	420	10	—	—	—	—	—	—
0.1169	—	—	—	—	—	—	0.1180	211	20
0.1013	—	—	—	0.1013	220	10	0.1030	220	2

　　Fe₃Al 金属间化合物与 Q235 钢真空扩散焊焊接接头中主要存在的是 Fe、Al 的扩散，图 5-22 所示为 Fe₃Al 金属间化合物与 Q235 钢真空扩散焊焊接接头元素的浓度分布。从 Fe₃Al 金属间化合物基体经过 Fe₃Al 金属间化合物与 Q235 钢的反应层过渡到 Q235 钢，其 Fe 元素的质量分数从 73% 增加到 96%，而 Al 元素的质量分数则从 27% 降低到 1%。

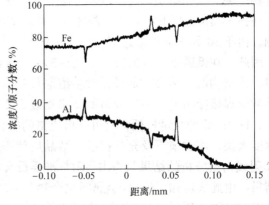

图 5-22　Fe₃Al 金属间化合物与 Q235 钢真空扩散焊焊接接头元素的浓度分布

5.3.2　Fe₃Al 金属间化合物与不锈钢的焊接

1. Fe₃Al 金属间化合物与 18-8 钢的 TIG 焊接

（1）采用填充焊丝 Cr23-Ni13

1）Fe₃Al 金属间化合物与 18-8 钢的 TIG 焊接工艺。不锈钢为 18-8 钢型，采用填充焊丝 Cr23-Ni13，直径为 2.5mm。表 5-22 给出了 Fe₃Al 金属间化合物与 18-8 钢的 TIG 焊接参数。这种焊接组合主要涉及 Fe、Al、Cr、Ni 四种元素的相互作用，表 5-15 给出了它们相互作用的特征。

表 5-22　Fe₃Al 金属间化合物与 18-8 钢的 TIG 焊接参数

焊接电流 I/A	焊接电压 U/V	焊接速度 $v/$（cm/s）	焊接热输入 $E/$（kJ/cm）$\eta = 0.75$
95	11	0.1	7.83
		0.2	3.71
		0.3	2.48
110	12	0.15	6.6
		0.25	3.96
		0.35	2.83
130	13	0.25	5.07
		0.35	3.62
		0.40	3.16

2）Fe₃Al 金属间化合物与 18-8 钢的 TIG 接头组织。由于采用填充焊丝 Cr23-Ni13 进行 Fe₃Al 金属间化合物与 18-8 钢的 TIG 焊接时，其材料的性能相差很大，因此，其焊接接头的组织也非常复杂。

① Fe₃Al 金属间化合物与 18-8 钢的 TIG 焊缝金属完全混合区（HMZ）的组织。图 5-23 及表 5-23 给出了采用填充焊丝 Cr23-Ni13 进行 Fe₃Al 金属间化合物与 18-8 钢的 TIG 焊接时焊缝金属（完全混合区）的化学成分。图 5-24 所示为采用填充焊丝 Cr23-Ni13 进行 Fe₃Al 金属间化合物与 18-8 钢的 TIG 焊接时焊缝金属（完全混合区）的组织。可以看到，它是以 γ 奥氏体为基体，在奥氏体晶界有先共析铁素体（PF）析出，形成先共析铁素体网。上贝氏体（Bu）在 γ 奥氏体晶内形核，在晶内平行生长。在 γ 奥氏体晶内还分布有少量针状铁素体（AF）和板条状马氏体（ML）。这种组织即具有一定的强度、塑性和

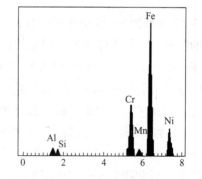

图 5-23　采用填充焊丝 Cr23-Ni13 进行 Fe₃Al 金属间化合物与 18-8 钢的 TIG 焊接时焊缝金属（完全混合区）的化学成分

韧性，又增强了抗裂纹能力。铝能够促进贝氏体相变，因此，这种焊缝中也有较多的贝氏体组织。

表 5-23　采用填充焊丝 Cr23-Ni13 进行 Fe₃Al 金属间化合物与 18-8 钢的
TIG 焊接时焊缝金属（完全混合区）的化学成分

元素	能谱分析	质量分数（%）	原子分数（%）
Al	ED	2.38	3.73
Si	ED	0.44	0.85
Cr	ED	18.04	18.64
Mn	ED	1.12	1.10
Fe	ED	69.38	66.76
Ni	ED	8.64	7.91

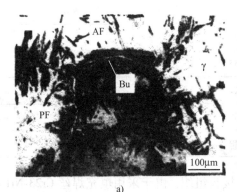 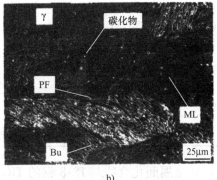

图 5-24　采用 Cr23-Ni13 进行 Fe₃Al 金属间化合物与 18-8 钢的 TIG 焊接时
焊缝金属（完全混合区）的组织
a）光镜照片　b）SEM 照片

图 5-25 所示为 Fe₃Al 金属间化合物与 18-8 钢的 TIG 焊接时焊缝中贝氏体的形态。由于铝元素的影响，下贝氏体中没有明显的碳化物析出（见图 5-25d）。

② Fe₃Al 金属间化合物与 18-8 钢的 TIG 焊不完全混合区（PMZ）的组织。图 5-26 所示为 Fe₃Al 金属间化合物与 18-8 钢 TIG 接头近 Fe₃Al 侧不完全混合区的组织。可以看到，在不完全混合区出现了大量的胞状树枝晶组织，以 γ 奥氏体和少量 δ 铁素体为主。靠近 PFZ 区的 PMZ 区的过冷度较大，结晶时，形核较多，因此 γ 奥氏体比较细小。由于此处铝含量较高，δ 相区的范围扩大，冷却时，不经过 L + δ + γ 三相区。随着冷却速度的增加，δ→γ 转变受到限制，因此残余 δ 铁素体明显增多（见图 5-26a）。

③ 部分熔化区。图 5-27 所示为 Fe₃Al 金属间化合物与 18-8 钢 TIG 接头靠近部分熔化区不完全混合区的组织。图 5-28 所示为 Fe₃Al 金属间化合物与 18-8 钢 TIG 接头靠近 Fe₃Al 侧熔合区的组织形貌。可以看到，它是由白亮带和灰暗的层状组织组成，与 Fe₃Al 的热影响区

有明显的界面，如图 5-28a 所示。白亮带是一层宽度约 $30\mu m$ 的 δ 铁素体相对较少的"富奥氏体带"，奥氏体板条平行排列，板条宽度约为 $5\mu m$，与部分熔化区呈现 50°～70°角。这个"富奥氏体带"具有改善接头性能的作用：一方面降低了脆性相的危害；另一方面可以降低氢的危害，降低冷裂纹的的产生。

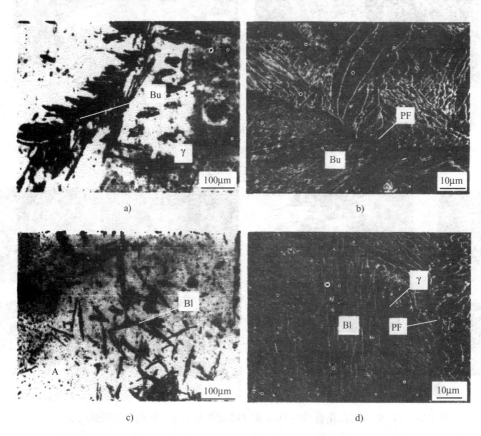

图 5-25　Fe_3Al 金属间化合物与 18-8 钢的 TIG 焊接时焊缝中贝氏体的形态

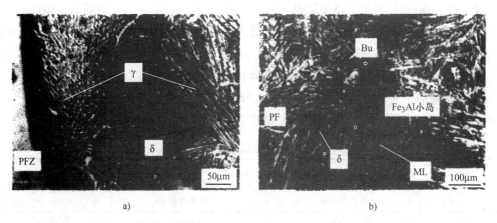

图 5-26　Fe_3Al 金属间化合物与 18-8 钢 TIG 接头近 Fe_3Al 侧不完全混合区的组织
a）γ＋残余 δ　b）ML＋Fe_3Al 小岛

图 5-27　Fe_3Al 金属间化合物与 18-8 钢 TIG 接头靠近部分熔化区、不完全混合区的组织

a）靠近 18-8 的不完全混合区　b）靠近 Fe_3Al 的不完全混合区

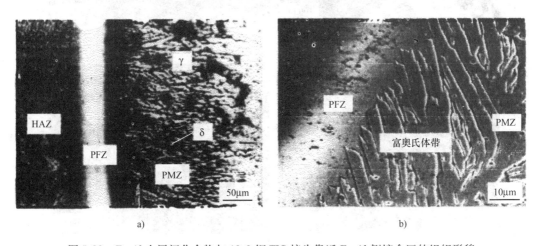

图 5-28　Fe_3Al 金属间化合物与 18-8 钢 TIG 接头靠近 Fe_3Al 侧熔合区的组织形貌

3）Fe_3Al 金属间化合物与 18-8 钢的 TIG 焊接接头显微硬度分布。图 5-29 和图 5-30 所示分别为 Fe_3Al 金属间化合物与 18-8 钢的 TIG 合金接头 Fe_3Al 侧与 18-8 钢侧的显微硬度分布。可以看到 Fe_3Al 侧的熔合区是接头最硬的区域，容易在此萌生裂纹。裂纹一旦形成容易向 Fe_3Al 金属间化合物的热影响区扩展，这是因为一方面 Fe_3Al 金属间化合物的热影响区晶粒粗大，另一方面不完全混合区和焊缝都是铁素体 + 奥氏体的组织，其塑性和韧性良好。因此，裂纹不容易向不完全混合区和焊缝扩展，Fe_3Al 侧的熔合区是接头最薄弱的区域。

表 5-24 给出了各种 Fe-Al 金属间化合物的显微硬度。

表 5-24　各种 Fe-Al 金属间化合物的显微硬度

化 合 物	Al 含量 [质量分数（%）]		显微硬度 HM
	根据状态图	化学分析	
Fe_3Al	13.87	13.04	370
FeAl	32.57	33.64	640

（续）

化 合 物	Al 含量［质量分数（%）］		显微硬度 HM
	根据状态图	化学分析	
FeAl$_2$	49.13	49.32	1030
Fe$_2$Al$_5$	53.71	53.92	820
FeAl$_3$	59.18	59.40	990
Fe$_2$Al$_7$	62.93	63.32	1080

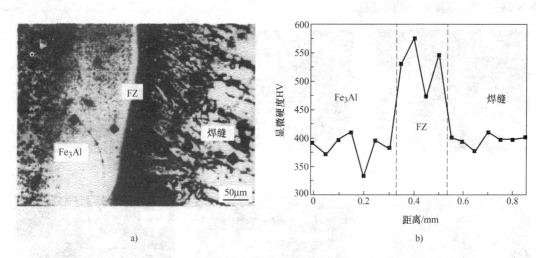

图 5-29　Fe$_3$Al 金属间化合物与 18-8 钢的 TIG 合金接头 Fe$_3$Al 侧的显微硬度分布

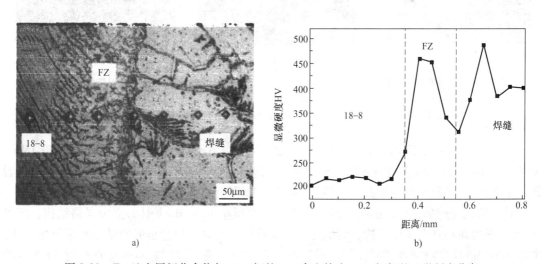

图 5-30　Fe$_3$Al 金属间化合物与 18-8 钢的 TIG 合金接头 18-8 钢侧的显微硬度分布

（2）采用其他不同成分的填充焊丝

1）焊接材料和焊接工艺。

① 焊接材料。其他不同成分的填充焊丝见表 5-25。

表 5-25　其他不同成分的填充焊丝

填充材料	化学成分（质量分数，%）									
	C	Si	Mn	S	P	Cu	Ni	Cr	Mo	V
9Cr-1Mo	0.07	0.17	1.03	0.005	0.003	0.18	0.69	8.99	0.89	0.17
A347	0.08	1.0	0.25 ~ 2.25	0.03	0.04	0.5	9.0 ~ 11.0	18 ~ 21	0.5	—
Inconel82	0.1	0.5	2.5 ~ 3.5	—	—	—	余	18 ~ 22	2.0 ~ 2.3	—

②焊接工艺。焊接电流为 80 ~ 110A，焊接速度为 10 ~ 15cm/min，氩气流量为 10L/min。

2）焊接接头组织。图 5-31 所示为采用其他不同成分的填充焊丝 Fe_3Al 金属间化合物与 18-8 钢的 TIG 焊接接头的组织。

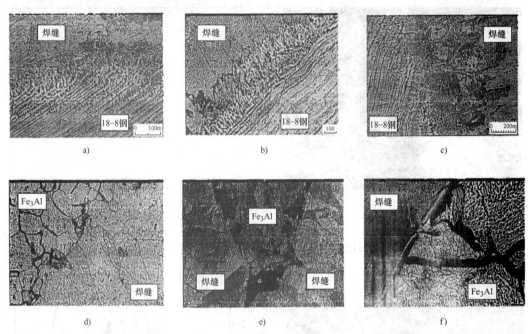

图 5-31　采用其他不同成分的填充焊丝 Fe_3Al 金属间化合物与 18-8 钢的 TIG 焊接接头的组织
a）9Cr-1Mo 填充材料 18-8 钢侧组织　b）A347 填充材料 18-8 钢侧组织　c）Inconel82 填充材料 18-8 钢侧组织
d）9Cr-1Mo 填充材料 Fe_3Al 侧组织　e）A347 填充材料 Fe_3Al 侧组织　f）Inconel82 填充材料 Fe_3Al 侧组织

①18-8 钢侧接头组织。图 5-31a、b、c 分别给出了采用不同成分的填充焊丝 9Cr-1Mo、A347、Inconel82 的 Fe_3Al 金属间化合物与 18-8 钢的 TIG 焊接接头 18-8 钢侧的组织。可以看到，由于焊缝金属与母材晶格上的匹配性不同，其焊缝结晶时的形态有所区别。

对于填充焊丝 9Cr-1Mo 的接头组织，由于填充焊丝 9Cr-1Mo 是体心立方晶格结构，而母材 18-8 钢为面心立方晶格结构，它们之间的晶格结构不同，焊缝金属的结晶行为就不一样。采用 9Cr-1Mo 作为填充材料时，结晶相是体心立方的 δ 铁素体，它不能够在母材 18-8 钢的奥氏体上直接成核，需要进行调整以后才能够形成铁素体晶核，在这个调整区域的原子排列比较紊乱，位错密度较大（见图 5-31a），硬度也较大。采用 A347 和 Inconel82 作为填充材料时，结晶相是面心立方的奥氏体，它能够在母材 18-8 钢的奥氏体上直接成核，成长为联生晶粒，如 5-31b、c 所示，这里的位错密度不太高，硬度也不会太高。

② Fe₃Al 侧接头组织。图 5-31d、e、f 分别给出了采用不同成分的填充焊丝 9Cr-1Mo 、A347、Inconel82 的 Fe₃Al 金属间化合物与 18-8 钢的 TIG 焊接接头 Fe₃Al 侧的组织。

由于在冷却过程中 Fe₃Al 金属间化合物会在临界转变温度 T_c（约为 550℃）以下发生 B2 向 DO₃ 的有序化转变，造成组织脆化。加上 Fe₃Al 金属间化合物的热导性较差，线胀系数较大，因此，热应力较大。再有就是氢气的影响。所以，在 Fe₃Al 金属间化合物的热影响区容易产生冷裂纹（见图 5-31d、e、f）。填充焊丝为 9Cr-1Mo 比 A347、Inconel82 的冷裂纹敏感性较小，这是因为前者的焊缝金属为铁素体，后者的焊缝金属为奥氏体，氢气在铁素体组织中容易逆出，因此，冷裂纹敏感性较小。

3）产生裂纹敏感性。表 5-26 给出了采用不同成分的填充焊丝 9Cr-1Mo 、A347、Inconel82 的 Fe₃Al 金属间化合物与 18-8 钢的 TIG 焊接接头的产生裂纹的敏感性。可以看到，还是采用填充焊丝 9Cr-1Mo 的裂纹敏感性小。

表 5-26　填充焊丝 9Cr-1Mo 、A347、Inconel82 的 Fe₃Al 金属间化合物
与 18-8 钢的 TIG 焊接接头的产生裂纹的敏感性

接头部位	9Cr-1Mo	A347	Inconel82
18-8 钢侧	○		○
Fe₃Al 侧	○	1、2	1
焊缝中心	○	1、2	1

注：1—热裂纹，2—冷裂纹，○—无裂纹。

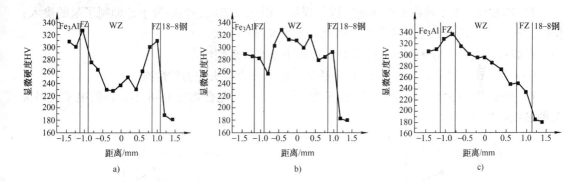

图 5-32　填充焊丝 9Cr-1Mo、A347、Inconel82 的 Fe₃Al 金属间化合物与
18-8 钢的 TIG 焊接接头的显微硬度分布
a）填充焊丝 9Cr-1Mo　b）填充焊丝 A347　c）填充焊丝 Inconel82

4）接头的力学性能。

① 接头硬度。图 5-32 所示为不同成分的填充焊丝 9Cr-1Mo 、A347、Inconel82 的 Fe₃Al 金属间化合物与 18-8 钢的 TIG 焊接接头的显微硬度分布。

② 接头室温拉伸性能。填充焊丝 9Cr-1Mo 、A347 的 Fe₃Al 金属间化合物与 18-8 钢的 TIG 焊接接头的抗拉强度分别为 259MPa 和 100MPa，都断在焊缝。

5）预热和缓冷的影响。Fe₃Al 金属间化合物的脆/韧转变温度在约 300℃，采取预热和缓冷的措施，可以有效地防止冷裂纹的产生。

2. Fe₃Al 金属间化合物与 18-8 不锈钢的电子束焊

（1）材料和焊接工艺　表 5-27 给出了 Fe₃Al 金属间化合物的化学成分和热物理性能。电子束焊接参数为：电压 60kV，电流 15～25mA，焊接速度 15mm/s，真空度 0.5Pa，不预热，不加填料。焊接接头没有发现焊接裂纹。

表 5-27　Fe₃Al 金属间化合物的化学成分和热物理性能

化学成分（质量分数，%）						
Fe	Al	Cr	Mo	Nb	Zr	B
75.7	28.0	5.0	0.5	0.5	0.1	0.2

热物理性能								
结构	有序临界温度/℃	杨氏模量/GPa	熔点/℃	热膨胀系数/（$10^{-6}K^{-1}$）	密度/（g/cm^{-3}）	抗拉强度/MPa	断后伸长率（%）	硬度 HRC
DO3	540	140	1540	11.5	6.72	450	19	≥29

（2）Fe₃Al 金属间化合物与 18-8 不锈钢的电子束焊的裂纹倾向

1）热裂纹。由于电子束焊焊缝金属结晶的特点，容易出现相互平行的柱状晶，在焊缝中心形成一个薄弱带，有利于热裂纹的形成；由于 Fe₃Al 金属间化合物与 18-8 不锈钢的线胀系数和导热系数不同，容易产生热应力；电子束焊接本身处于拘束状态中，会形成一定的拘束应力，因此，具有一定的产生热裂纹的敏感性。

2）冷裂纹。由于是在真空环境中进行焊接，因此，造成的污染较小，抑制了氢的渗入；同时，热能集中，变形小，应力小，因此，冷裂纹倾向不大。

在焊接速度控制在 15mm/s 以下时，焊接中没有发现裂纹。

（3）Fe₃Al 金属间化合物与 18-8 不锈钢的电子束焊接头的力学性能

1）接头显微硬度分布。图 5-33 所示为 Fe₃Al 金属间化合物与 18-8 不锈钢的电子束焊接头的显微硬度分布。

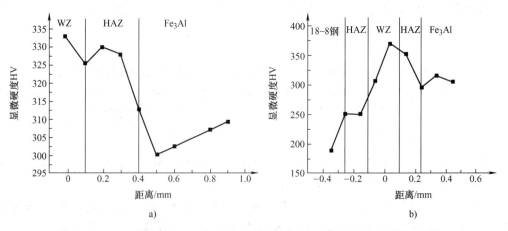

图 5-33　Fe₃Al 金属间化合物与 18-8 不锈钢的电子束焊接头的显微硬度分布
a）Fe₃Al 与 Fe₃Al　b）Fe₃Al 与 18-8 不锈钢

2）Fe₃Al 金属间化合物与 18-8 不锈钢的电子束焊接头的抗拉强度。Fe₃Al 金属间化合物与 18-8 不锈钢的电子束焊接头的抗拉强度为 325MPa，在焊缝中心被拉断。

3. Fe₃Al 金属间化合物与 18-8 不锈钢的扩散焊接

Fe₃Al 金属间化合物的抗氧化性与耐腐蚀性都优于 18-8 不锈钢，并且价格便宜。因此，Fe₃Al 金属间化合物与 18-8 不锈钢的焊接日渐广泛，且可以采用直接真空扩散焊接工艺。

（1）焊前准备　将 Fe₃Al 金属间化合物与 18-8 不锈钢表面加工平整，去除表面的油污和氧化物，然后在丙酮中浸泡 30min，用酒精擦洗、冷水冲洗后吹干。

（2）焊接工艺　将准备好的 Fe₃Al 金属间化合物与 18-8 不锈钢焊件放入真空炉中进行扩散焊接，焊接参数为：焊接温度 980～1060℃，保温时间 15～60min，焊接压力 12～15MPa。

（3）焊接接头力学性能　表 5-28 给出了 Fe₃Al 金属间化合物与 18-8 不锈钢真空扩散焊接接头不同焊接条件的断面结合情况和剪切强度。焊接接头的强度、断裂位置和断口形貌取决于其界面组织和应力分布。图 5-34 所示为 Fe₃Al 金属间化合物与 18-8 不锈钢真空扩散焊接接头的剪切强度与焊接温度之间的关系。可以看出，随着焊接温度的提高，接头的剪切强度存在一个由上升、经过相对稳定（1000～1040℃）、再到下降的过程。

表 5-28　Fe₃Al 金属间化合物与 18-8 不锈钢真空扩散焊接接头不同
焊接条件的断面结合情况和剪切强度

序号	焊接温度/℃	保温时间/min	压力/MPa	界面结合状况	剪切强度/MPa
01	980	60	17.5	未结合，未变形	150
02	1000	60	17.5	结合稍差，未变形	220
03	1020	60	17.5	结合良好，未变形	235
04		15	17.5	结合稍差，未变形	50
05	1040	30	17.5	结合良好，未变形	151
06		45	17.5	结合良好，未变形	180
07		60	17.5	结合良好，未变形	246
08		45	10.0	结合良好，未变形	175
09		45	12.0	结合良好，未变形	182
10	1060	45	15.0	结合良好，未变形	186
11		45	17.5	结合良好，轻微变形	190
12		60	17.5	结合良好，轻微变形	195

图 5-35 所示为 Fe₃Al 金属间化合物与 18-8 不锈钢真空扩散焊接接头的剪切强度（焊接温度 1040℃）与保温时间之间的关系。可以看出，在试验范围内，随着保温时间的增加，接头的剪切强度上升。但是，在焊接温度 1040℃、保温时间大于 60min 之后，接头的变形

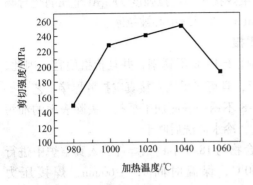

图 5-34　Fe_3Al 金属间化合物与 18-8 不锈钢
真空扩散焊接接头的剪切强度与
焊接温度之间的关系

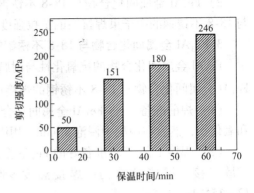

图 5-35　Fe_3Al 金属间化合物与 18-8 不锈钢
真空扩散焊接接头的剪切强度与
保温时间之间的关系

增大会导致整个焊接工件的变形，因此，保温时间不应超过 60min。

图 5-36 所示为 Fe_3Al 金属间化合物与 18-8 不锈钢真空扩散焊接接头的显微硬度分布，可以看出，在试验范围内，焊接温度越低，元素扩散越不充分，造成扩散反应层内元素集聚，浓度升高，显微硬度高于 Fe_3Al 金属间化合物的硬度，反应层中出现显微硬度的峰值。

（4）扩散界面附近的显微组织　在 Fe_3Al 金属间化合物与 18-8 不锈钢真空扩散焊接接头反应层靠近 Fe_3Al 一侧，Al 元素含量较高，这是由于 Fe_3Al 中 Al 的扩散，与 Fe 元素发生反应，能够形成不同类型的 Fe-Al 金属间化合物。从 X 射线衍射结果（见图 5-37）和其与标准粉末衍射卡比较（见表 5-29）中可以看出，随着加热温度从 1020℃ 提高到 1060℃，Fe_3Al 金属间化合物与 18-8 不锈钢真空扩散焊接接头反应层靠近 Fe_3Al 一侧形成的化合物也逐渐从 1020℃ 的 $FeAl_2 + Fe_2Al_5 \rightarrow 1040℃$ 的 $Fe_3Al + FeAl + Fe_2Al_5 \rightarrow 1060℃$ 的 $Fe_3Al + FeAl$。

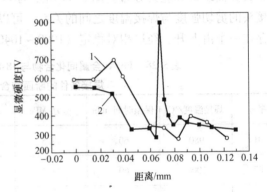

图 5-36　Fe_3Al 金属间化合物与 18-8 不锈钢真空
扩散焊接接头的显微硬度分布
1—1000℃ ×60min　2—1040℃ ×60min

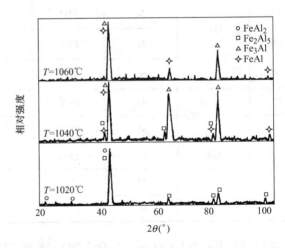

图 5-37　Fe_3Al 与 18-8 不锈钢真空扩散焊接反应层近
Fe_3Al 一侧形成的化合物 X 射线衍射结果

表5-29 Fe₃Al与18-8不锈钢真空扩散焊接接头反应层Fe₃Al一侧 X射线衍射结果与标准粉末衍射卡比较

测量数据	粉末衍射卡数据											
	FeAl₂			Fe₂Al₅			FeAl			Fe₃Al		
d/nm	d/nm	I/I_0	hkl	d/nm	I/I_0	hkl	d/nm	I/I_0	hkl	d/nm	I/I_0	hkl
0.3373	0.3320	10	—	—	—	—	—	—	—	—	—	—
0.2382	—	—	—	0.2360	10	310	—	—	—	—	—	—
0.2169	0.2176	15	—	—	—	—	—	—	—	—	—	—
0.2063	0.2066	100	—	—	—	—	—	—	—	—	—	—
0.2042	—	—	—	0.2050	100	130	0.2040	100	110	0.2040	100	220
0.1485	—	—	—	0.1480	16	240	—	—	—	—	—	—
0.1461	—	—	—	—	—	—	—	—	—	0.1450	80	400
0.1448	—	—	—	0.1420	2	402	0.1450	8	200	—	—	—
0.1184	—	—	—	—	—	—	—	—	—	0.1180	90	422
0.1179	—	—	—	—	—	—	0.1180	20	211	—	—	—
0.1032	—	—	—	0.1030	4	260	0.1030	2	220	—	—	—

　　焊接温度降低时，Al元素获得的能量降低，扩散能力差，只是集聚在Fe₃Al的边界区，还不能向18-8不锈钢内扩散。因此，在Fe₃Al一侧Al元素浓度较高，与Fe₃Al基体中的Fe元素化合形成FeAl₂和Fe₂Al₅新相。FeAl₂和Fe₂Al₅中由于Al的含量较高，脆性较大，显微硬度可达1000HV，并且这两种新相在加热过程中容易引起热空位，导致点缺陷，降低室温塑性和韧性，容易产生解理断裂。

　　18-8不锈钢中含有Ni、Cr和Ti等合金元素，在扩散焊接过程中这些元素就会向Fe₃Al金属间化合物与18-8不锈钢的接触界面扩散，与Fe₃Al金属间化合物中的Fe和Al等形成各种化合物。Fe₃Al金属间化合物与18-8不锈钢真空扩散焊接接头反应层靠近18-8不锈钢一侧不同加热温度下形成的化合物X射线衍射结果如图5-38所示，表5-30则给出了Fe₃Al金属间化合物与18-8不锈钢真空扩散焊接接头

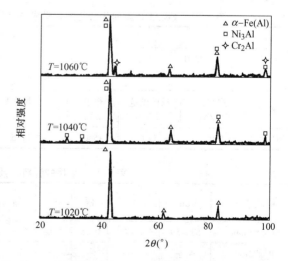

图5-38 Fe₃Al与18-8不锈钢真空扩散焊接接头反应层靠近18-8不锈钢一侧不同加热温度下形成的化合物X射线衍射结果

反应层靠近18-8不锈钢一侧不同加热温度下形成的化合物 X 射线衍射结果与标准粉末衍射卡比较。

表 5-30　Fe₃Al 与 18-8 不锈钢真空扩散焊接接头反应层靠近 18-8 不锈钢一侧
不同加热温度下形成的化合物 X 射线衍射结果与标准粉末衍射卡比较

测量数据	粉末衍射卡数据								
	α-Fe（Al）			Ni₃Al			Cr₂Al		
d/nm	d/nm	I/I_0	hkl	d/nm	I/I_0	hkl	d/nm	I/I_0	hkl
0.3223	—	—	—	0.3280	5	001	—	—	—
0.2712	—	—	—	0.2680	5	110	—	—	—
0.2042	0.2027	100	110	0.2070	100	111	0.2078	100	103
0.2009	—	—	—	—	—	—	0.1904	7	112
0.1438	0.1433	20	200	—	—	—	0.1440	5	006
0.1181	—	—	—	0.1130	25	311	—	—	—
0.1178	0.1170	30	211	—	—	—	—	—	—
0.1021	0.1013	10	220	0.1010	10	113	0.1039	5	206

焊接温度为1020℃时，Fe₃Al 金属间化合物与18-8不锈钢真空扩散焊接接头反应层形成的化合物主要是 α-Fe（Al）固溶体；而焊接温度为1040℃时，不仅有 α-Fe（Al）固溶体，还有 Fe₃Al 金属间化合物；当焊接温度为1060℃时，扩散层中出现了少量的 Cr₂Al 相，影响了 Fe₃Al 金属间化合物与18-8不锈钢真空扩散焊接接头的塑性。

4. Fe₃Al 金属间化合物与 18-8 不锈钢的钎焊

（1）材料　表5-31给出了 Fe₃Al 金属间化合物的化学成分、物理和力学性能，表5-32给出了采用的钎料。

表 5-31　Fe₃Al 金属间化合物的化学成分（质量分数,%）、物理和力学性能

Fe	Al	Cr	Mo	Nb	Zr	B
75.7	28.0	5.0	0.5	0.5	0.1	0.2

力学性能						
结构	有序临界温度/℃	杨氏模量/GPa	熔点/℃	热胀系数（$10^{-6}K^{-1}$）	抗拉强度/MPa	断后伸长率（%）	硬度 HRC
DO₃	540	140	1540	11.5	450	19	≥29

表 5-32　采用的钎料（质量分数,%）

钎料牌号	Cu	Mn	Fe	Zn	Ag	Cr	Si	B	Ni	熔点范围/℃
BCu58ZnMn	57~59	3.7~4.3	0.15	余量	—	—	—	—	—	880~909
BAg72Cu	余量	—	—	—	72	—	—	—	—	779~780
BNi-2	—	—	3	—	—	7	4.5	3.1	82.4	970~999
BAg50CuZn	34±1.0	—	—	余量	50	—	—	—	—	688~774
BCu48ZnNi	48±2.0	—	—	余量	—	—	0.04~0.25	—	10	921~935

　　QJ301 钎剂，其化学成分（质量分数）是硼酸 70%、硼砂 20%、磷酸铝 5%，活性温度为 850～1150℃。QJ102 钎剂，其化学成分（质量分数）是 KF35%、$KBF_4$40%、$B_2O_3$25%，活性温度为 650～850℃。

　　（2）钎焊工艺　采用两种钎焊方法：真空钎焊和火焰钎焊，钎焊工艺见表 5-33。真空钎焊时真空度为 10^{-4}Pa。

表 5-33　Fe_3Al 金属间化合物与 18-8 不锈钢的钎焊工艺

编号	接头材料	钎料	钎焊工艺	冷却条件
1		BCu58ZnMn	真空 940℃，保温 5min	炉冷
2		BAg72Cu	真空 810℃，保温 5min	炉冷
3	Fe_3Al/18-8	BNi-2	真空 1030℃，保温 5min	炉冷
4		BAg50CuZn	火焰钎焊	空冷
5		BCu48ZnNi	火焰钎焊	空冷

　　（3）钎焊接头力学性能　图 5-39 所示为 Fe_3Al 金属间化合物与 18-8 不锈钢钎焊接头的硬度分布曲线。表 5-34 给出了 Fe_3Al 金属间化合物与 18-8 不锈钢钎焊接头的剪切强度，试样都断在钎缝上。

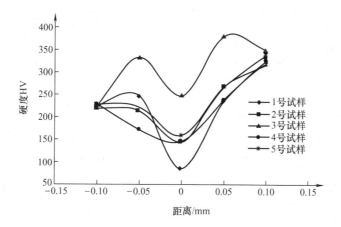

图 5-39　Fe_3Al 金属间化合物与 18-8 不锈钢钎焊接头的硬度分布曲线

表 5-34　Fe_3Al 金属间化合物与 18-8 不锈钢钎焊接头的剪切强度

试样	钎料	钎焊方法	剪切强度/MPa
	BCu58ZnMn	真空钎焊	133.9
Fe_3Al/18-8	BAg50CuZn	火焰钎焊	181.4
	BCu48ZnNi	火焰钎焊	149.7

5.3.3　Fe_3Al 金属间化合物与 T91 耐热钢的钎焊

1. 材料

　　采用表 5-31 给出的 Fe_3Al 金属间化合物和表 5-32 给出的钎料。表 5-35 给出了 T91 耐热钢的化学成分。

表 5-35 T91 耐热钢的化学成分

元素	C	Mn	Si	S	P	Cr	Mo	V
化学成分 （质量分数,%）	0.08~0.12	0.30~0.60	0.20~0.50	0.01	0.02	8.0~9.5	0.85~1.05	0.18~0.25

QJ301 钎剂，其化学成分（质量分数）是硼酸70%、硼砂20%、磷酸铝5%，活性温度为 850~1150℃。QJ102 钎剂，其化学成分（质量分数）是 KF35%、$KBF_4$40%、$B_2O_3$25%，活性温度为 650~850℃。

2. 钎焊工艺

采用两种钎焊方法：真空钎焊和火焰钎焊，钎焊工艺见表 5-36。真空钎焊时真空度为 10^{-4}Pa。

表 5-36 Fe_3Al 金属间化合物与 T91 钢的钎焊工艺

编 号	接头材料	钎 料	钎焊工艺	冷却条件
1		BCu58ZnMn	真空 940℃，保温 5min	炉冷
2		BAg72Cu	真空 810℃，保温 5min	炉冷
3	Fe_3Al/T91	BNi-2	真空 1030℃，保温 5min	炉冷
4		BAg50CuZn	火焰钎焊	空冷
5		BCu48ZnNi	火焰钎焊	空冷

3. 钎焊接头力学性能

图 5-40 所示为 Fe_3Al 金属间化合物与 T91 耐热钢钎焊接头的硬度分布曲线。表 5-37 给出了 Fe_3Al 金属间化合物与 T91 耐热钢钎焊接头的剪切强度，除了采用 Bag50CuZn 钎料的真空钎焊试样断在 Fe_3Al 金属间化合物之外，其他都断在钎缝上。

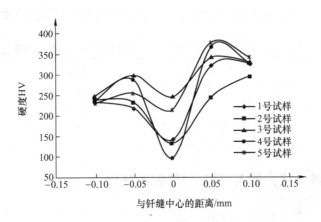

图 5-40 Fe_3Al 金属间化合物与 T91 耐热钢钎焊接头的硬度分布曲线

表 5-37　Fe₃Al 金属间化合物与 T91 耐热钢钎焊接头的剪切强度

试样	钎料	钎焊方法	剪切强度/MPa
Fe₃Al/T91	BCu58ZnMn	真空钎焊	128.5
	BAg50CuZn	火焰钎焊	>192.5
	BCu48ZnNi	火焰钎焊	136.1
	BNi-2	真空钎焊	196.2

5.4　Fe₃Al 金属间化合物的堆焊

Fe₃Al 金属间化合物的抗氧化性、耐腐蚀性可以与不锈钢相比美，在硫化物气氛中其耐腐蚀性甚至优于不锈钢，而且其比强度高，成本低（是不锈钢的 1/3），因此，有广泛的应用前景。

5.4.1　Fe₃Al 金属间化合物在耐热钢上的堆焊

1. 堆焊工艺

对清理过的 40mm×20mm×6mm 的 2.25Cr–1Mo 钢预热至 300℃，采用钨极氩弧焊在其上堆焊 Fe₃Al（质量分数为 84% Fe-16% Al），焊接电流为 75A，并进行 600℃×1h 的热处理。

2. 堆焊层的组织结构

通过扫描电镜分析，认为 Fe₃Al 堆焊层与 2.25Cr-1Mo 钢基体之间结合良好，形成的堆焊层熔合区宽度约为 300μm。堆焊层内为粗大的柱状组织，柱状组织内部分布着大量的针状物，经过电子探针分析，这些针状物含有大量的 Fe 和 Al。熔合区是接头最薄弱的环节，其宽度为 300μm。Fe₃Al 在 2.25Cr-1Mo 钢上堆焊接头熔合区的化学成分的能谱分析见表 5-38。

表 5-38　Fe₃Al 在 2.25Cr–1Mo 钢上堆焊接头熔合区的化学成分的能谱分析（质量分数,%）

位置	Al	Cr	Mo	位置	Al	Cr	Mo
1	1.07	2.18	1.29	5	3.31	1.85	0.94
2	1.22	2.42	1.21	堆焊金属	8.15	1.08	0.43
3	2.02	2.05	0.85	基体	—	2.43	1.19
4	3.04	2.01	0.97				

注：表中的前 5 个位置分别为从熔合线开始，每隔 100μm 取一个测定点。

在 Fe₃Al 堆焊层与 2.25Cr-1Mo 钢基体的边界附近，Cr、Mo、Al 的变化比较明显，堆焊层中的 Al 被明显稀释，堆焊层中的 Al 含量降低，其组织为单相 α-Fe（Al）固溶体。

5.4.2　Fe₃Al 金属间化合物在 2.25Cr-1Mo 钢上 TIG 堆焊

1. 焊丝

采用铁包铝焊丝，另外加铝丝以调节堆焊层化学成分。

2. 裂纹敏感性

（1）堆焊层的稀释率　焊缝金属的裂纹敏感性取决于焊缝金属的化学成分，而焊缝金属的化学成分取决于堆焊层的稀释率。图5-41所示为焊接线能量对 2.25Cr-1Mo 钢上 TIG 堆焊 Fe_3Al 金属间化合物堆焊层的稀释率的影响。

（2）堆焊层的裂纹敏感性　表5-39给出了堆焊层中铝含量对堆焊层的裂纹敏感性的影响。可以看到，堆焊层中铝（质量分数，%）在 11.53% ～ 29.03% 时裂纹敏感性很低。从图5-41中也能看到，与此相对应的焊接线能量为 4.9 ～ 9.5kJ/cm，焊接裂纹是热裂纹。

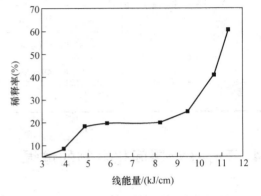

图 5-41　焊接线能量对 2.25Cr-1Mo 钢上 TIG 堆焊 Fe_3Al 金属间化合物堆焊层的稀释率的影响

表 5-39　堆焊层中铝含量对堆焊层的裂纹敏感性的影响

试样编号	1#	2#	3#	4#	5#	6#	7#	8#
填充金属中铝质量分数（%）	16.1	27.0	39.4	44.7	48.6	52.0	55.0	62.7
堆焊层中铝质量分数（%）	11.53	16.74	21.63	24.50	27.57	29.03	33.70	42.03
堆焊层开裂情况	未裂	微观裂纹	—	未裂	—	—	宏观裂纹	宏观裂纹

3. 焊缝金属的组织

图 5-42 所示为铝质量分数分别为 16.74%、21.63% 和 42.03% 的堆焊层焊缝金属的显微组织。从图5-42中可知，它们分别为 α-Fe（Al）、Fe_3Al 和 FeAl。焊缝金属中铝含量不同，组织也就有所不同，焊缝金属中铝质量分数为 11.53% ～ 16.74% 时，主要组织是 α-Fe（Al）；焊缝金属中铝质量分数为 21.63% ～ 33.70% 时，主要组织是 Fe_3Al；焊缝金属中铝质量分数为 42.03% 时，主要组织是 FeAl。

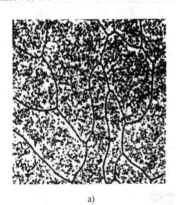 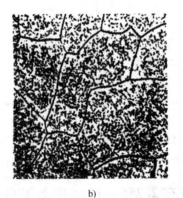 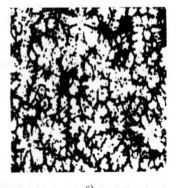

a)　　　　　　　　　　　b)　　　　　　　　　　　c)

图 5-42　铝质量分数分别为 16.74%、21.63% 和 42.03% 的堆焊层焊缝金属的显微组织
a) 16.74%　b) 21.63%　c) 42.03%

4. 堆焊层的力学性能

（1）堆焊接头的显微硬度 图 5-43 所示为焊接线能量为 4.9kJ/cm、堆焊层铝质量分数为 16.74% 时，铝在熔合区（其宽度约 80μm）的分布。图 5-44 所示为不同焊接线能量时堆焊层接头区的显微硬度分布，从图中可以看出，堆焊层的显微硬度分布还是比较均匀的，表现出随着堆焊层金属中铝含量的提高，显微硬度增大；而在熔合区的显微硬度分布也呈现出随着铝含量的提高，显微硬度增大的趋势。

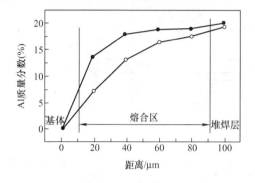

图 5-43 焊接线能量为 4.9kJ/cm、堆焊层铝质量　　　图 5-44 不同焊接线能量时堆焊层接头区
分数为 16.74% 时，铝在熔合区的分布　　　　　　　　的显微硬度分布

（2）堆焊层的弯曲性能 表 5-40 给出了不同焊接线能量的堆焊金属的弯曲性能试验的结果。与堆焊层组织相对应，铝含量较低时，其强度和塑性都较高。

表 5-40 不同焊接线能量的堆焊金属的弯曲性能试验的结果

试样编号	堆焊层 Al 质量分数（%）	弯曲角（°）	启裂载荷/kN	宏观断裂特征
1#	11.53	25.7	34.8	脆断
3#	21.63	11.7	16.0	脆断
4#	24.50	17.4	27.2	脆断
5#	27.57	—	24.0	脆断
6#	29.03	12.6	27.8	脆断

5.5 Nb_3Sn 金属间化合物的焊接

图 5-45 所示为 Nb-Sn 二元合金相图。

Nb_3Sn 金属间化合物是一种具有优良超导性能的材料，其临界磁场强度 H_c 和转变温度 T_c 较高，适用于软钎焊、固相焊接（冷压焊、超声波焊、扩散焊及拘束变形两向加压焊）和电阻点焊等。但是，由于 Nb_3Sn 金属间化合物的脆性较大，目前，用得较多的还是软钎焊。钎料采用 Pb-Bi-Zn-Ag 系材料，也可采用冷压焊。图 5-46 所示为多芯线的冷压焊焊接接头的断面照片，这种接头的电性能优良。扩散焊在 600～900℃ 的较高温度下进行。还可采用一种拘束变形两向加压的固相焊（见图 5-47），它是先将线材加工成任意角度后，装在拘束变形夹具中，在真空、惰性气体或大气中，加热到 500℃ 以下，从轴向和垂直方向加压进行焊接。这种方法的加热温度不高，不损伤材料的超导性，接头强度与母材相似。电阻点焊也是一种简便快捷的焊接方法，点焊次序如图 5-48 所示。

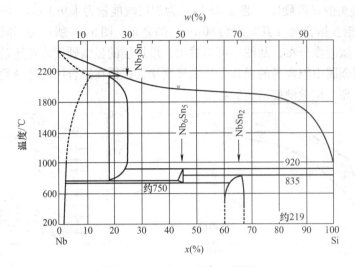

图 5-45　Nb-Sn 二元合金相图

注：Nb_3Sn：立方，Cr_3Si（Al5）型，可用于超导材料（$T_s \approx 18K$），在 T_s 附近转变成正方

Nb_6Sn_5：斜方。$NbSn_2$：斜方，$CuMg_2$（Cb）型。

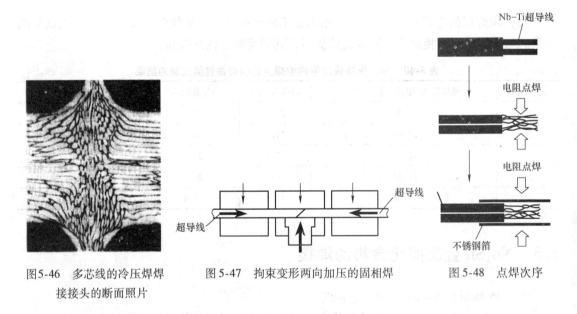

图 5-46　多芯线的冷压焊焊　　　图 5-47　拘束变形两向加压的固相焊　　　图 5-48　点焊次序
接接头的断面照片

参 考 文 献

[1] 山口正治，马越佑吉. 金属间化合物［M］. 丁树深，译. 北京：科学出版社，1991.

[2] 中国机械工程学会焊接学会. 焊接手册：材料的焊接［M］. 3 版. 北京：机械工业出版社，2008.

[3] 任家烈，吴爱萍. 先进材料的焊接［M］. 北京：机械工业出版社，2000.

[4] David S A, et al. Weldability and Microstructure of a Titanium Alminide［J］. Welding Journal，1990，69 (4)：133 – 140.

[5] Baeslack W A, et al. Weldability of a Titanium Alminide［J］. Welding Journal，1989，68（12）：483 – 498.

［6］ Patterso R A, et al. Titanium Alminide: Electron Beam Weldability ［J］. Welding JournAl, 1989, 69 (1): 39 - 44.

［7］ 中尾嘉邦，等. 金属间化合物 γ-TiAl 金属间化合物の扩散接合性と继手强度 ［J］. 溶接学会志, 1993, 11 (4): 538 - 544.

［8］ 刘伟平，等. 镍和铝粉末加压自蔓延高温合成焊接机理探讨, 第八次全国焊接会议论文集: 第 1 册 ［M］. 北京: 机械工业出版社, 1997: 337 - 339.

［9］ 刘伟平，等. 自蔓延高温合成（SHS）焊接 NiAl 合金, 第八次全国焊接会议论文集: 第 2 册 ［M］. 北京: 机械工业出版社, 1997: 607 - 609.

［10］ 李亚江，王娟，刘鹏. 异种难焊材料的焊接及应用 ［M］. 北京: 化学工业出版社, 2004.

［11］ 李志远，钱乙余，张九海，等. 先进连接方法 ［M］. 北京: 机械工业出版社, 2000.

［12］ 赵越，等. 钎焊技术及应用 ［M］. 北京: 化学工业出版社, 2004.

［13］ 中村孝，小林德夫，森本一. 抵抗溶接（溶接全书 8）［M］. （日本）东京: 产报出版, 1979.

［14］ 桥本达哉，冈本郁男. 固相溶接ろう付（溶接全书 9）［M］. （日本）东京: 产报出版, 1979.

［15］ 长崎诚三，平林真. 二元合金状态图集 ［M］. 刘安生，译. 北京: 冶金工业出版社, 2004.

［16］ 李亚江，王娟，尹衍升，等. Fe_3Al/Q235 异种材料扩散焊界面相结构分析 ［J］. 焊接学报, 2002 (4): 25 - 28.

［17］ 李亚江，王娟. Fe_3Al/Q235 异种材料真空扩散焊工艺研究 ［J］. 材料科学与工艺, 2002 (2): 46 - 48.

［18］ 丁成钢，陈春焕，尹衍生，等. Fe-Al 堆焊层的显微组织 ［J］. 焊接, 2000 (6): 16 - 17.

［19］ 史春元，蔡国明，白玉亭. 2.25Cr-1Mo 钢 TIG 堆焊 Fe_3Al 合金的研究 ［J］. 大连铁道学院学报, 2003 (3): 46 - 51.

［20］ 汪才良，朱定一，卢铃. 金属间化合物 Fe_3Al 的研究进展 ［J］. 材料导报, 2007 (3): 67 - 70.

［21］ 姚正军，薛峰. 钼和铬的添加对 Fe_3Al 基合金力学性能的影响 ［J］. 东南大学学报, 2000 (9): 73 - 76.

［22］ 孙扬善，郭军，张力宁，等. Ce 和 Cr 对 Fe_3Al 室温力学性能的影响 ［J］. 金属学报, 1991 (8): 255 - 260.

［23］ 高小玫，钱学荣. Cr 的 Fe_3Al 的韧化作用 ［J］. 金属学报, 1994 (7): 307 - 311.

［24］ 望斌，彭志方，周元贵，等. Fe_3Al 金属间化合物材料的强化机理及其高温性能研究现状 ［J］. 材料导报, 2007 (7): 63 - 66.

［25］ 高德春，杨王玥，黄晓旭，等. Fe-28Al-5Cr 与 Fe-28Al-5Cr-0.5Nb-0.1C 合金的超塑性变形能力及特征 ［J］. 金属学报, 2001 (3): 291 - 295.

［26］ 李亚江，马海军，普列科夫.U.A. Fe_3Al 与 18-8 钢钨极氩弧焊接头的裂纹及断裂分析 ［J］. 焊接学报, 2010 (7): 1 - 4.

［27］ 张伟伟，夏明生，徐道荣，等. Fe_2Al 基合金焊接问题的研究现状 ［J］. 焊接技术, 2004 (4): 6 - 8.

第6章 金属间化合物与陶瓷的焊接

6.1 Ti-Al 系金属间化合物与陶瓷的焊接

6.1.1 TiAl 与陶瓷的焊接

1. TiAl 金属间化合物与 SiC 陶瓷的焊接

（1）TiAl 金属间化合物与 SiC 陶瓷的真空钎焊 采用含有 Al_2O_3（质量分数）为 2% ~ 3% 的 SiC 陶瓷，TiAl 合金的化学成分（质量分数，%）为 51.2Ti-48.3Al-0.5Cr，采用的钎料（质量分数，%）为 68.32Ag-27.14Cu-4.54Ti。SiC 陶瓷与 TiAl 金属间化合物的性能参数见表 6-1。

表 6-1 SiC 陶瓷与 TiAl 金属间化合物的性能参数

材 料	纯度（质量分数,%）	密度 / (kg/m³)	熔点/℃	热膨胀系数 /10⁻⁶K⁻¹	抗拉强度 /MPa	弯曲强度 /MPa	显微硬度 /HV	弹性模量 /GPa
SiC	97 ~ 98	3130	2818	4.7	—	500	3000	420
TiAl	—	3833	1733	11.6	480	—	300	175

在真空炉中进行钎焊：真空度为 6.6×10^{-3} Pa，升温速度为 30℃/min，钎焊温度为 900℃，保温时为 10 ~ 40min，冷却速度为 20℃/min。

TiAl 金属间化合物与 SiC 陶瓷的真空钎焊接头的显微组织可以分为三个反应层，表 6-2 给出了各层的厚度及化学成分。靠近 SiC 的一层为 A 层；中间的一层为 B 层，它是钎料熔化之后又凝固的组织，可以分为 B_1 层和 B_2 层，B_1 层和 B_2 层的化学成分不同：B_1 层是靠近 SiC 陶瓷的一层，主要由 Ag 和 Cu 组成，是富 Ag 相；B_2 层是靠近 TiAl 金属间化合物的一层，主要由 Cu、Ti 和 Al 组成，是富 Cu 相。还可看到，在 10 ~ 40min 的保温时间内，B_1 层和 B_2 层的化学成分基本没有变化，只是发生了偏析，分别形成了以 Ag 固溶体和以 Cu 固溶体为主的显微组织。

表 6-2 接头各层厚度及化学成分（原子分数,%）

界面层	厚度/μm	Ag	Cu	Ti	Si	Al	Cr
A	0.4 ~ 2.9	6.69 ~ 2.71	27.28 ~ 25.63	32.57 ~ 51.71	29.31 ~ 13.72	4.15 ~ 5.95	0.00 ~ 0.28
B_1	—	83.32 ~ 83.08	13.85 ~ 15.09	0.78 ~ 0.00	2.23 ~ 1.82	0.86 ~ 0.00	0.00 ~ 0.00
B_2	—	0.86 ~ 0.99	64.35 ~ 62.58	24.40 ~ 23.92	1.03 ~ 1.42	9.36 ~ 10.80	0.00 ~ 0.29
C	8 ~ 15	0.00 ~ 0.35	17.57 ~ 26.03	51.54 ~ 43.61	2.39 ~ 1.03	28.06 ~ 28.59	0.43 ~ 0.39

钎焊工艺影响接头组织和应力分布，从而影响钎焊接头强度。图 6-1 所示为钎焊温度为 900℃时，保温时间对接头剪切强度影响的曲线。可以看出，在 10 ~ 40min 的时间内，随着

保温时间的增加，剪切强度逐渐降低。保温时间为 10min 时，剪切强度最高，达到 173MPa。
随着保温时间的增加，剪切强度逐渐降低，其断裂
位置也会发生变化。保温时间为 10min 时，断裂位
置在靠近 A/B 界面附近；保温时间为 40min 时，
断裂位置在 B/C 界面的 B 层内。这是由于保温时
间的不同，各层各元素含量不同，引起 C 层组织增
大所致。

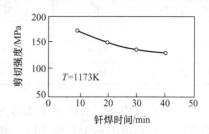

图 6-1　钎焊温度为 900℃时，保温时间
对接头剪切强度影响的曲线

（2）TiAl 金属间化合物与 SiC 陶瓷的扩散焊
TiAl 金属间化合物与 SiC 陶瓷都具有密度小、高温
力学性能好和抗氧化性能好的优点，在航空航天和
国防工业中有广泛的应用前景。

1）TiAl 金属间化合物与 SiC 陶瓷的扩散焊工艺。采用含有（质量分数）2%～3% Al_2O_3
的 SiC 陶瓷，TiAl 金属间化合物的化学成分（质量分数，%）为 Ti-43Al-1.7Cr-1.7Nb，是具
有 $\gamma + \alpha_2$ 的组织。在压力为 35MPa、焊接温度为 1300℃、保温时间为 6～480min、真空度为
6.6×10^{-3} Pa 的条件下进行 SiC 陶瓷/TiAl 金属间化合物/SiC 陶瓷的扩散焊。

2）接头强度。扩散焊条件直接影响介面的组织和应力状态，从而影响接头强度。
图 6-2 所示为在上述工艺条件下得到的扩散焊接头的剪切强度与保温时间之间的关系。可以
看到，在保温时间为 15min 时，接头的剪切强度达到 240MPa，随着保温时间的继续增加，
接头强度先是急剧降低之后缓慢下降，在 240min 时达到一个稳定值。

图 6-3 所示为在压力为 35MPa、焊接温度为 1300℃、保温时间为 240min、真空度为
6.6×10^{-3} Pa 的条件下得到的接头在不同温度下试验得到的剪切强度与温度之间的关系。
可以看到，在试验温度达到 700℃以后，接头强度并不随着温度的变化而发生明显的
变化。

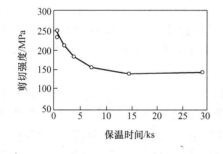

图 6-2　TiAl 金属间化合物与 SiC 陶瓷扩散焊
接头的剪切强度与保温时间之间的关系

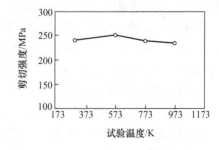

图 6-3　TiAl 金属间化合物与 SiC 陶瓷扩散焊
接头的剪切强度与试验温度之间的关系

3）接头组织。TiAl 金属间化合物与 SiC 陶瓷扩散焊接头的界面组织可以分为三层：靠
近 SiC 陶瓷的为 A 层；中间的一层为 B 层；靠近 TiAl 金属间化合物的一层为 C 层。TiAl 金
属间化合物与 SiC 陶瓷扩散焊接过程中共形成了三种新相：体心正方晶格的 $TiAl_2$、面心立
方晶格的 TiC 和六方晶格的 $Ti_5Si_3C_X$（X≤1）。TiAl 金属间化合物与 SiC 陶瓷的真空扩散焊
接接头各个反应层内的化学成分见表 6-3。

表 6-3　TiAl 金属间化合物与 SiC 陶瓷的真空扩散焊接接头各个反应层内的化学成分（质量分数,%）

反 应 层	Ti	Al	Si	C	Cr
A	44.3	10.2	5.3	40.1	0.1
B	54.2	4.4	28.8	12.3	0.3
C	33.5	62.4	0.8	2.1	1.2

　　由于反应层内各元素的化学成分差别较大，使得 TiAl 金属间化合物与 SiC 陶瓷的真空扩散焊接接头形成的结构有所不同，并且随着保温时间的延长，各扩散焊接接头中反应层厚度增加，在一定时间内能够达到稳定状态，使接头具有一定的强度，如图 6-2 中所示。

　　TiAl 金属间化合物与 SiC 陶瓷的真空扩散焊接接头的剪切强度表明，加热温度为 1300℃时，随着保温时间的增加，接头的剪切强度开始迅速较低，而后缓慢降低，在 4h 后趋于稳定。在保温 30min 时，接头强度达到 240MPa。对其剪切断口进行电子探针分析的结果见表 6-4。

表 6-4　TiAl 金属间化合物与 SiC 陶瓷的真空扩散焊接接头的剪切断口电子探针分析的结果（质量分数,%）

保温时间/h	Ti	Al	C	Si	断口表面析出相
	53.6	5.4	11.1	29.9	$Ti_5Si_3C_X$
	53.1	5.8	10.8	30.3	$Ti_5Si_3C_X$
0.5	46.2	47.8	5.6	0.4	TiAl
	54.1	6.2	10.2	29.5	$Ti_5Si_3C_X$
	43.1	8.2	44.2	4.5	TiAl
8.0	43.8	8.7	43.4	4.1	TiAl
	44.1	7.9	45.6	2.4	TiAl
	44.5	8.1	44.8	2.6	TiAl

　　TiAl 金属间化合物与 SiC 陶瓷的真空扩散焊接接头的剪切断口的断裂位置也随着保温时间的变化而发生变化。保温时间很短（30min），形成的 TiC 层很薄（0.58μm），接头的强度取决于 $TiC + Ti_5Si_3C_X$ 层，断裂发生在（$TiAl_2 + TiAl$）与（$TiAl + Ti_5Si_3C_X$）的界面上。

　　TiC 虽然是高强相，而且与 SiC 晶格具有良好的相容性，但是，当厚度较大且溶解了一定量的 Al 原子后，强度会降低，并且容易成为断裂区。试验结果表明，当保温时间为 8h 时，TiC 层增加到一定的厚度（2.75μm），并且溶解了较多的 Al 原子，接头的强度就取决于 TiC 层，因此，断裂就发生在这个 TiC 层内。TiAl 金属间化合物与 SiC 陶瓷的焊接接头常常工作在高温环境中，要求其具有一定的高温强度，而 TiAl 金属间化合物与 SiC 陶瓷的扩散焊接接头的高温剪切强度也受到温度的一些影响。焊接温度为 1300℃保温时间为 240min 时，图 6-3 给出了试验温度对 TiAl 金属间化合物与 SiC 陶瓷的扩散焊接接头的高温剪切强度的影响，可见在 700℃以上接头剪切强度变化不大。

　　4）TiAl 金属间化合物与 SiC 陶瓷的扩散焊接接头的界面反应。TiAl 金属间化合物与 SiC 陶瓷之间在扩散焊的温度之下，将发生 Ti、Si、C 之间的化学反应，1000℃的 Ti-Si-C 三元合金相图如图 6-4 所示。可以看到，可能形成的界面反应物有 TiSi、$TiSi_2$、Ti_5Si_3、$Ti_5Si_3C_X$、TiC 等。从 Ti-Si 二元合金相图中可以看到，Ti-Si 之间还可能形成 Ti_3Si、Ti_5Si_4，因为这两种化合物在有 C 的环境中不能稳定存在，在 Ti-Al-Si-C 四元相平衡系统中是个亚稳定相。它们之间可能发生的界面反应有：

$$2Ti + SiC \rightarrow TiSi + TiC \qquad (6-1)$$

$$3Ti + 2SiC \rightarrow TiSi_2 + 2TiC \qquad (6-2)$$

$$Ti + SiC \rightarrow Si + TiC \qquad (6-3)$$

$$8Ti + 3SiC \rightarrow Ti_5Si_3 + 3TiC \qquad (6-4)$$

$$Ti + C \rightarrow TiC \qquad (6-5)$$

$$Ti + Si \rightarrow TiSi \qquad (6-6)$$

$$Ti + 2Si \rightarrow TiSi_2 \qquad (6-7)$$

$$5Ti + 3Si \rightarrow Ti_5Si_3 \qquad (6-8)$$

$$SiC \rightarrow Si + C \qquad (6-9)$$

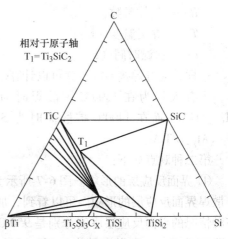

关于 TiAl 金属间化合物与 SiC 陶瓷的扩散焊接接头的显微组织的相组成尚有不同观点，但是，对于其界面反应生成相的研究结果却是一致的。

第一种观点如下：

图 6-4　1000℃的 Ti-Si-C 三元合金相图

图 6-5 所示为 TiAl 金属间化合物与 SiC 陶瓷的扩散焊接接头的显微组织，图 6-6 所示为 TiAl 金属间化合物与 SiC 陶瓷的扩散焊接接头的显微组织分布。

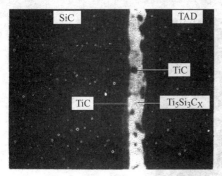

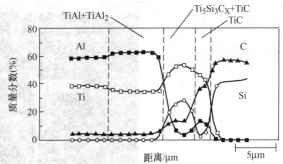

图 6-5　TiAl 金属间化合物与 SiC 陶瓷的
扩散焊接接头的显微组织

图 6-6　TiAl 金属间化合物与 SiC 陶瓷的
扩散焊接接头的显微组织分布

TiAl 金属间化合物与 SiC 陶瓷的扩散焊接接头的强度以及其断裂位置主要取决于显微组织。在 TiAl 金属间化合物与 SiC 陶瓷的扩散焊接接头靠近 TiAl 一侧的反应层 1 主要形成 $TiAl_2 + TiAl$，靠近 SiC 陶瓷一侧的反应层 3 形成单相的 TiC，而其中间的反应层 2 则形成 $TiAl + Ti_5Si_3C_X$ 的混合相。因此，在 TiAl 金属间化合物与 SiC 陶瓷的扩散焊接接头的显微组织从 TiAl 到 SiC 陶瓷依次为 $TiAl/(TiAl_2 + TiAl)/(TiAl + Ti_5Si_3C_X)/TiC/SiC$。各个反应层的厚度与焊接参数之间的关系为：

$TiAl_2 + TiAl$：

$$X^2 = 0.000218\exp(-310/RT)t \qquad (6-10)$$

$TiAl + Ti_5Si_3Cx$：

$$X^2 = 7.86\exp(-475/RT)t \qquad (6-11)$$

TiC：

$$X^2 = 0.151\exp(-444/RT)t \tag{6-12}$$

式中　X——反应层的厚度（mm）；

　　　R——气体常数；

　　　T——焊接温度（K）；

　　　t——保温时间（s）。

这样，通过焊接参数，就可以计算出各个反应层的厚度。

也有人认为在 1300℃ 扩散焊时为 $SiC/TiC/TiC + Ti_2AlC/(Ti_2AlC + Ti_5Si_3C_X)/Ti_{1+x}Al_{1-x}/TiAl$，而在 1400℃ 扩散焊时为 $SiC/TiC/TiC + Ti_2AlC/(Ti_2AlC + Ti_5Si_3C_X)/Ti_5Al_{11}/Ti_{1+x}Al_{1-x}/TiAl$。

第二种观点如下：

① 界面反应层的形貌。图 6-7 所示为不同扩散焊条件下 TiAl 金属间化合物与 SiC 陶瓷扩散焊界面反应层的形貌。可以看到，加热条件不同，其界面反应层的厚度是不同的，图中三种情况的界面反应层厚度分别是 950℃ ×20h 时为 3μm，1050℃ ×10h 时为 6μm，1100℃ ×5h 时为 7μm。加热条件为 950℃ ×20h 的界面反应层不仅比较薄，而且在靠近界面反应层的 TiAl 处存在一些空隙，这是由于在界面反应中各元素（Ti、Si、Al 和 C）的扩散速率不同而引起的。随着加热温度的提高，这种空隙消失，但是，却可能在靠近界面反应层的 TiAl 处形成平行于界面反应层的裂纹。

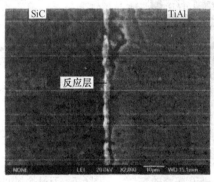

a)

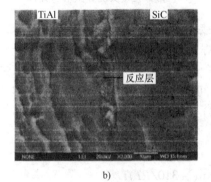

b)

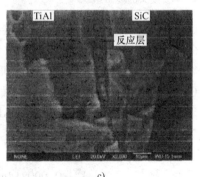

c)

图 6-7　不同扩散焊条件下 TiAl 金属间化合物与 SiC 陶瓷扩散焊界面反应层的形貌

a) 950℃ ×20h　b) 1050℃ ×10h　c) 1100℃ ×5h

②界面反应层的相组成。图6-8所示为1050℃×10h时，TiAl金属间化合物与SiC陶瓷扩散焊接头界面反应层的X射线衍射图，其相组成是：$TiC/TiAl_2/Ti_5Si_3C_X$。

③TiAl金属间化合物与SiC陶瓷扩散焊接头界面反应层的机制。TiAl金属间化合物与SiC陶瓷扩散焊接头界面反应层可以分为四个阶段：

第一阶段，由于Ti的活性较大，发生如下反应：

$$2TiAl \rightarrow Ti + TiAl_2 \qquad (6-13)$$

第二阶段，第一阶段形成的Ti扩散到SiC处，与SiC分解出来的C反应形成TiC，剩余的Ti又与SiC分解出来的Si和刚刚形成的TiC反应形成$Ti_5Si_3C_X$。即发生如下反应：

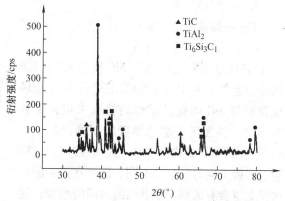

图6-8　TiAl金属间化合物与SiC陶瓷
扩散焊接头界面反应层的X射线衍射图

$$SiC \rightarrow Si + C \qquad (6-14)$$

$$Ti + C \rightarrow TiC \qquad (6-15)$$

$$Ti + Si + TiC \rightarrow Ti_5Si_3C_X \qquad (6-16)$$

式（6-15）和式（6-16）几乎是同时进行的，因此，形成了$TiC + Ti_5Si_3C_X$的混合物。

第三阶段，随着反应的进行，反应式（6-13）生成的$TiAl_2$在TiAl/反应界面不断增加，使得Ti向SiC的扩散受阻，在反应层/SiC界面上的Ti减少，不足以维持反应式（6-15）和式（6-16）同时进行，会优先进行式（6-15）的反应，于是在反应层/SiC界面上形成一个新的TiC层。

第四阶段，式（6-14）分解形成的Si向TiAl方向扩散，在$(Ti_5Si_3C_X + TiC)/TiC$的界面上与从TiAl母材分解的Ti及部分TiC发生反应形成$Ti_5Si_3C_X$。这里形成的$Ti_5Si_3C_X$与$(Ti_5Si_3C_X + TiC)/TiC$的界面上的TiC混合，又形成了$Ti_5Si_3C_X + TiC$，从而使得$Ti_5Si_3C_X + TiC$层加厚。以后的反应，只是反应层厚度的变化，不会再形成新的反应产物。

这四个阶段如图6-9所示。

④界面反应层厚度。图6-10所示为TiAl金属间化合物与SiC陶瓷扩散焊界面反应层厚度与焊接参数之间的关系。可以看到，在一定焊接温度之下，反应层厚度与保温时间的平方根成正比。其反应动力学方程为

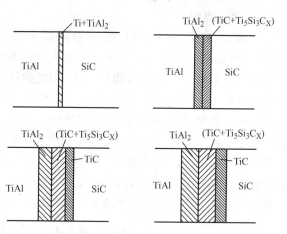

图6-9　TiAl金属间化合物与SiC陶瓷扩散
焊界面反应模型图

$$K = 8.47 \times 10^{-3} \exp(-322 \times 10^3 / RT) \qquad (6-17)$$

反应层厚度H为

$$H = Kt^{1/2} = 8.47 \times 10^{-3} \exp(-322 \times 10^3 / RT) t^{1/2} \qquad (6-18)$$

式中　H——反应层的厚度（mm）；

　　　R——气体常数；

　　　T——焊接温度（K）；

　　　t——保温时间（s）。

⑤ TiAl 金属间化合物与 SiC 陶瓷扩散焊接头的断裂途径。对于在 1300℃ 下进行 TiAl 金属间化合物与 SiC 陶瓷扩散焊的接头来说，保温时间不同，界面反应层总厚度就不同，各个反应层厚度也不同［见式(6-10) ~ 式(6-12)］。这样就会引起接头应力分布的不同，反映在接头的断裂途径上也会有区别。随着保温时间的增加，接头断口从靠近 TiAl 处逐渐向靠近 SiC 处移动。

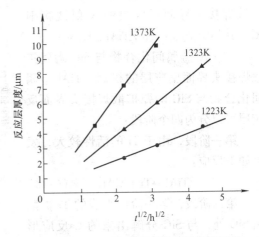

图 6-10　TiAl 金属间化合物与 SiC 陶瓷扩散焊界面反应层厚度与焊接参数之间的关系

2. TiAl 金属间化合物与 Si_3N_4 陶瓷的焊接

（1）TiAl 金属间化合物与 Si_3N_4 陶瓷的钎焊

1）材料。Si_3N_4 陶瓷是加入质量分数为 3% ~5% 的 Y_2O_3 作为烧结剂经过热压烧结而成的，其弯曲强度为 800 ~960MPa。TiAl 金属间化合物名义化学成分（原子分数，%）为 50Ti-47.5Al-2.5V，抗拉强度为 560 ~660MPa，断后伸长率为 2.5% ~4.0%。钎料化学成分（原子分数，%）为 72Ag-28Cu，厚度为 100μm。

2）钎焊工艺。在真空度为 $5 \times 10^{-3}Pa$、加热速度为 30℃/min 条件下加热到钎焊温度。冷却时，从钎焊温度以 5℃/min 的速度冷却到300℃，再在炉中冷却。

3）接头组织。

① 组织特点。图 6-11 所示为钎焊温度为920℃、保温时间为 10min 条件下采用 72Ag-28Cu钎料得到的 TiAl 金属间化合物与 Si_3N_4 陶瓷的钎焊组织的背散射电子图像。可以看到，钎料与 TiAl金属间化合物和 Si_3N_3 陶瓷都发生了反应，形成了多种反应产物，且可以分为三层。对接头 A~I 各点进行能谱分析的结果见表 6-5，表中同时还给出了可能形成的反应产物。可以看出，产物还是非常多样复杂的，这也说明接头发生了剧烈的反应。

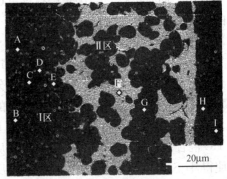

图 6-11　TiAl 金属间化合物与 Si_3N_4 陶瓷的钎焊组织的背散射电子图像

表 6-5　接头 A~I 各点进行能谱分析的结果

位　置	Ag	Cu	Ti	Al	Si	V	N	Y	可　能　相
A	0.56	—	43.13	49.93	0.66	5.23	—	—	TiAl
B	0.74	—	47.42	35.02	0.60	15.72	—	—	TiAl + V
C	1.85	5.36	50.34	33.11	0.83	8.51	—	—	$Ti_3Al + Ti$ (s, s)
D	1.81	30.92	29.96	30.98	0.31	3.99	—	—	AlCuTi

（续）

位置	Ag	Cu	Ti	Al	Si	V	N	Y	可 能 相
E	2.93	50.33	24.36	20.19	1.21	0.98	—	—	AlCu$_2$Ti
F	81.43	11.95	1.45	2.33	1.47	1.35	—	—	Ag（s，s）
G	1.85	47.31	23.09	23.87	2.20	0.82	—	0.87	AlCu$_2$Ti
H	2.45	23.78	36.58	9.83	6.56	2.54	13.63	0.94	TiN + Ti$_5$Si$_3$ + AlCu$_2$Ti
I	0.33	—	0.91	4.61	75.83	0.25	17.04	1.03	Si$_3$N$_4$

接头靠近 TiAl 金属间化合物的 I 区与靠近 Si$_3$N$_3$ 陶瓷的 III 区界面组织如图 6-12 所示，它们分别由 Ti$_3$Al + Ti 的固溶体、AlCuTi 及 AlCu$_2$Ti 和 TiN + Ti$_5$Si$_3$ + AlCu$_2$Ti 组成。钎缝为以白色的 Ag 的固溶体和其中分布着大量黑色的 AlCu$_2$Ti 所组成。这说明 TiAl 金属间化合物母材中的 Ti 和 Al 已经扩散到整个钎缝，而 Si$_3$N$_4$ 陶瓷中 Si 和 N 的扩散只是在 Si$_3$N$_4$ 陶瓷与钎料的界面附近，也可以说接头的形成主要是靠 TiAl 的扩散与钎料和 Si$_3$N$_3$ 陶瓷的作用而实现的。

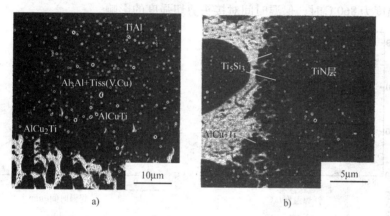

图 6-12　接头靠近 TiAl 金属间化合物的 I 区与靠近 Si$_3$N$_3$ 陶瓷的 III 区的界面组织

a）I 区　b）III 区

② 参数对接头组织的影响。

a. 钎焊温度的影响。在保温时间一定的情况下，随着钎焊温度的提高，母材与钎料的界面由平直逐渐变为锯齿形，反应层厚度增大。如 TiAl/72Ag-28Cu 界面反应，在保温时间 10min 的情况下，钎焊温度为 840 ~ 860℃时，其反应界面平直；钎焊温度为 880℃，界面开始出现锯齿形，界面反应层厚度为 15 ~ 18μm；钎焊温度为 900℃和 920℃时，界面层厚度分别达到 25μm 和 30μm。其中的反应产物 AlCu$_2$Ti 也随着钎焊温度的提高而长大。

b. 保温时间的影响。在钎焊温度不变的情况下，随着保温时间的延长，界面反应层厚度 X 增大，反应产物 AlCu$_2$Ti 也随着长大。

$$X = K_p t^{1/2} \tag{6-19}$$

$$X^2 = K_0 \exp(-Q/RT) t \tag{6-20}$$

$$\ln X = (-Q/RT) - \ln K \tag{6-21}$$

图 6-13 所示为 72Ag-28Cu /Si$_3$N$_4$ 界面反应层 TiN 厚度与保温时间和钎焊温度之间的

关系。

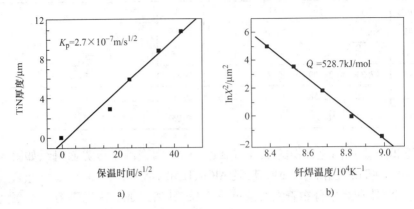

图 6-13　72Ag-28Cu/Si₃N₄ 界面反应层 TiN 厚度与保温时间和钎焊温度之间的关系

4）接头力学性能。图 6-14 所示为保温时间为 10min 时，钎焊温度对接头剪切强度的影响以及钎焊温度为 860℃时，保温时间对接头剪切强度的影响。

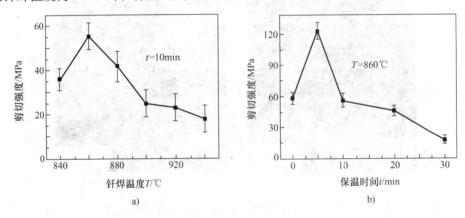

图 6-14　钎焊参数对接头剪切强度的影响

（2）TiAl 金属间化合物与 Si₃N₄ 陶瓷加中间层镍的扩散焊

1）材料。Si₃N₄ 陶瓷是加入质量分数为 3%~5% 的 Y₂O₃ 作为烧结剂经过热压烧结而成的，弯曲强度为 800~960MPa；TiAl 金属间化合物名义化学成分（原子分数，%）为 50Ti-43Al-9V-0.3Y，抗拉强度为 560~660MPa，断后伸长率为 0.5%~0.7%。图 6-15 所示为其显微组织和 X 射线衍射分析的结果。可以看到，TiAl 金属间化合物中除去 γ-TiAl 相之外，还有 α₂-Ti₃Al 相、β-B2 相和少量的 YAl₂ 相，中间层成分（原子分数，%）为纯度为 99.9%、厚度为 80μm 的镍。

2）焊接工艺。扩散焊温度为 900~1200℃，保温时间为 2h，焊接压力为 30MPa，真空度为 5×10⁻³Pa。先以 30℃/min 的加热速度加热到 850℃，保温 5min 之后，再以 10℃/min 的加热速度加热到焊接温度。冷却时先以 5℃/min 的速度冷却到 300℃，再随炉冷却到室温。

3）接头组织。图 6-16 所示为 TiAl/Ni/Si₃N₄ 接头组织的背散射电子图像和元素线扫描分析。图 6-17 所示为 TiAl/Ni/Si₃N₄ 接头 TiAl 侧和 Si₃N₃ 侧组织背散射电子图像。

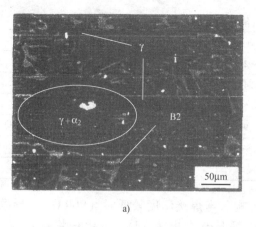

a)

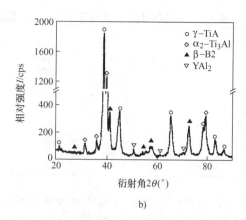

b)

图 6-15　TiAl 金属间化合物与 Si_3N_4 陶瓷加中间层 Ni 的扩散焊显微组织和 X 射线衍射分析的结果

a）扩散焊显微组织　b）X 射线衍线分析

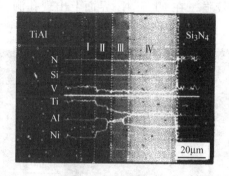

图 6-16　$TiAl/Ni/Si_3N_3$ 接头组织的背散射电子图像和元素线扫描分析

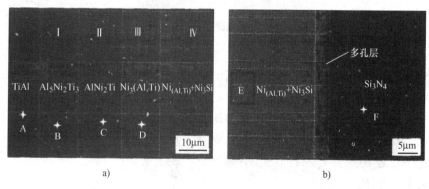

a)　　　　　　　　　　　　　　　b)

图 6-17　$TiAl/Ni/Si_3N_3$ 接头 TiAl 侧和 Si_3N_3 侧组织背散射电子图像

a）TiAl 侧　b）Si_3N_3 侧

　　从图 6-16 和图 6-17 中可以看到，接头区可以分为四个区。表 6-6 为对母材及图 6-17 中四个区 A～F 点进行能谱分析后各层的化学成分和可能的反应产物。在图 6-17 中也标出了这些可能的组织。从图 6-17b 中可以看到，在Ⅳ区与 Si_3N_4 侧之间有一个多孔区。这个多孔区的形成，是由于在这个区域，Ni 与 Si_3N_4 反应之后形成了 Ni_3Si 化合物和 Ni 的固溶体（Ⅳ区组织），而剩余的 N 在 Ni 中的溶解度很小，于是集聚在 Ni/Si_3N_4 界面上形成孔洞。接头组织形成 $TiAl/Al_5Ni_2Ti_3/AlNi_2Ti/Ni_3(Al, Ti)/Ni$ 固溶体 + Ni_3Si/Si_3N_4。

表 6-6　对母材及图 6-17 中四个区 A~F 点进行能谱分析后各层的化学成分和可能的反应产物

点	N	Si	V	Ti	Al	Ni	相
A	—	0.35	14.66	44.23	37.32	3.44	TiAl
B	—	0.62	2.18	30.43	47.70	19.06	$Al_5Ni_2Ti_3$
C	—	0.94	1.66	24.54	25.61	47.25	$AlNi_2Ti$
D	—	1.04	1.44	10.93	14.03	72.56	$Ni_3(Ti, Al)$
E	—	5.74	1.23	2.53	3.39	87.11	$Ni_{(s,s)} + Ni_3Si$
F	65.23	31.38	0.88	0.64	0.56	1.31	Si_3N_4

图 6-18 所示为焊接温度对接头组织的影响。当焊接温度较低时（900℃），导致元素扩散速度较慢，反应较弱，在 TiAl/Ni 界面上尚未出现 $AlNi_2Ti$ 化合物层；在 Ni/Si_3N_4 界面上尚未出现孔洞，如图 6-18a 所示。在焊接温度较高时（1200℃），导致元素扩散速度较慢快，反应较强，在 Ni/Si_3N_4 界面上出现孔洞，在冷却过程中产生裂纹，如图 6-18c 所示。

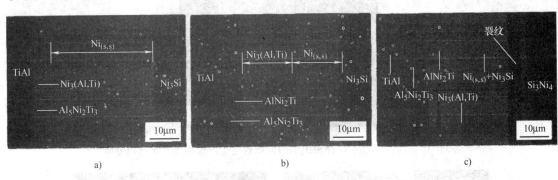

图 6-18　焊接温度对接头组织的影响

a) 900℃×2h　b) 1000℃×2h　c) 1200℃×2h

4）接头力学性能。图 6-19 所示为不同扩散焊焊接温度时接头的剪切强度。可以看到，最佳焊接参数是 1000℃×2h，这时的接头剪切强度为 104.2MPa，裂纹起源于 Ni/Si_3N_4 界面（因为这里存在着孔洞），之后向 Si_3N_4 侧扩展，最后断裂于 Si_3N_4 母材。

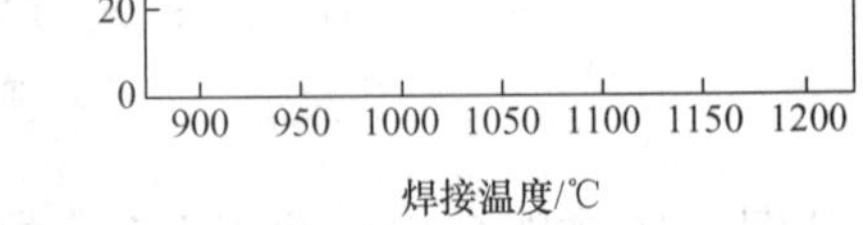

6.1.2　Ti_3Al 与陶瓷的焊接

1. Ti_3Al 与 SiC 陶瓷的焊接

（1）Ti_3Al 与 SiC 陶瓷的真空扩散焊接

1）Ti_3Al 与 SiC 陶瓷的真空扩散焊接工

图 6-19　不同扩散焊焊接温度时接头的剪切强度

艺。采用（质量分数）为 2%~3% Al_2O_3 的 SiC 烧结陶瓷与 TiAl 进行真空扩散焊，按照 SiC/TiAl/SiC 的顺序装配，扩散焊接参数为：焊接温度 1300℃，焊接压力 35MPa，保温时间 30~445min，真空度 $6.6×10^{-3}Pa$。

2）Ti₃Al 金属间化合物与 SiC 陶瓷扩散焊的界面反应。TiAl 金属间化合物与 SiC 陶瓷扩散焊的界面反应与 Ti₃Al 金属间化合物与 SiC 陶瓷扩散焊的界面反应相似，图 6-20 所示为 Ti₃Al/SiC 扩散焊界面反应模型图。可以分为四个阶段：

第一阶段：Ti₃Al 金属间化合物与 SiC 陶瓷扩散焊的界面反应与 TiAl 金属间化合物与 SiC 陶瓷扩散焊的界面反应基本相同，只是由于 Ti₃Al 比 TiAl 的 Ti 含量高得多，第一阶段的反应为：

$$Ti_3Al \rightarrow Ti + Ti_2Al \tag{6-22}$$

也就是说第一阶段形成的是 Ti₂Al 而不是 TiAl₂。

第二～四阶段与 TiAl 金属间化合物与 SiC 陶瓷扩散焊的界面反应基本相同，这里不再赘述。

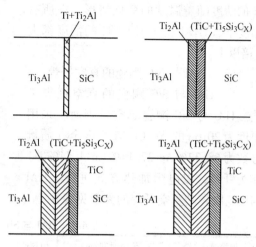

图 6-20　Ti₃Al/SiC 扩散焊界面反应模型图

图 6-21 所示为 Ti₃Al 金属间化合物与 SiC 陶瓷扩散焊的界面反应 X 射线衍射分析图。

3）Ti₃Al 金属间化合物与 SiC 陶瓷扩散焊的界面反应厚度。图 6-22 所示为 Ti₃Al/SiC 扩散焊界面反应层厚度与焊接参数之间的关系。可以看到，在一定焊接温度之下，反应层厚度与保温时间的平方根成正比。其反应动力学方程为

$$K = 1.87 \times 10^{-3} \exp(-259 \times 10^3 / RT) \tag{6-23}$$

反应层厚度 H 为

$$H = Kt^{1/2} = 1.87 \times 10^{-5} \exp(-259 \times 10^3 / RT) t^{1/2} \tag{6-24}$$

式中　H——反应层的厚度（mm）；

R——气体常数；

T——焊接温度（K）；

t——保温时间（s）。

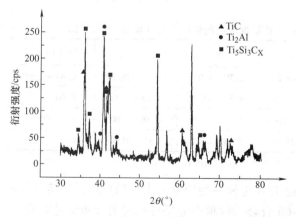

图 6-21　Ti₃Al 金属间化合物与 SiC 陶瓷扩散焊的界面反应 X 射线衍射分析图

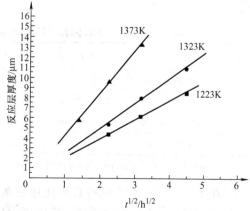

图 6-22　Ti₃Al/SiC 扩散焊界面反应层厚度与焊接参数之间的关系

4）Ti₃Al 和 TiAl 中 Ti 的活度。由于 Ti₃Al 和 TiAl 中 Ti 的活度不同，因此，反应速度也会不同。图 6-23 所示为 Ti₃Al 和 TiAl 中 Ti 的活度随着温度的变化情形。在所有温度下，Ti₃Al 比 TiAl 中 Ti 的活度都大 6 倍以上。

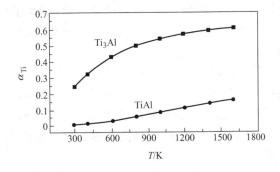

图 6-23　Ti₃Al 和 TiAl 中 Ti 的活度
随着温度的变化情形

（2）TiAl 与 SiC 陶瓷的真空钎焊

1）TiAl 与 SiC 陶瓷的真空钎焊工艺。TiAl 与 SiC 陶瓷真空钎焊时，采用厚度为 20μm 的 Ag-Cu-Ti 系合金（质量分数为 68.32% Ag-27.14% Cu-4.54% Ti）作为钎料，以电阻加热方式进行。TiAl 与 SiC 陶瓷的真空钎焊的参数见表 6-7。

表 6-7　TiAl 与 SiC 陶瓷的真空钎焊的参数

焊接温度/℃	保温时间/min	加热速度/(℃/min)	冷却速度/(℃/min)	真空度/Pa
900	10～30	30	20	6.6×10^{-3}

2）焊接头力学性能。图 6-24 所示为 TiAl 与 SiC 陶瓷钎焊焊接接头的剪切强度，可以看出，随着保温时间的增加，接头的剪切强度逐渐降低。TiAl 与 SiC 陶瓷钎焊焊接接头的剪切强度主要取决于所采用的钎料和钎焊温度。TiAl 与 SiC 陶瓷钎焊保温时间控制在 10min 时，焊接接头的剪切强度高达 173MPa。

3）TiAl 与 SiC 陶瓷的钎焊焊接接头的显微组织。TiAl 与 SiC 陶瓷的钎焊焊接接头的显微组织存在四个扩散反应层，每个扩散反应层的化学成分见表 6-8。

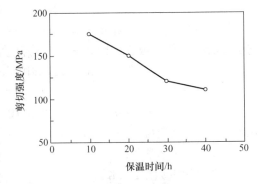

图 6-24　TiAl 与 SiC 陶瓷钎焊焊接
接头的剪切强度

表 6-8　TiAl 与 SiC 陶瓷的钎焊焊接接头扩散反应层的化学成分（质量分数,%）

反应层	Ag	Cu	Ti	Si	Al	Cr
1	0.00～0.35	17.57～26.03	51.54～43.61	2.39～1.03	28.06～28.59	0.43～0.39
2	6.69～2.71	27.28～25.63	32.57～51.71	29.31～13.72	4.15～5.95	0.00～0.28
3	83.32～83.08	13.85～15.09	0.78～0.00	2.23～1.82	0.86～0.00	0.00
4	0.86～0.99	64.35～62.58	24.40～23.92	1.03～1.42	9.36～10.80	0.00～0.29

注：表中数据按钎焊时间 10～30min 的顺序排列，碳元素的含量未计算在内。

在 TiAl 与 SiC 陶瓷的钎焊焊接接头靠近 TiAl 母材一侧的第一个扩散反应层，熔化钎料中的 Cu 不断向 TiAl 母材扩散，形成 Ti-Al-Cu 合金。这种合金是钎焊时由液相结晶而成的，并且，在保温时间从 10min 延长到 30min 时，其厚度也从 8μm 增加到 15μm。

在 TiAl 与 SiC 陶瓷的钎焊焊接接头靠近 SiC 陶瓷母材一侧的第二个扩散反应层，形成的是 Ti-Cu-Si 合金。但是，Ti-Cu-Si 合金的成分含量以及这一扩散反应层厚度都随着保温时间的变化而变化，在保温时间从 10min 延长到 30min 时，Ti 元素的含量（质量分数）由 32.57% 提高到 51.71%，Si 元素的含量（质量分数）由 29.31% 降低到 13.72%，其扩散层厚度也从 0.4μm 增加到 2.9μm。这个扩散层是由于 Ti 向 SiC 陶瓷母材扩散而形成的。

在 TiAl 与 SiC 陶瓷的钎焊焊接接头中的第三层和第四层则是由于 Ag-Cu-Ti 钎料熔化后发生偏析，而形成的富 Ag 相和富 Cu 性的结晶组织。

2. TiAl 金属间化合物与 Al₂O₃ 陶瓷材料的焊接

TiAl 可以用来作为中间层进行钛合金（比如 Ti-6Al-4V）与 Al₂O₃ 陶瓷的扩散焊。TiAl 中间层为加入了强化相 TiB₂ 和基体为 γ + α₂ 全片状组织的 Ti-48Al 复合材料。焊接参数组合（焊接温度 × 保温时间）为：1300℃ × 1h、1250℃ × 10h、1200℃ × 100h。焊接参数为 1200℃ × 100h 时，在 Ti-6Al-4V 与 Ti-48Al 界面上形成了 γ + α₂ 全片状组织区、富 Al 的 α 相区和 Ti-B 化合物区；焊接参数为 1250℃ × 10h 时，由于 Al₂O₃ 陶瓷中杂质的存在，在 Ti-48Al 与 Al₂O₃ 陶瓷界面上发生了瞬时的局部熔化现象，但是并没有形成明显特征的界面组织。但是，这种局部熔化现象在接头中形成的残余压力使界面处成为接头的薄弱区，使界面容易发生破坏。而采用热等静压法对 Ti-6Al-4V 合金与 TiAl 金属间化合物直接进行扩散焊接，经过力学性能测试表明，接头抗拉强度可达 Ti-6Al-4V 合金母材的 70%。界面的显微组织表明，靠近 Ti-6Al-4V 合金母材一侧是由细小的 α 板条状晶粒及残留的 β 相组成。

3. TiAl 金属间化合物与 TiB₂ 陶瓷材料的焊接

（1）TiAl 金属间化合物与 TiB₂ 陶瓷材料的自蔓延高温合成焊接

1）中间层的选择。采用 Ti、Al 和 B 粉末配制成三元合金作为中间层，它们既可以形成 Ti-Al 系合金与 TiAl 金属间化合物有良好的相容性，也能够形成 Ti-B 系合金从而与 TiB₂ 陶瓷材料相类似，这样，界面产生的残余应力较小，容易实现良好的连接。采用质量分数（%）为 36～46Ti-40～50Al-14B 作为中间层。当中间层中 Ti 含量太高（比如质量分数在 70% 以上）时，由于焊接热主要是由 Al-B 反应产生的热量来进行加热的，而 Ti 不参与反应，它只是一种稀释剂，因此，Ti 含量太高，反应难以持续进行，不能进行焊接。但是，Al 与 B 的比例也要合适，否则，焊接过程也难以持续。

2）界面组织。图 6-25 所示为中间层成分（原子分数，%）为 46Ti-40Al-14B 的 TiAl 金属间化合物与 TiB₂ 陶瓷材料的自蔓延高温合成焊接接头的照片。从中可以看到，接头可以分为三个区：在中间层与 TiAl 之间存在一个明显的反应层，这个反应层为灰黑色；在中间层与 TiB₂ 陶瓷材料的界面上出现了两层结构，靠近中间层侧为一条白亮层，在 TiB₂ 陶瓷材料侧有一条比较暗的反应层；中间层组织致密，中间层中存在一定量的白色和黑色的颗粒组织。

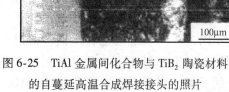

图 6-25　TiAl 金属间化合物与 TiB₂ 陶瓷材料的自蔓延高温合成焊接接头的照片

图 6-26 所示为中间层成分（原子分数，%）为 46Ti-40Al-14B 的 TiAl 金属间化合物与 TiB₂ 陶瓷材料的自蔓延高温合成焊接接头 TiAl 侧

的照片。从中可以看到，在中间层与 TiAl 之间的一个灰黑色反应层 A（箭头所指）处的宽度约有 25μm，经过元素面扫描和 X 射线衍射分析，认为这个反应层是 TiAl₃ 金属间化合物。

图 6-27 所示为中间层成分（原子分数,%）为 36Ti-50Al-14B 的 TiAl 金属间化合物与 TiB₂ 陶瓷材料的自蔓延高温合成焊接接头 TiAl 侧的背散射照片。可以明显看到上述的白亮区实际上是一种环状结构，经过分析发现，这种环状结构是由 Ti 和 Al 以不同比例所组成的，从内到外依次为 Ti₃Al（B 点）、TiAl（C 点）和 TiAl₃（D 点）。

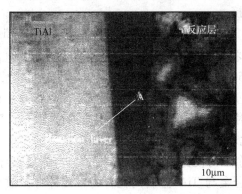

图 6-26　TiAl 金属间化合物与 TiB₂ 陶瓷材料的自蔓延高温合成焊接接头 TiAl 侧的照片

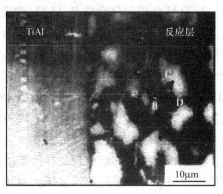

图 6-27　TiAl 金属间化合物与 TiB₂ 陶瓷材料的自蔓延高温合成焊接接头 TiAl 侧的背散射照片

3）中间层的影响。

① 中间层材料对焊接接头 TiAl 侧组织的影响。图 6-28 所示为中间层化学成分对焊接接头 TiAl 侧组织的影响。图 6-28a 中出现了两层结构，在靠近 TiAl 侧与反应层 TiAl₃ 之间出现了 TiAl₂ 层。接头组织取决于中间层的化学成分，中间层有 Al-B 和 Ti-B 两个反应，但是由于 Al-B 反应放热量大，因此 Al-B 反应对中间层有决定性的影响。如果 Al-B 反应量大，放热就多，元素活性就大，扩散距离就远，反应层就厚。显然中间层 60Ti-20Al-20B 比 48Ti-40Al-12B 的反应层厚，所以前者形成了两个反应层（TiAl₂ 层和 TiAl₃ 层），而后者就只有一个反应层，没有形成 TiAl₂ 层。另外，中间层化学成分不同，其环状组织也有不同。如果中间层发生 Ti + Al→TiAl₃ 反应之后没有剩余的元素，则不会出现环状结构，TiAl₃ 组织会长得很大；如果有剩余的 Ti，就能够形成环状结构。这个环状结构的层

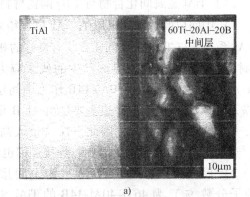

a)

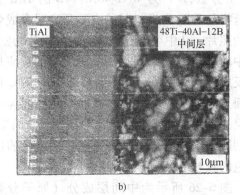

b)

图 6-28　中间层化学成分对焊接接头 TiAl 侧组织的影响
a）60Ti-20Al-20B）　b）48Ti-40Al-12B

数取决于剩余 Ti 的多少，如果剩余 Ti 较多，在环状结构中心可能会有 Ti。显然中间层 60Ti-20Al-20B 比 48Ti-40Al-12B 的剩余 Ti 多，所以前者的环状结构比后者明显。比较图 6-28a 和图 6-28b，就可以明显看到其中的不同。

② 中间层材料对焊接接头 TiB_2 陶瓷侧组织的影响。图 6-29 所示为中间层化学成分对焊接接头 TiB_2 陶瓷侧组织的影响，主要是在 TiB_2 陶瓷侧发生贫 Cu 的现象。中间层反应放热会导致 TiB_2 陶瓷中的 Cu 熔化，从而使得 TiB_2 陶瓷出现贫 Cu。中间层 60Ti-26Al-14B 与 66Ti-26Al-8B 相比，很显然，前者中间层的反应放热大，因此，它的贫 Cu 层厚度增大。

③ 复合中间层材料的影响。图 6-30 所示为复合中间层对 TiAl 金属间化合物与 TiB_2 陶瓷材料的自蔓延高温合成焊接接头组织的影响。由于 TiAl 金属间化合物与 TiB_2 陶瓷性能的差异很大，在界面上往往形成较大的残余应力，残余中间层材料是缓解残余应力的有效措施。而采用复合中间层，可以使得靠近 TiAl 金属间化合物侧的反应产物性能尽量与 TiAl 接近，靠近 TiB_2 陶瓷材料的反应产物尽量与 TiB_2 陶瓷材料接近，这将有利于缓解自蔓延高温合成焊接接头的残余应力，从而改善其接头性能。在这种情况下，又出现一个界面，即两个中间层之间的界面。但是这个界面很容易达成优良的结合。

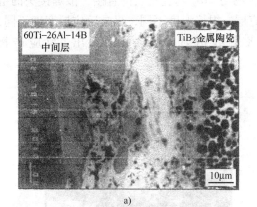

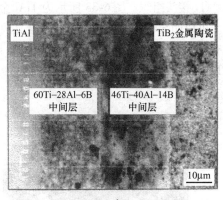

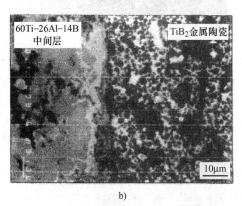

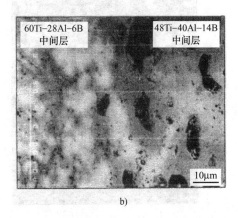

图 6-29　中间层化学成分对焊接
接头 TiB_2 陶瓷侧组织的影响

a) 60Ti-26Al-14B)　　b) 66Ti-26Al-8B

图 6-30　复合中间层对 TiAl 金属间化合物与 TiB_2
陶瓷材料的自蔓延高温合成焊接接头组织的影响

a) 66Ti-28Al-6B/46Ti-40Al-14B　　b) 局部放大

④ TiAl 金属间化合物与 TiB_2 陶瓷材料的自蔓延高温合成焊接接头的剪切强度。图 6-31

所示为 TiAl 金属间化合物与 TiB_2 陶瓷材料的自蔓延高温合成焊接接头的剪切强度。可以看到，焊接压力不同，中间层化学成分不同，其剪切强度也不同。

从图 6-31 中可以看到随着焊接压力的提高，接头剪切强度相应提高；中间层中 B 含量提高，接头剪切强度也相应提高。这是由于反应放热量增大，有利于反应的进行。而复合中间层的接头剪切强度高于单一中间层的接头剪切强度，则是由于其缓解了接头残余应力的结果。

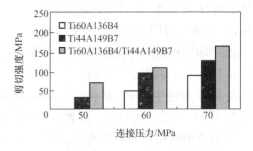

图 6-31　TiAl 金属间化合物与 TiB_2 陶瓷材料的自蔓延高温合成焊接接头的剪切强度

（2）TiAl 金属间化合物与 TiB_2 陶瓷材料的扩散焊

1）TiAl 金属间化合物与 TiB_2 陶瓷材料的直接扩散焊。图 6-32 所示为采用自蔓延高温合成制备的 TiB_2 陶瓷材料的组织。

① 接头组织。图 6-33 所示为 TiAl 金属间化合物与 TiB_2 陶瓷材料的直接扩散焊接头的组织。可以明显看到，在界面上存在着亮白色的反应层，焊接温度不同，只是反应层宽度不同，没有新相产生。图 6-34 所示为接头断口处 X 射线衍射分析，可以看出，反应产物是 Ti（Cu，Al）$_2$。

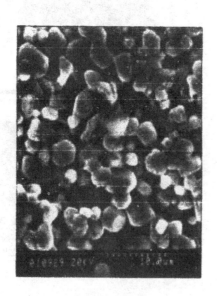

图 6-32　自蔓延高温合成制备的 TiB_2 陶瓷材料的组织

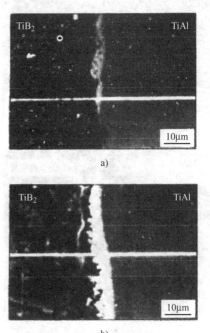

a)

b)

图 6-33　TiAl 金属间化合物与 TiB_2 陶瓷材料的直接扩散焊接头的组织
a）$T = 1173K$　b）$T = 1223K$

② 接头剪切强度。焊接压力为 80MPa、保温时间为 10h 时不同焊接温度下 TiAl 金属间

化合物与 TiB_2 陶瓷材料的直接扩散焊接头的剪切强度见表 6-9。

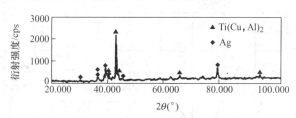

图 6-34 接头断口的 X 射线衍射分析

表 6-9 TiAl 金属间化合物与 TiB_2 陶瓷材料的直接扩散焊接头的剪切强度

焊接温度/℃	850	900	950	1000
接头剪切强度/MPa	42	59	103	80

2）TiAl 金属间化合物与 TiB_2 陶瓷材料加 Ni 中间层的扩散焊。为了缓解由于 TiAl 金属间化合物与 TiB_2 陶瓷材料的线胀系数不同而引起的残余应力，选择了单一的软金属镍作为中间层，进行加中间层的扩散焊。

① 接头组织。图 6-35 所示为焊接压力为 80MPa、保温时间为 10min 时不同焊接温度下的接头组织的背散射电子像。可以看到，接头连接良好，在 TiB_2/Ni 界面上反应层不是很明显，而在 TiAl/Ni 界面上的反应层存在三层结构，即靠近 Ni 的 A 层，靠近 TiAl 的 B 层和在 A、B 两层之间的 C 层。TiAl/Ni 界面上各反应层的化学成分见表 6-10。

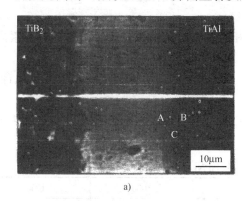 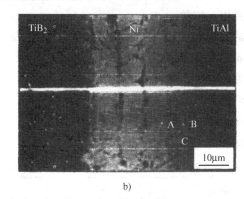

a)   b)

图 6-35 焊接压力为 80MPa、保温时间为 10min 时不同焊接温度下的接头组织的背散射电子像

表 6-10 TiAl/Ni 界面上各反应层的化学成分（质量分数，%）

层　　号	Ti	Al	Ni
A	13.32	16.33	70.35
B	38.57	36.67	24.76
C	26.56	23.43	51.01

② TiAl/Ni 界面上的反应。TiAl/Ni 界面上可能发生 Al-Ni 和 Ti-Ni 的反应。图 6-36 所示为 Ti-Ni 二元合金相图，可以看到，Ti-Ni 之间可以有共晶、金属间化合物和固溶体等多种组织。

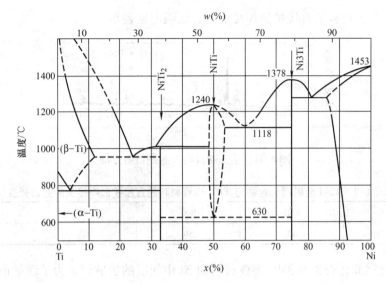

图 6-36　Ti-Ni 二元合金相图

注：NiTi₂：六方。NiTi：立方，CsCl（B2）型。在 630℃ 以下分解为 NiTi₂ 和 Ni₃Ti。急冷时，
　　由于马氏体转变（$Ms = -50 \sim 100℃$），变成斜方，AuCd（B19）型。是有名的形状记忆合
　　金（镍钛，Nitinol）。Ni₃Ti：六方，DO₂₄型的代表性化合物。

TiAl/Ni 界面上的反应可以分为四个阶段：

第一阶段，在压力的作用下，材料发生塑性变形而达到紧密接触，但是，尚未发生元素之间的相互扩散；

第二阶段，TiAl 发生分解，并且与 Ni 发生相互扩散，这时只是相互溶解，各元素之间的溶解还没有超过溶解度，没有形成化合物；

第三阶段，各元素已经超过相互溶解度，Ti、Al、Ni 之间发生反应形成 TiAlNi₂ 化合物；

第四阶段，反应层加厚。

③ 接头剪切强度。TiAl 金属间化合物与 TiB₂ 陶瓷材料加 Ni 中间层的扩散焊的接头强度见表 6-11。

表 6-11　TiAl 金属间化合物与 TiB₂ 陶瓷材料加 Ni 中间层的扩散焊的接头强度

焊接温度/℃	900	950	1000	1050
接头强度/MPa	69	89	110	85

6.2　Fe-Al 系金属间化合物与陶瓷材料的焊接

6.2.1　FeAl 金属间化合物与 SiC 陶瓷材料的扩散焊

（1）材料和焊接工艺　FeAl 金属间化合物和 SiC 陶瓷在氩气保护下，在 1150℃ × 10h × 8MPa 的条件下进行气体保护下的扩散焊。

（2）接头组织　图 6-37 所示为靠近 FeAl 和靠近 SiC 处界面反应层的 X 射线衍射图。可以看到，其界面反应组织与 Fe₃Al 金属间化合物和 SiC 陶瓷的扩散焊接头基本相同，只是由

于 FeAl 中 Fe 含量较低，提高了 Al 的扩散能力，因此，在靠近 SiC 处也形成了含 Al 的三元素化合物（见图 6-37b）。

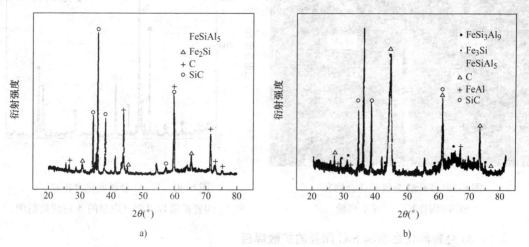

图 6-37 FeAl/SiC 扩散焊靠近 FeAl 和靠近 SiC 处界面反应层的 X 射线衍射图

a）靠近 FeAl b）靠近 SiC

6.2.2 Fe₃Al 金属间化合物和陶瓷的扩散焊接

1. Fe₃Al 金属间化合物和 Si₃N₄ 陶瓷的扩散焊接

（1）材料和焊接工艺 Fe₃Al 金属间化合物和 Si₃N₄ 陶瓷在氩气保护下，在 1150℃ × 10h × 8MPa 的条件下进行气体保护下的扩散焊。

（2）接头组织 在扩散焊接条件下，Fe₃Al 金属间化合物和 Si₃N₄ 陶瓷在界面将发生化学反应。其中 Al-Si 之间不能发生化学反应，Al 不能溶于 Si，Si 在 Al 中的溶解度只有（原子分数）0.2% ~ 0.5%。而 Fe-Si 之间不仅能够形成 Fe 基固溶体，还可以形成多种化合物（见图 6-38）。图 6-39 所示为扩散焊接头形貌，可以看出，形成了 2μm 厚的界面反应层。Fe₃Al 金属间化合物和 Si₃N₄ 陶瓷扩散焊界面反应层的 X 射线衍射图如图 6-40 所示。从图 6-40 可以看到，反应产物为 FeAl、AlFeSi 两种金属间化合物和 Al 及 Si 在 Fe 中的固溶体 Fe（Al, Si）。

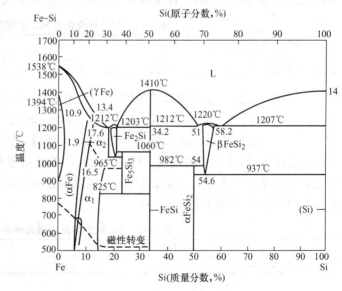

图 6-38 Fe-Si 二元相图

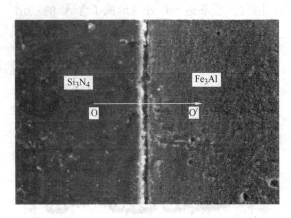

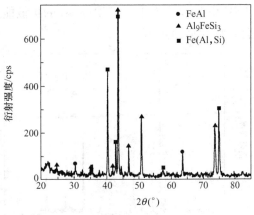

图 6-39　Fe_3Al 金属间化合物和　　　　　　　图 6-40　Fe_3Al 金属间化合物和

Si_3N_4 陶瓷扩散焊接头形貌　　　　　　　Si_3N_4 陶瓷扩散焊界面反应层的 X 射线衍射图

2. Fe_3Al 金属间化合物和 SiC 陶瓷的扩散焊接

（1）材料和焊接工艺　　Fe_3Al 金属间化合物和 SiC 陶瓷在氩气保护下，在 950～1100℃ ×3～20h ×8MPa 及加热速度 8℃/min 的条件下进行气体保护下的扩散焊。

（2）Fe_3Al 金属间化合物和 SiC 陶瓷的焊接性　　在高温条件下焊接 Fe_3Al 金属间化合物和 SiC 陶瓷诸元素在界面可能发生反应。其中 Al-Si 之间不能发生化学反应，Al 不能溶于 Si，Si 在 Al 中的溶解度只有（原子分数）0.2%～0.5%。而 Fe-Si 之间不仅能够形成 Fe 基固溶体，还可以形成多种化合物（见图 6-38）。因此，Fe_3Al 金属间化合物和 SiC 陶瓷之间应该是可以进行焊接的。但是由于 SiC 陶瓷的线胀系数较小（见表 6-12），与 Fe-Si 化合物的线胀系数相差较大，因此焊接残余应力较大，容易形成裂纹和降低接头强度。

表 6-12　相关化合物与 SiC 的线胀系数

物　质	Fe_3Al	Fe_3Al	Fe-9.6Si-5.4Al	SiC
线胀系数/$10^{-1}℃^{-1}$	12.5	12.5	13.0	4.8

（3）接头组织　　在扩散焊接条件下，Fe_3Al 金属间化合物和 SiC 陶瓷在界面将发生化学反应。表 6-13 给出了几种 Fe-Si 之间反应形成物的形成焓，说明它们的形成能力是不同的。从表 6-13 中可知，Fe_3Si 的形成焓最小，它优先形成。在 Fe_3Si 形成之后，各个元素的扩散取决于它在 Fe_3Si 中的扩散速度。Fe 在 Fe_3Si 中的扩散速度比 Si 高三个数量级，Al 在 Fe_3Si 中的扩散速度与 Si 相近。因此，只有 Fe 可以通过 Fe_3Si 向 SiC 扩散，导致 Fe_3Al 侧 Al 的富集，从而形成含 Al 更高的 $FeSi_3Al_9$。

表 6-13　Fe-Si 之间反应形成物的形成焓

化　合　物	Fe_3Si	Fe_5Si_3	Fe_3Si	$FeSi_2$
$\Delta H^0_{298}/$（kJ/mol）	-94.1	-51.7	-73.9	-36.5

（4）界面反应　　Fe_3Al 金属间化合物和 SiC 陶瓷之间的界面反应是很激烈的，随着焊接温度的提高和保温时间的延长，反应层厚度增加。在焊接参数为 1000℃ ×10h、1050℃ ×10h、1050℃ ×20h 的条件下，反应层厚度分别为 82μm、128μm、185μm。图 6-41 所示为 1050℃ ×10h 参数下反应层中与 SiC 相距 40μm 和 100μm 处 X 射线衍射分析的结果。可以看

到，反应的结果都有自由碳析出。

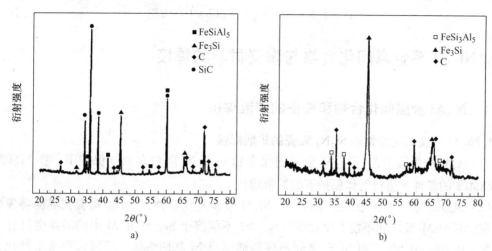

图 6-41　1050℃×10h 参数下反应层中与 SiC 相距 40μm 和 100μm 处 X 射线衍射分析的结果

a）相距 40μm　b）相距 100μm

（5）Fe₃Al 金属间化合物和 SiC 陶瓷之间的界面反应动力学　图 6-42 所示为 Fe₃Al 金属间化合物和 SiC 陶瓷之间的界面反应层厚度与焊接参数之间的关系。图 6-43 所示为 Fe₃Al 金属间化合物和 SiC 陶瓷之间的界面反应的反应速率常数与焊接温度之间的关系。

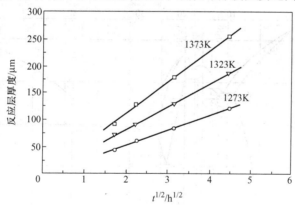

图 6-42　Fe₃Al 金属间化合物和 SiC 陶瓷之间的界面反应层厚度与焊接参数之间的关系

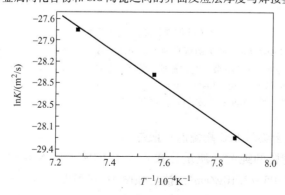

图 6-43　Fe₃Al 金属间化合物和 SiC 陶瓷之间的界面反应的反应速率常数与焊接温度之间的关系

反应层厚度为

$$X^2 = 1.6 \times 10^{-4} \exp(-217 \times 10^3 / RT) \tag{6-25}$$

6.3　Ni-Al 系金属间化合物与陶瓷材料的焊接

6.3.1　Ni₃Al 金属间化合物和陶瓷的扩散焊接

1. Ni₃Al 金属间化合物和 Si₃N₄ 陶瓷的扩散焊接

（1）材料和焊接工艺　Ni₃Al 金属间化合物和 Si₃N₄ 陶瓷在氩气保护下，在 1150℃ ×
10h × 8MPa 的条件下进行气体保护下的扩散焊。

（2）接头组织　在扩散焊接条件下，Ni₃Al 金属间化合物和 Si₃N₄ 陶瓷在界面将发生化
学反应。其中 Al-Si 之间不能发生化学反应，Al 不能溶于 Si，Si 在 Al 中的溶解度只有（原
子分数）0.2% ~ 0.5%。而 Ni-Si 之间不仅能够形成 Ni 基固溶体，还可以形成多种化合物
（见图 6-44）。图 6-45 所示为 Ni₃Al 金属间化合物和 Si₃N₄ 陶瓷进行直接扩散焊的接头形貌，
可以看出，形成了 2μm 厚度的界面反应层。Ni₃Al 金属间化合物和 Si₃N₄ 陶瓷扩散焊界面
反应层的 X 射线衍射图如图 6-46 所示。从图 6-46 中可以看到，反应产物为 Ni₃Al、
NiAl、Ni₃Si。

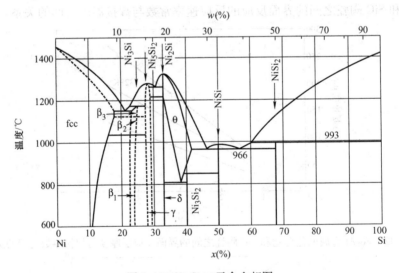

图 6-44　Ni-Si 二元合金相图

注：x （Si）= 20% ~ 40% 的区域复杂。Ni₃Si：β₁：立方，Cu₃Au（L1₂）型；
β₂：单斜，GePt₃ 型；β₃：不明。Ni₅Si₂（γ）：六方。Ni₂Si（δ）：斜方，
Co₂Si（C37）型。Ni₂Si（θ）：六方。Ni₃Si₂：斜方。NiSi：立方，FeSi
（B20）型。NiSi₂：立方，CaF₂（C1）型。

2. Ni₃Al 金属间化合物和 SiC 陶瓷的扩散焊接

（1）材料　SiC 陶瓷的纯度（质量分数）大于 98%，加入 B、C 作为添加剂，硬度为
91 ~ 93HRC，密度为 3.05 ~ 3.10g/cm³，抗弯强度为 400MPa。

Ni₃Al 金属间化合物按比例配料熔炼，然后进行 1000℃ 保温 10h 均匀化。

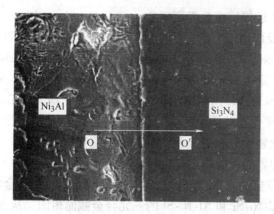

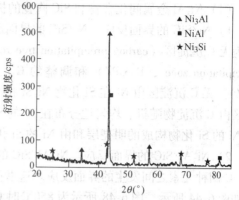

图 6-45　Ni₃Al 金属间化合物和　　　　　　图 6-46　Ni₃Al 金属间化合物和

Si₃N₄ 陶瓷进行直接扩散焊的接头形貌　　　Si₃N₄ 陶瓷扩散焊界面反应层的 X 射线衍射图

（2）扩散焊接参数　加热温度为 1000～1100℃，保温时间为 5～15h，压力为 8MPa，氩气保护。

（3）接头组织　图 6-47 所示为在不同扩散焊接参数条件下 Ni₃Al 金属间化合物和 SiC 陶瓷的扩散焊接接头。可以看到，在加热温度为 1000～1100℃、保温时间为 5～10h 的条件下，界面都发生了反应，形成了明显的两层组织，层次分明，晶线平直，界面反应良好，形成了 16～61.5μm 的反应层。但是，在加热温度为 1000℃、保温 5h 和 10h 的条件下，在 SiC 上产生了相当长的平行于界面的裂纹（见图 6-47a、b）。

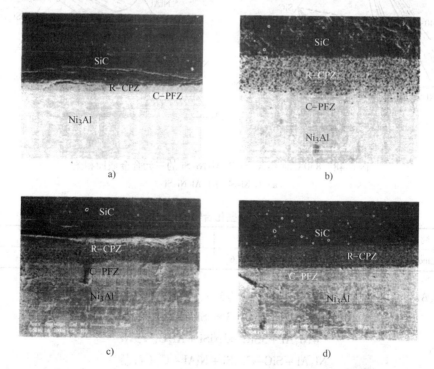

图 6-47　在不同扩散焊接参数条件下 Ni₃Al 金属间化合物和 SiC 陶瓷的扩散焊接接头

a）1000℃×5h　b）1000℃×10h　c）1050℃×10h　d）1100℃×5h

（4）Ni_3Al 金属间化合物和 SiC 陶瓷的扩散焊接接头界面反应

1）Ni/SiC 的界面反应。Ni/SiC 的界面反应由三个不同的部分组成：从 Ni 侧到 SiC 侧依次为无 C 沉淀区（carbon precipitation free zone，C-PFZ）、均匀的 C 沉淀区（random carbon precipitation zone，R-CPZ）和调整的 C 沉淀区（modulated carbon precipitation zone，M-PFZ）。无 C 沉淀区由 Ni 在 Si 化物 Ni_3Si 和 Si 在 Ni 中的固溶体 Ni（Si）组成，均匀的 C 沉淀区由 C 沉淀物随机、均匀地分布在 Ni 的 Si 化物基体中的均匀组织组成，调整的 C 沉淀区由 Ni 的 Si 化物构成的明亮层和由 Ni 的 Si 化物中分布着 C 沉淀物的暗层交替排列而成。

2）Ni_3Al/SiC 的界面反应。Ni_3Al/SiC 的界面反应应当是比较复杂的，它至少是 Ni、Al、Si、C 四种元素之间发生的界面反应。这里重要的是 Ni 与 Si 之间的反应，Ni-Si 二元合金相图如图 6-44 所示，图 6-48 所示为 850℃时 C-Ni-Si 和 Al-Ni-Si 的三元合金截面相图。从 Ni-Si 二元合金相图可以看到，Ni-Si 之间除了存在 Si 在 Ni 中的固溶体 Ni（Si）之外，还可以形成六种 Ni-Si 之间的化合物。从 C-Ni-Si 和 Al-Ni-Si 的三元合金截面相图可以看到，这些化合物的形成焓（见表 6-14）各不相同，在界面上将发生非常复杂的化学反应，形成非常复杂的组织。

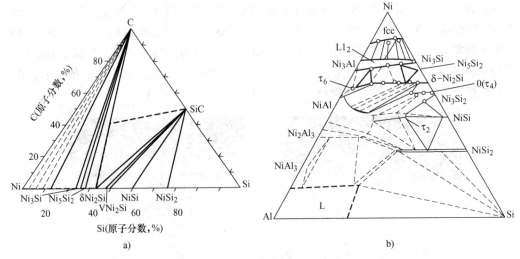

图 6-48　850℃时 C-Ni-Si 和 Al-Ni-Si 的三元合金截面相图

a）C-Ni-Si　b）Al-Ni-Si

表 6-14　一些化合物的形成焓

化　合　物	Ni_2Si	Ni_3Si	NiSi	$NiSi_2$	SiC	Ni_3Al	NiAl
$\Delta H_{298}^0/(kJ/mol)$	-142.7	-149.1	-89.6	-94.5	-71.4	-150.8	-118.5

在 Ni_3Al/SiC 界面上可能有如下的反应方式：

$$4Ni_3Al + 3SiC \rightarrow 3Ni_2Si + Al_4C_3 + 6Ni \tag{6-26}$$

$$4Ni_3Al + 3SiC \rightarrow 3NiSi + Al_4C_3 + 9Ni \tag{6-27}$$

$$Ni_3Al + SiC \rightarrow Ni_2Si + NiAl + C（石墨） \tag{6-28}$$

图 6-49 所示为 1000℃×5h 条件下 Ni_3Al 金属间化合物和 SiC 陶瓷的扩散焊接接头的 X 射线衍射图。可见接头界面反应形成了 Ni_2Si、$Ni_{5.4}AlSi_2$、SiC 和沉淀 C。从图 6-47 中可以

看到存在两个界面反应层 R-CPZ（碳沉淀区）和 C-PFZ（无碳沉淀区）。

3）Ni_3Al/SiC 的界面反应过程。从前面的分析来看，Ni_3Al/SiC 的界面反应生成的接头反应区自 Ni_3Al 侧依次为 $NiAl + Ni_{5.4}AlSi_2/Ni_2Si/Ni_{5.4}AlSi_2 + C/SiC$。其界面反应经历了三个阶段：

第一阶段，Ni_3Al 发生分解，分解得到的 Ni 和 Al 原子向 SiC 扩散，尤其是 Ni 促进了 SiC 的分解，发生了下面的反应：

$$SiC \rightarrow Si + C \tag{6-29}$$

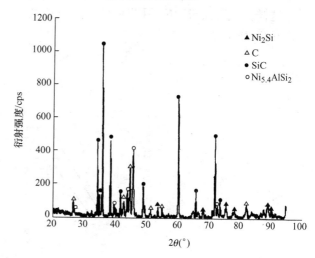

图 6-49 1000℃ ×5h 条件下 Ni_3Al 金属间化合物和 SiC 陶瓷的扩散焊接接头的 X 射线衍射图

第二阶段，SiC 分解出来的 Si 原子将与 Ni_3Al 分解得到的 Ni 和 Al 原子发生反应，形成 Ni-Al-Si 三元化合物；而 SiC 分解出来的 C 原子，由于 Ni 和 Al 都不是碳化物形成元素，不能形成碳化物，所以以石墨的形态在 Ni-Al-Si 三元化合物基体中沉淀下来。根据能量最低原则，石墨颗粒呈球状在 Ni-Al-Si 三元化合物基体中均匀分布，形成 R-CPZ。反应如下：

$$2Si + 5.4Ni + 5.4Al + 2C \rightarrow Ni_{5.4}AlSi_2 + C(石墨) + 4.4Al \tag{6-30}$$

第三阶段，Si 原子在反应区基体相 $Ni_{5.4}AlSi_2$ 中快速扩散至 Ni_3Al/反应区界面，与 Ni_3Al 分解得到的 Ni 和 Al 原子发生反应形成 $Ni_{5.4}AlSi_2$，造成反应面前沿 Al 原子富集，形成了 NiAl 相。而 C 原子在 $Ni_{5.4}AlSi_2$ 中的固溶度等于 0，不能向 Ni_3Al/反应区界面扩散，因此，在此界面前沿形成的反应区中不含石墨颗粒，形成 C-PFZ 区。反应如下：

$$2Si + 6.4Ni + 3Al \rightarrow Ni_{5.4}AlSi_2 + NiAl \tag{6-31}$$

在固相的界面反应中，界面反应区是靠原子扩散和化学反应而形成的。一定厚度的反应区，其成长所需要的时间是由原子扩散的时间和化学反应的时间共同决定的。如果原子扩散时间大于化学反应时间，即原子扩散速度比化学反应速度慢，那么，反应区的扩大将由原子扩散的时间控制。在 SiC/Ni_3Al 界面的固相反应中，原子扩散时间大于化学反应时间，因此，反应区的厚度受到原子扩散过程的控制。反应区厚度由原子扩散的时间控制，反应区厚度与原子扩散的时间存在如下抛物线关系：

$$H^2 = Kt \tag{6-32}$$

$$K = K_0 \exp(-Q/RT) \tag{6-33}$$

式中　H——反应层厚度（m）；

　　　K——反应常数（m^2/s）；

　　　t——反应时间（s）；

　　　K_0——常数（m^2/s）；

　　　Q——反应激活能（kJ/mol）；

　　　R——气体常数（$kJ^{-1} \cdot kmol^{-1}$）；

T——反应温度（K）。

这样就可得到 SiC/Ni₃Al 界面的固相反应的反应层厚度与焊接温度和保温时间的关系，如图 6-50 所示。

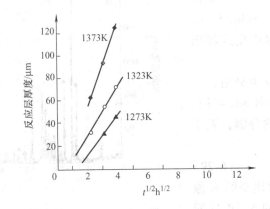

图 6-50　SiC/Ni₃Al 界面的固相反应的反应层厚度与焊接温度和保温时间的关系

6.3.2　NiAl 金属间化合物和 SiC 陶瓷的扩散焊接

图 6-51 所示为扩散焊参数为 1050℃×5h 条件下 SiC/NiAl 和 SiC/Ni₃Al 的焊接接头，可以看到，SiC/NiAl 基本上没有看到界面反应层的存在，而 SiC/Ni₃Al 却明显地出现了 R-CPZ 和 C-PFZ 两个反应区。也就是说，NiAl 金属间化合物和 SiC 陶瓷的扩散焊接的界面没有发生明显的界面反应。图 6-52 所示为 1000℃×5h 的条件下 NiAl 金属间化合物和 SiC 陶瓷的扩散焊接接头的 X 射线衍射图，它也说明 NiAl 金属间化合物和 SiC 陶瓷之间并没有发生界面反应。

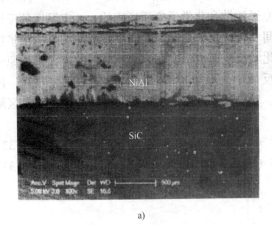

a)

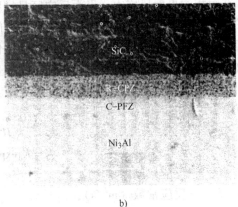

b)

图 6-51　扩散焊参数为 1050℃×5h 的条件下 SiC/NiAl 和 SiC/Ni₃Al 焊接接头

a）SiC/NiAl　b）SiC/Ni₃Al

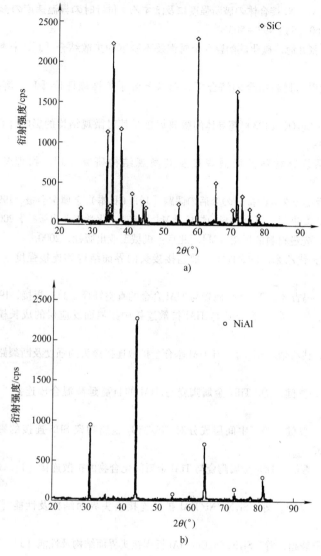

图 6-52　1000℃ ×5h 的条件下 NiAl 金属间化合物和 SiC 陶瓷的扩散焊接接头的 X 射线衍射图

参 考 文 献

［1］ 山口正治，马越佑吉. 金属间化合物［M］. 丁树深，译. 北京：科学出版社，1991.

［2］ 中国机械工程学会焊接学会. 焊接手册：材料的焊接［M］. 3 版. 北京：机械工业出版社，2008.

［3］ 任家烈，吴爱萍. 先进材料的焊接［M］. 北京：机械工业出版社，2000.

［4］ David S A, et al. Weldability and Microstructure of a Titanium Alminide［J］. Welding Journal, 1990, 69
（4）：133 - 140.

［5］ Baeslack W A, et al. Weldability of a Titanium Alminide［J］. Welding Journal, 1989, 68（12）：
483 - 498.

［6］ Patterso R A, et al. Titanium Alminide：Electron Beam Weldability［J］. Welding Journal, 1989, 69（1）：
39 - 44.

[7] 见山克己，等. Si$_3$N$_4$·Ni 接合体の破断强度に及ぼすろぅ付け时の昇温速度の影响 [J]. （日本）金属学会志，1996，60（5）：497 – 503.

[8] 冯吉才，刘玉莉，张九海. 碳化硅陶瓷和金属铌及不锈钢的扩散结合 [J]. 材料科学与工艺，1998，6（1）：5 – 7.

[9] 洪谷纯市，等. 超电起材料结合の结合プロセスと继手の性能评价 [J]. 溶接学会志，1993，11（4）：538 – 544.

[10] 张留琬，等. Yba$_2$Cu$_3$O$_X$（123）超导体的微波焊接及其对微观结构的影响 [J]. 物理学报，1994，43（5）：834 – 838.

[11] 蔡杰，等. Bi 系超导材料的微波焊接及其微观结构研究 [J]. 物理学报，1993，42（7）：1167 – 1171.

[12] 诸住. 金属 – セラミックスの接合の今后の课题 [J]. （日本）金属学会报，1990（11）：880 – 881.

[13] 陈茂爱，陈俊华，高进强. 复合材料的焊接 [M]. 北京：化学工业出版社，2005.

[14] 任家烈，吴爱萍. 先进材料的焊接 [M]. 北京：机械工业出版社，2000.

[15] 刘会杰，冯吉才，钱乙余. SiC/TiAl 扩散连接接头的界面结构和连接强度 [J]. 焊接学报，1999（9）：170 – 174.

[16] 刘会杰，李卓然，冯吉才，等. SiC 陶瓷与 TiAl 合金的真空钎焊 [J]. 焊接，1999（3）：7 – 10.

[17] 刘会杰，冯吉才，钱乙余，等. SiC 与 TiAl 扩散连接中接界面反应层的成长模型 [J]. 焊接技术，1999（4）：1 – 3.

[18] 刘会杰，冯吉才，钱乙余. SiC 陶瓷与 TiAl 基合金扩散连接接头的强度及断裂路径 [J]. 焊接，2003（3）：13 – 17.

[19] 李卓然，冯吉才，曹健，等. TiB$_2$ 金属陶瓷与 TiAl 的自蔓延高温合成连接 [J]. 焊接学报，2003（6）：7 – 10.

[20] 李卓然，冯吉才，曹健，等. 中间层成分对 TiA/TiB$_2$ 金属陶瓷 SHS 连接的影响 [J]. 焊接学报，2006（4）：29 – 32.

[21] 李卓然，冯吉才，曹健. TiB$_2$ 金属陶瓷与 TiAl 金属间化合物的扩散连接 [J]. 焊接学报，2003（2）：4 – 6.

[22] 曹健，宋晓国，王义峰，等. Si$_3$N$_4$/Ni/TiAl 扩散连接接头界面结构及性能 [J]. 焊接学报，2011（6）：1 – 5.

[23] 宋晓国，曹健，蔺晓超，等. Si$_3$N$_4$/AgCu/TiAl 钎焊接头界面结构及性能 [J]. 稀有金属材料与工程，2011（1）：48 – 51.

第7章　在金属表面涂覆陶瓷和金属间化合物

随着现代工业技术的发展，结构的工作温度越来越高、负荷越来越大，工作环境越来越苛刻。因此，材料的腐蚀、磨损、氧化损失越来越严重，造成巨大的经济损失，甚至于达到国民生产总值的 2% ~ 4%，造成的钢材损失达到百万吨，造成的间接损失更是难以估计。这些损失都是从表面开始，最终导致结构的破坏，有时甚至酿成灾难性后果。为了防止这些工件因为表面损伤而导致的破坏，提高工件工作的可靠性，人们往往采取提高表面性能的措施，利用对工件表面进行各种技术处理，以提高在各种工作条件下的保护能力。表面涂层就是一种行之有效的措施。

7.1　制备表面涂层的方法

制备表面涂层的方法很多，如热喷涂、熔敷。

7.1.1　热喷涂

热喷涂技术最先应用于装饰和简单的防护，发展到今天的制备各种功能性涂层，由工件维修发展到工件的制备，由制备单一涂层发展到表面预处理、涂层材料研究、涂层系统设计、涂层后加工及涂层失效分析等。目前，热喷涂已经成为材料表面工程的重要学科之一。

所谓热喷涂就是利用热源将喷涂材料加热到熔化或者塑性状态，再以一定的速度喷射沉积到预制表面形成涂层，赋予工件表面以特殊性能的方法。

1. 涂层形成的机理

（1）喷涂过程　在喷涂过程中，被加热到熔化或者塑性状态的微粒，以很高的速度喷射撞击到处于一定状态（温度及表面加工度）的工件表面上，发生变形（见图7-1），形成相互重叠的鳞片状结构（见图7-2）。

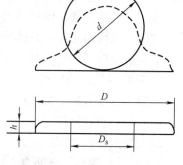

图 7-1　微粒变形过程示意图

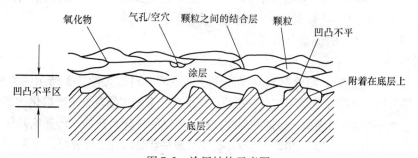

图 7-2　涂层结构示意图

将雾化加速后处于熔化或者塑性状态的微粒，以很高的速度撞击工件表面，将微粒的动能和热能转变为热能和变形能。微粒在撞击工件表面的同时，工件会迅速吸收其热量，微粒在变形的瞬间，被冷却凝固成为扁平状，并且发生一定的冶金反应（溶解、扩散、化学反应），而与工件材料结合在一起。这个过程极短，只有 $10^{-7} \sim 10^{-5}$ s。

在喷涂过程中，如果微粒飞行速度不高、温度较低或者喷距太长，微粒很难与基体完全黏附，或者后来的微粒难以与先前的已经凝固在基体上的微粒粘固，造成微粒之间的空隙，形成多孔涂层。这种多孔涂层对于抗磨损性能影响不大，特别是对于滑动摩擦。多孔涂层具有良好的储油能力，可以大大提高涂层的耐磨性，提高工件的寿命。但是，降低了工件的密封性能和耐腐蚀性能。

涂层的结合强度包括涂层与基体表面的结合强度和涂层之间的结合强度，一般来说，涂层与基体表面的结合强度比涂层之间的结合强度低。

（2）涂层的结合机理

1）机械结合。喷涂的微粒撞击基体表面形成变形、镶嵌、填补和咬合等从而形成喷涂的微粒与基体的机械结合。这种结合方式是涂层结合的重要方式。

2）物理结合。微粒对基体表面的结合是由范德华力和次价键组成的结合。

3）冶金 - 化学结合。冶金 - 化学结合比机械结合和物理结合的结合强度大得多。这种结合由三部分组成：范德华力（在洁净的工件表面上，涂层粒子与基体材料表面接触或者涂层粒子相互接触的粒子之间的原子距离接近到形成原子之间引力）、化学键力（涂层粒子与基体材料表面接触或者涂层粒子相互接触的粒子之间的原子距离接近到原子晶格常数的距离所形成的化学键结合力）和微扩散力（涂层粒子与基体材料表面粒子之间或者涂层粒子之间的相互扩散作用）。其中包括可以形成金属间化合物和固溶体。

涂层微粒冲击到基体材料上以及后来的涂层微粒冲击到前层的涂层上，由于涂层微粒的冷却收缩，以及相变发生的体积变化，都会形成残余应力。残余应力将随着涂层的加厚而增大，这是造成涂层裂纹和剥落的原因。所以要合理地确定涂层的厚度。

2. 热喷涂技术的特点

热喷涂技术有如下特点：

1）喷涂材料非常广泛，几乎包括所有工程材料。

2）选择合理的喷涂方法，几乎可以对任何固体材料表面进行喷涂。

3）涂层厚度可以方便自由地选择应用，从几十 μm 到几 mm。

4）工件温度容易控制，确保工件不会发生大的变形和组织变化。

5）选择合适的喷涂材料和喷涂工艺，可使工件表面具有耐磨、耐腐蚀、耐高温、抗氧化、导电、绝缘、密封和抗辐射等多种功能，满足各种不同的需要。

6）可以修复工件，时间短，效果好。

3. 喷涂方法

热喷涂技术根据热源、喷涂材料和操作方法的不同，可以按图7-3所示的方法分类。

（1）火焰喷涂　火焰喷涂是利用氧 - 乙炔火焰加热合金粉末使其处于半熔化状态，在压缩空气作用下高速冲击基体材料表面，碰撞的瞬间，粒子将动能转化为热能，传递给基体材料，并且沿着凹凸不平的表面产生变形，随即迅速冷却凝固呈扁平状黏附有工件表面，成为涂层。

火焰喷涂适用于低熔点涂层材料，目前仍然得到广泛应用。图7-4所示为火焰喷涂的原理示意图。

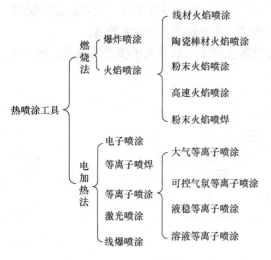

图 7-3　喷涂方法的分类

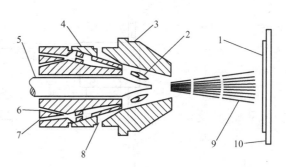

图 7-4　火焰喷涂原理示意图

1—涂层　2—燃烧火焰　3—空气帽　4—气体喷嘴
5—线材或棒材　6—氧气　7—乙炔　8—压缩空气
9—喷涂射流　10—基体

（2）等离子喷涂

1）亚音速等离子喷涂。等离子喷涂是一种多用途的精密喷涂方法，具有温度高、粒子飞行速度快、涂层致密、空隙率低、粘结强度高等特点。等离子弧的能量集中，焰流温度高达数万摄氏度，可以将任何工程材料熔化。

等离子喷涂就是以等离子弧为热源，电弧在等离子喷涂枪中受到压缩，能量集中，横截面的能流密度可达 $105 \sim 106 \mathrm{W/cm^2}$，弧柱中心温度可达 15000～33000K。在这样的高温之下弧柱中的气体发生电离，随着电离度的提高成为等离子体，这种压缩电弧称为等离子弧。图 7-5 所示为等离子喷涂的原理。

2）超音速等离子喷涂。

① 亚音速等离子喷涂的不足。等离子喷涂的质量取决于喷涂颗粒瞬间碰撞工件表面时沿着喷涂轴向

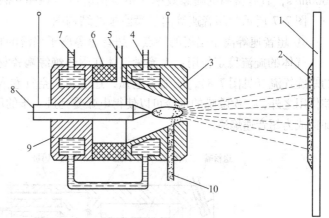

图 7-5　等离子喷涂的原理

1—工件　2—喷涂层　3—前枪体　4—冷却水出口
5—等离子气进口　6—绝缘套　7—冷却水进口　8—钨电极
9—后枪体　10—送粉口

的速度和熔化状况，而喷涂材料颗粒的速度和熔化状况又取决于等离子焰流的热焓、流速和喷涂颗粒在等离子焰流中停留的瞬间等因素。一般的等离子焰流是亚音速的，且等离子弧长较短，对喷涂颗粒的加速作用有限，颗粒的速度不高（最高为 100～200m/s），所以，涂层的质量受到限制；一般的等离子焰流是紊乱的，存在有"边界效应"，焰流热焓随着与喷嘴

距离的增大而急剧下降，使得卷入焰流的空气增大，而且焰流截面温度、速度和氧气含量的分布不同，也使得焰流边沿的颗粒在熔化状况、飞行速度及氧化程度不同，从而造成涂层质量不均匀。一般等离子焰流的这些不足，导致涂层的结合强度较低、空隙率较高。

② 超音速等离子喷涂装置。超音速等离子喷涂就克服了一般等离子喷涂的缺点。图7-6所示为超音速等离子喷涂的系统框图。

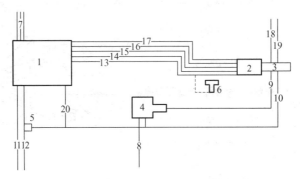

图 7-6　超音速等离子喷涂的系统框图

1—主机　2—喷枪后枪体　3—喷枪前枪体　4—前枪体冷却水循环系统　5—安全内锁　6—远控机构
7—输入电源　8—水冷系统输入电源　9—前枪体进水管　10—前枪体回水管/正极电缆　11—主机的次级气供给
12—主机的初级气供给　13—喷枪的启动引线　14—后枪体进水管/负极电缆　15—后枪体回水管/正极电缆
16—喷枪的初级气进气管　17—喷枪的次级气进气管　18—前枪体压缩空气进气管
19—送粉气进管　20—主机正极输出电缆

这种超音速等离子焰流在电弧电压为 $200 \sim 400V$、电流为 $400 \sim 500A$ 时，焰流速度可达 $3600m/s$，具有很高的喷涂效率（不锈钢达到 $37kg/h$，碳化钨粉末为 $7.5\ kg/h$）。

图 7-7 所示为超音速等离子喷涂枪的结构图。

③ 超音速等离子焰流的特点。超音速等离子焰流的特点如下：

气体的旋流稳定作用：大流量气体在耐热绝缘陶瓷材料的气体旋流环作用下，形成强烈的蜗旋气流（见图7-8），压缩了电弧，还能防止空气卷入；热收缩作用：除去蜗旋气流的压缩作用之外，二次喷嘴的水冷可以使得电弧受到进一步的压缩；二次喷嘴管型可以使高温气体加速成为超音速焰流。

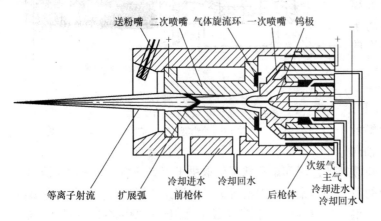

图 7-7　超音速等离子喷涂枪的结构图

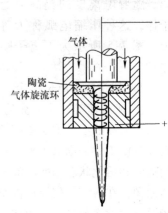

图 7-8　蜗旋气流示意图

④等离子弧喷涂陶瓷的性能。一般的等离子弧喷涂与超音速等离子弧喷涂的陶瓷质量比较如图 7-9 所示。

（3）电弧喷涂 电弧喷涂是在两根金属丝之间产生电弧，电弧热将金属丝熔化，由压缩空气气流雾化，并且喷向工件表面形成涂层。这种方法投资少，使用方便，效率高，但是涂层材料必须是导电的金属或者合金，因此，其使用受到限制。

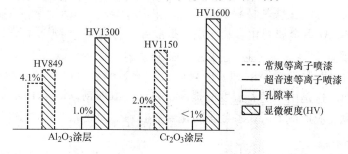

图 7-9 一般的等离子弧喷涂与超音速等离子弧喷涂的陶瓷质量的比较

7.1.2 感应重熔

感应重熔是利用电磁感应加热涂层使其熔化，以达到涂层与基体材料熔合提高结合强度的目的。

电磁感应加热的原理如图 7-10 所示。它是利用电磁感应的"集肤效应"来加热涂层使其达到熔化状态，然后经过冷却结晶形成结合强度很高的。

其熔化的可以是利用喷涂工艺得到的涂层，经过再一次熔化涂层并熔化一薄层基体材料，从而提高涂层与基体的结合强度；也可以是将涂层材料预制到待涂层的表面，采用感应加热使得涂层材料和基体材料一起熔化，一次性形成涂层，如图 7-11 所示。

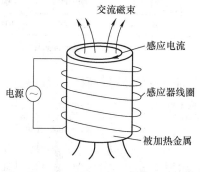

图 7-10 电磁感应加热的原理

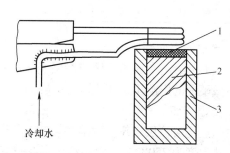

图 7-11 制备高频感应熔覆层示意图

1—粉块 2—基体试样 3—型模

7.2 制备 Fe_3Al 涂层

7.2.1 采用扩散法在铁基材料上制备 Fe-Al 系金属间化合物涂层

Fe-Al 系金属间化合物与其他高温合金相比，具有高温抗氧化性强、耐腐蚀性好和比强度大等优点，最为突出的是成本低廉、不含贵重元素。用它来替代高温合金是一个趋势。目前利用热渗铝、热浸镀铝、表面粉末冶金、自蔓延高温合成、表面熔敷和热喷涂等技术可在材料表面形成一层 Fe-Al 系金属间化合物。但是，这样得到的金属间化合物涂层的致密度不高。为了解决这一问题，采用扩散法来制备 Fe-Al 系金属间化合物涂层。

1. 涂层的制备

采用电弧喷涂的方法在铁基材料表面上（比如低碳钢）喷涂一层纯铝，然后用高温扩散法促使其形成 Fe-Al 系金属间化合物涂层，扩散温度为 750～1000℃，保温 1.5h。

2. 涂层的厚度

表 7-1 为扩散温度对涂层厚度和表面显微硬度的影响。可以看到，随着扩散温度的提高，涂层厚度增加。这是由于随着温度的提高，原子扩散加剧，铝原子向铁基材料的扩散深度加深，同时，也反应形成 Fe-Al 系金属间化合物。调整加热温度和保温时间，就可以调整涂层厚度。

涂层厚度并不是与喷涂层厚度成正比，也就是说，涂层厚度并不是总是取决于喷涂层厚度，这个关系是相当复杂的。由于铝和铁存在相互扩散，铝向铁扩散，铁也向铝扩散。铝向铁扩散，会形成 Fe-Al 系金属间化合物，这是我们所需要的；铁向铝扩散，也会促进 Fe-Al 系金属间化合物的形成，但是，扩散过多，会在表面形成过多的铁，铁被氧化，致密性降低，容易脱落。因此，过长的保温时间，比如超过 1.5h，涂层就会分为两个部分：外层为氧化皮和一些疏松的涂层组织，经过敲打就会脱落；内层就是 Fe-Al 系金属间化合物。表 7-1 就是内层 Fe-Al 系金属间化合物的厚度。内层 Fe-Al 系金属间化合物的厚度，即随着喷涂层厚度的增加而增加，也随着加热温度的提高而增加，但是在一定喷涂层厚度的条件下，内层 Fe-Al 系金属间化合物的厚度会达到一个极限值。

表 7-1　扩散温度对涂层厚度和表面显微硬度的影响

加热温度/℃	750	800	850	900	950	1000
涂层厚度/μm	48.37	51.28	58.31	68.56	77.97	91.41
涂层表面硬度/HV	1035.84	1026.61	1300.75	985.13	963.88	1013.00

3. 涂层的表面硬度

表 7-1 也给出了加热温度与涂层表面显微硬度之间的关系，可以看到，加热温度对涂层表面显微硬度的影响不是很大。

4. 涂层组织

加热温度对涂层组织有明显的影响。

加热温度为 750℃时，涂层组织存在较多空隙，涂层主要是由 Fe_2Al_5 和 Fe_3Al 组成，但是，由于涂层疏松多孔，对基体起不到保护作用，没有应用价值。

加热温度为 850℃时，涂层组织与 750℃时相比，有了很大变化，几乎不存在空隙，组织非常致密，涂层主要是由 Fe_2Al_5 组成，显微硬度很高，非常适用于耐磨环境。

加热温度为 900℃时，涂层组织与基体材料已经没有了界限，实现了化学成分的连续过渡。涂层主要是由外层 Fe_2Al_5 和内层 FeAl 组成。

加热温度为 950℃时，与加热温度 900℃相似，涂层组织与基体材料更加看不到界限，实现了化学成分充分地连续过渡。涂层主要也是由外层 Fe_2Al_5 和内层 FeAl 组成。但是，在涂层的层与层之间和涂层与基体之间存在有空隙，这是由于长期高温加热反应形成的空隙，这种空隙对于涂层性能影响很小。

加热温度为 1000℃ 时，上述空隙增大，而且组织也变得粗大了。

加热温度为 850~950℃ 进行扩散处理的涂层，具有较好的组织和性能。图 7-12 所示为经三种温度扩散处理后的试样在 900℃ 氧化增重与氧化时间的关系曲线。

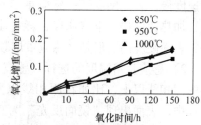

图 7-12　经三种温度扩散处理后的试样在 900℃ 氧化增重与氧化时间的关系曲线

7.2.2　在 45 钢上喷涂 Fe$_3$Al 涂层

1. 涂层材料

涂层材料为粉剂，其成分（质量分数，%）为 76.2Fe- 14.3Al- 5.0Cr- 2.0CeO$_2$- 2.0Si- 0.5Mo。其作用如下。

1）Fe 和 Al。Fe 和 Al 是 Fe$_3$Al 涂层的主要元素，是涂层的主体。

2）Cr。Cr 是提高 Fe$_3$Al 金属间化合物室温性能的主要元素，还可以改善 Fe$_3$Al 金属间化合物的耐磨性能。Cr 容易形成 C 化物，它可以产生低熔共晶，降低 Fe$_3$Al 金属间化合物的热裂纹的形成。

3）Si。Si 可以使涂层发生选择性氧化，提高涂层的耐腐蚀性，改善涂层之间的结合力。

4）稀土元素。稀土元素可以细化组织，净化材料，提高接头力学性能，提高高温耐腐蚀和高温抗氧化能力。

2. 喷涂工艺

喷涂参数为：氧气压力 0.4MPa，乙炔压力 0.06MPa，喷涂距离 180cm，涂层厚度 1.5mm。

3. 涂层重熔

火焰喷涂涂层有许多缺陷，如高空隙率（可达 10%~20%）、涂层与基体结合强度差（没有形成结合）、层间存在氧化物层等。重熔之后空隙率大大降低，涂层与基体达到冶金结合，层间氧化物大大减少，因此，涂层与基体的结合强度大大提高。

重熔的方法很多，激光重熔质量高，易于控制。但是，设备一次性投资太大，火焰重熔的热影响区太宽、变形太大。

（1）感应重熔的特点　感应重熔有如下特点：

① 加热速度快，节约能源。

② 生产效率高，可以进行自动化。

③ 加热温度高，热效率高。

④ 涂层致密，质量高，变形小，氧化少，淬硬层处于压应力作用之下，表面硬度高。

⑤ 可以进行局部加热，工件受热均匀，产品质量高。

⑥ 工作环境好，无油雾，无污染，几乎没有噪声和灰尘。

⑦ 能够加热形状复杂的工件。

（2）感应重熔条件的选择

1）感应重熔频率的选择。感应重熔频率低，集肤效应差，加热表面深度大，表面温度升高慢，加热速度低，重熔速度慢，耗能大，涂层容易氧化，母材热影响区宽，变形大，冷却速度慢，表面硬度低；感应重熔频率高，集肤效应高，加热表面深度小，表面温度升高快，加热速度快，重熔速度，耗能小，涂层氧化少，母材热影响区窄，变形小，冷却速度快，表面硬度高。但是，感应重熔频率还是要根据工件的要求来选择。

2）感应重熔温度的选择。感应重熔温度的选择十分重要，感应重熔温度应当在涂层材料的固相线以上，比如在固相线以上10℃的温度。但是，感应重熔温度的控制比较困难，操作中以表面出现"镜面反光"为宜。

感应重熔温度对涂层质量有很大影响，过熔会导致合金元素（Si、B）的氧化烧损，成为熔杂而浮在涂层表面，同时降低涂层性能。

（3）感应重熔温度分布　Fe基合金是铁磁物质，但是，涂层中存在空隙和氧化，因此，磁导率降低，电阻率增大；而基体材料45钢的磁导率较高，电阻率较低。因此，在高频感应的作用下，基体材料的磁力线密度可能比涂层大。这样，基体材料表面的温度可能高于涂层的温度。

4. 退火对涂层性能的影响

（1）退火对涂层显微硬度的影响　退火可以改善涂层的组织和性能，降低残余应力。经过试验表明，进行750℃×1.5h的退火比较合适。这时的涂层显微硬度是815.4HV。当然，这个硬度与退火制度有关。改变退火制度，其涂层显微硬度发生变化，退火温度在750～950℃、保温时间在1.5～2.5h的范围内，涂层显微硬度在680.8～910.7HV之间变化。

（2）退火对涂层耐磨性能的影响　在上述退火制度之下，涂层的质量磨损率在$1.496\sim12.473\times10^{-6}$ g/s，进行750℃×1.5h退火的质量磨损率最低，为1.496×10^{-6}g/s；而进行950℃×2.5h退火的质量磨损率最高，为12.473×10^{-6}g/s。

5. 涂层组织

图7-13所示为感应重熔Fe_3Al金属间化合物涂层经过750℃×1.5h退火后X射线衍射图。可以看到，涂层的相组成是十分复杂的。

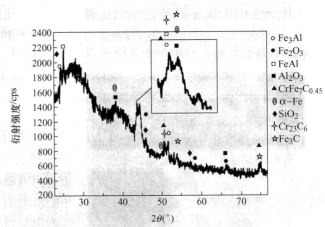

图7-13　感应重熔Fe_3Al金属间化合物涂层经过750℃×1.5h退火后X射线衍射图

7.2.3　涂覆增强FeAl金属间化合物基复合材料涂层

1. 在1Cr18Ni9Ti上激光熔敷TiC增强FeAl金属间化合物基复合材料涂层

在1Cr18Ni9Ti上激光熔敷Fe-Al-Ti-C粉末，激光输出功率为2.8为kW，扫描速度为80mm/min。

（1）涂层组织　粉末成分（质量分数，%）为Fe-28Al-4Ti-4C和Fe-28Al-8Ti-8C两种。Fe-28Al-4Ti-4C涂层的X射线衍射分析结果如图7-14所示，可见涂层组织为FeAl和TiC。粉

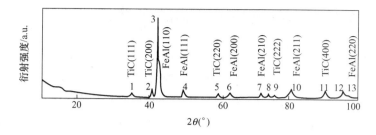

图 7-14 Fe-28Al-4Ti-4C 涂层的 X 射线衍射分析结果

末成分为 Fe-28Al-4Ti-4C 和 Fe-28Al-8Ti-8C 激光熔敷两种 TiC 增强 FeAl 金属间化合物复合材料的涂层组织如图 7-15 中所示,其相成分体积分数(%)分别为 FeAl-18.4TiC 和 FeAl-20.1TiC。可以看到,TiC 在 FeAl 中的分布还是很均匀的。经高倍 SEM 观察表明,除了少量 TiC 呈现规则块状之外,大多数 TiC 生长形体为径向辐射分枝小面树脂晶(见图 7-16a)。

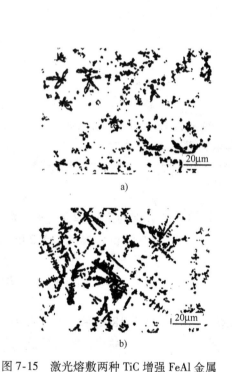

图 7-15 激光熔敷两种 TiC 增强 FeAl 金属
间化合物基复合材料涂层组织

a) Fe-28Al-4Ti-4C 涂层组织　b) Fe-28Al-8Ti-8C 涂层组织

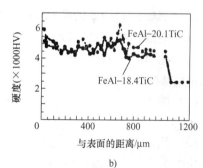

图 7-16 激光熔敷涂层中 TiC 生长形态的
SEM 像和其沿厚度方向的显微硬度分布

(2)涂层硬度 图 7-16b 所示为激光熔敷涂层中沿厚度方向的显微硬度分布。可见,在厚度方向的显微硬度分布基本上是均匀的,而在涂层与基体的交界处硬度突变。这说明涂层在厚度方向的组织成分也是均匀的,而且,涂层成分没有向基体发生明显的扩散。

(3)涂层的耐磨性 激光熔敷 TiC 增强 FeAl 金属间化合物基复合材料涂层的功用之一是用于磨损环境,图 7-17 所示为滑动行程、滑动速度和载荷对激光熔敷 TiC 增强 FeAl 金属间化合物基复合材料涂层的摩擦系数和磨损速度的影响。可以看到,FeAl-18.4TiC 不如

FeAl-20.1TiC，这说明 TiC 对于提高 FeAl 金属间化合物的有利作用。

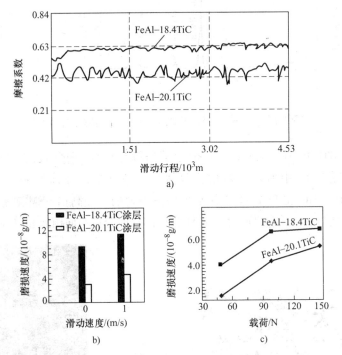

图 7-17　滑动行程、滑动速度和载荷对激光熔敷 TiC 增强 FeAl 金属间
化合物基复合材料涂层的摩擦系数和磨损速度的影响

a）滑动行程对摩擦系数的影响　b）滑动速度对磨损速度的影响　c）载荷对磨损速度的影响

2. 电弧喷涂 Cr_3C_2 增强 Fe-Al 涂层

（1）喷涂材料　采用 Cr_3C_2/Fe/Al 作为粉芯，质量分数分别为 7%/22%/7%，混合后，用 15mm×0.4mm 的 08F 钢带制成填充比（质量分数）为 34% 的粉芯焊丝，在 20g 钢的表面采用电弧喷涂。

（2）喷涂工艺　喷涂电弧的电流强度为 300A，电弧电压为 34V，喷涂距离为 200mm，雾化压力为 0.45MPa，涂层厚度为 1mm。

（3）涂层组织　电弧喷涂 Cr_3C_2 增强 Fe-Al 涂层组织如图 7-18 所示。可以看到，涂层呈现出明显的层片状镶嵌结构，组织比较致密。层片间存在一些空隙，层间黑色条带状为铁、铝的氧化物。

图 7-19 所示为涂层的 X 射线衍射分析的结果，可以看到，涂层中的组织还是很复杂的，其中的氧化物和金属间化合物具有较高的硬度，它们与 Cr_3C_2 增强相一起增大涂层的耐磨性。

图 7-20 所示为涂层的 TEM 图像，从中可以看到，涂层中灰黑色颗粒尺寸在 10～110nm 之间，灰白色基体的 TEM 衍射图像呈现"晕环状"（见图 7-20 左上角），说明涂层中有非晶体组织形成，这种组织能够降低涂层的摩擦系数，从而提高涂层的耐磨性。

（4）涂层的耐磨性　已经测得涂层的平均显微硬度为 613HV。图 7-21 所示为 Cr_3C_2 增强 Fe-Al 涂层和经过水淬的 45 钢磨损距离与失重之间的关系，可见，涂层的耐磨性比经过水淬的 45 钢好。

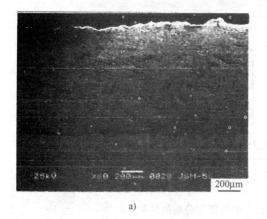
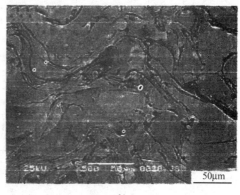

a)　　　　　　　　　　　　　　　b)

图 7-18　电弧喷涂 Cr_3C_2 增强 Fe-Al 涂层组织

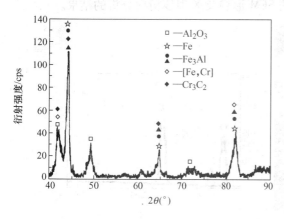

图 7-19　涂层的 X 射线衍射分析的结果

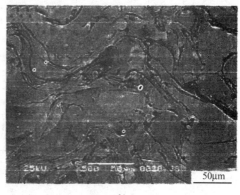

图 7-20　涂层的 TEM 图像

（5）涂层的抗高温氧化性能　图 7-22 所示为涂有 Cr_3C_2 增强 Fe-Al 涂层的 20g 钢和没有涂层的 20g 钢试样 650℃ 加热的氧化动力学曲线。可以看到，没有涂层的 20g 钢试样的氧化动力学起始点比有 Cr_3C_2 增强 Fe-Al 涂层的 20g 钢大得多，而且涂有 Cr_3C_2 增强 Fe-Al 涂层的 20g 钢比没有涂层的 20g 钢试样的氧化动力学曲线低得多。开始氧化时，氧化增重较快，即氧化较快，而后氧化较慢。涂层被氧化后的 X 射线衍射分析的结果如图 7-23 所示，可见，几种金属都被氧化。

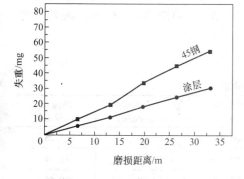

图 7-21　Cr_3C_2 增强 Fe-Al 涂层和经过
水淬的 45 钢磨损距离与失重之间的关系

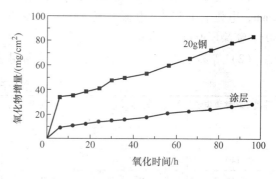

图 7-22　涂有 Cr_3C_2 增强 Fe-Al 涂层的 20g 钢和没有
涂层的 20g 钢试样 650℃ 加热的氧化动力学曲线

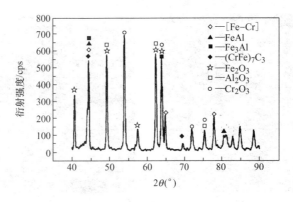

图7-23 涂层被氧化后的 X 射线衍射分析的结果

图 7-24 所示为经过 650℃氧化后涂层的 SEM 形貌及 X 射线衍射分析的结果。

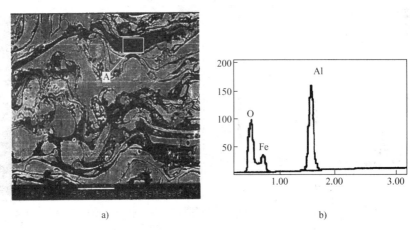

图 7-24 经过 650℃氧化后涂层的 SEM 形貌及 X 射线衍射分析的结果

a) SEM 形貌　b) X 射线衍射分析的结果

7.2.4　等离子弧熔敷条件下 Fe-Al 金属间化合物涂层

1. Fe-Al 金属间化合物熔敷涂层的制备

（1）电弧喷涂铝层　先用电弧喷涂的方法在钢板上喷涂一层铝，参数是：铝丝直径 3mm，电弧电压 34V，电弧电流 200A，压缩空气压力 0.6MPa，喷涂距离 180mm，喷涂角度 80°，喷涂层厚度 100μm。

（2）等离子弧熔敷　等离子弧熔敷参数见表 7-2。

表 7-2　等离子弧熔敷参数

等离子转移弧电流 /A	等离子转移弧电压 /V	气体流量 /(L/min)	焊枪摆幅 /mm	等离子弧移动速度 /(mm/min)	热输入 /(kJ/mm)
60	40	6.7	20	20	17.28
140	40	6.7	50	60	13.44
110	40	6.7	50	60	10.56
160	40	6.7	110	115	8.01

在钢上喷涂的铝，经过等离子弧熔化之后，就发生了冶金反应，形成各种 Fe-Al 金属间化合物和 α-Fe（Al）固溶体。由于铝的量是一定的，那么，基体的原始状态（温度）及熔敷参数就会对熔敷层的组织产生重要的影响。

2. 涂层厚度

（1）预热温度对涂层厚度的影响　图 7-25 所示为预热温度对涂层厚度的影响，即预热温度为 20℃（室温）、80℃和 190℃时的涂层厚度分别为 233μm、349μm 和 447μm。

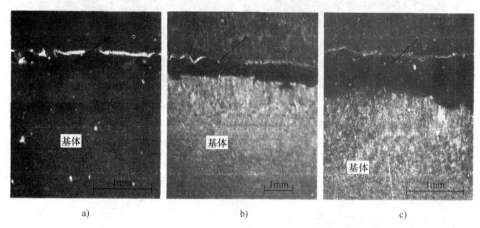

a)　　　　　　　　　　　b)　　　　　　　　　　　c)

图 7-25　预热温度对涂层厚度的影响

a）预热温度 20℃　b）预热温度 80℃　c）预热温度 190℃

（2）电流对涂层厚度的影响　如采用表 7-2 中的等离子弧熔敷参数，电流分别选为 110A 和 160A 时，尽管前者的热输入为 10.56kJ/mm，后者热输入为 8.01kJ/mm，但是前者的涂层厚度（即熔深）是 277μm，而或者却是 328μm，可见，电流对涂层厚度的影响还是很大的。

3. 涂层组织

（1）热影响区的组织　图 7-26 所示为热影响区和基体的组织，可见，热影响区组织经过再结晶得到了细化。

a)　　　　　　　　　　　b)

图 7-26　热影响区和基体的组织

a）热影响区　b）基体

（2）涂层组织　图 7-27 所示为等离子弧熔敷条件下 Fe-Al 金属间化合物涂层的显微组织。可以看到涂层是在基体材料上发生联生结晶得到的，晶粒中具有弥散分布着第二相的柱状组织。这种组织受到熔敷条件（包括预热温度和参数）、熔合比、高温停留时间和冷却速度的影响。

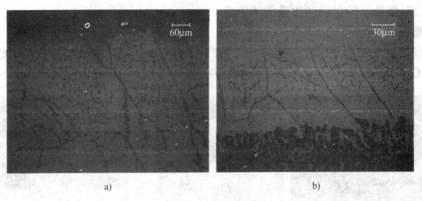

图 7-27　等离子弧熔敷条件下 Fe-Al 金属间化合物涂层的显微组织

a）涂层表面组织　b）交界区组织

图 7-28 所示为涂层表面 X 射线衍射图，可以看到，涂层是由 FeAl、Fe_3Al、Al_2O_3 和 α-Fe 组成的组织。

由于 Fe_3Al、FeAl 和 Fe 的密度的不同，Fe_3Al、FeAl 和 Fe 的密度分别为 $5.90g/cm^3$、$6.72g/cm^3$ 和 $7.83g/cm^3$，因此，在一定的条件下涂层（或者是焊缝）在不同的深度，其组织是不同的，上层 Fe_3Al 含量较多，下层 Fe_3Al 含量较少。

图 7-29 所示为涂层晶界和晶内分布的针状组织的形貌图，图 7-30 所示

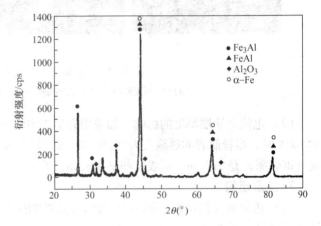

图 7-28　涂层表面 X 射线衍射图

为熔敷层表面、晶界和晶内针状组织的成分。可以看出，尽管处于熔敷层的位置不同，但是，化学成分没有太大区别。特别是晶界和晶内分布的针状组织的化学成分几乎完全一样。

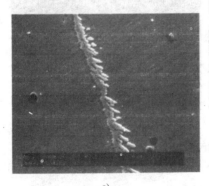

图 7-29　涂层晶界和晶内分布的针状组织的形貌图

a）晶界　b）针状组织

4. 熔敷层显微硬度

图 7-31 所示为熔敷层的显微硬度，可以看到，熔敷层表面的显微硬度最大，随着远离表面，硬度逐渐降低。这是与其组织分布有密切关系的，由于 Fe_3Al 的硬度较大，而它的密度较小，因此，表面上 Fe_3Al 的浓度较大，所以表面的硬度也较大。

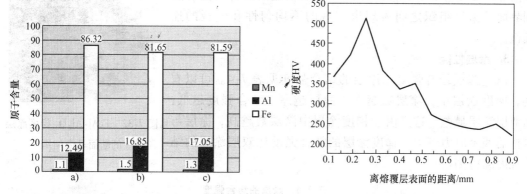

图 7-30　熔敷层表面、晶界和晶内针状组织的成分　　　　　图 7-31　熔敷层的显微硬度

a）熔敷层表面　b）晶界　c）晶内针状组织

5. 熔敷层的耐磨蚀性

熔敷层在人工海水 [含 NaCl（质量分数）为 2.8%] 中进行磨蚀试验，条件是：摩擦轮 45 钢，直径 90mm，载荷 300N，转速 30r/min，磨损时间 20min，环境温度 20℃。平均失重为：不预热（室温）的熔敷层为 0.0018g，预热温度 80℃ 的熔敷层为 0.0011g，预热温度 190℃ 的熔敷层为 0.0009g，而 45 钢为 0.0149g。可见熔敷层的耐磨蚀性有了很大提高。

7.2.5　等离子喷涂 FeAl-Al_2O_3 梯度涂层

陶瓷材料具有耐高温、耐磨损和耐腐蚀的特点，将其喷涂在金属上，以提高金属工件的耐高温、耐磨损和耐腐蚀性，是一种良好的选择。但是，陶瓷材料又具有质脆、残余应力大、容易产生裂纹和抗热震性（或者热疲劳）差的特点。因此如果先喷涂一层既能够与金属工件有良好共容性也能够与陶瓷有良好共容性的金属间化合物就能够改善陶瓷喷涂层的性能。如果需要在钢制工件上喷涂陶瓷 Al_2O_3 涂层，则应在钢制工件上先喷涂一层 FeAl，再在其上喷涂 Al_2O_3，就能够取得良好效果。

1. 涂层制备

工件用 Q235 制造，等离子喷涂 FeAl-Al_2O_3 涂层采用梯度喷涂的方法，喷涂梯度涂层的配比见表 7-3。等离子弧电压为 60V，电流为 800A，每一层涂层厚度为 0.1mm。

表 7-3　喷涂梯度涂层的配比（质量分数）

GC_1	GC_2	GC_3	GC_4	GC_5	GC_6	编号
100%NiAl						第一层
	80%NiAl+20%Al_2O_3					第二层
		60%NiAl+40%Al_2O_3				第三层
			40%NiAl+60%Al_2O_3			第四层
				20%NiAl+80% Al_2O_3		第五层
					100%Al_2O_3	第六层

2. 陶瓷组织

FeAl-Al$_2$O$_3$梯度涂层的断面显微组织如图7-32所示。可以看出，从基体到涂层表面，沿厚度方向FeAl逐渐减少，Al$_2$O$_3$逐渐增多，表现出涂层成分的梯度变化分布，各涂层之间不存在明显的成分突变和层间界面，涂层组织之间表现出宏观的不均匀性和微观的连续性。

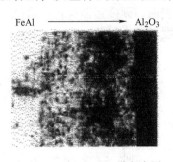

图7-32　FeAl-Al$_2$O$_3$梯度涂层的断面显微组织

3. 涂层性能

（1）涂层结合强度　涂层的结合强度见表7-4。可以看到，梯度涂层中，涂层数越多，涂层越厚，结合强度越低；而双层涂层最差。这是由于梯度涂层中涂层数越高，涂层与基体的残余应力越大。梯度涂层的结合强度比双层涂层的结合强度高得多。

表7-4　涂层的结合强度

涂　层	梯　度　涂　层						两　层　涂　层
	GC$_1$	GC$_2$	GC$_3$	GC$_4$	GC$_5$	GC$_6$	
结合强度/MPa	27.0	23.1	19.8	17.6	16.2	15.0	8.6

（2）梯度涂层显微硬度　图7-33所示为梯度涂层显微硬度分布。在FeAl-Al$_2$O$_3$涂层中，由于Al$_2$O$_3$是硬度相，因此，Al$_2$O$_3$含量越多，硬度越大。但是全是Al$_2$O$_3$时，涂层致密性较差，所以，硬度下降。

（3）涂层的热震性　这是由于梯度涂层的成分变化缓慢，缓和了涂层中的热应力和界面应力集中，因此热震性比双层涂层的热震性好得多。

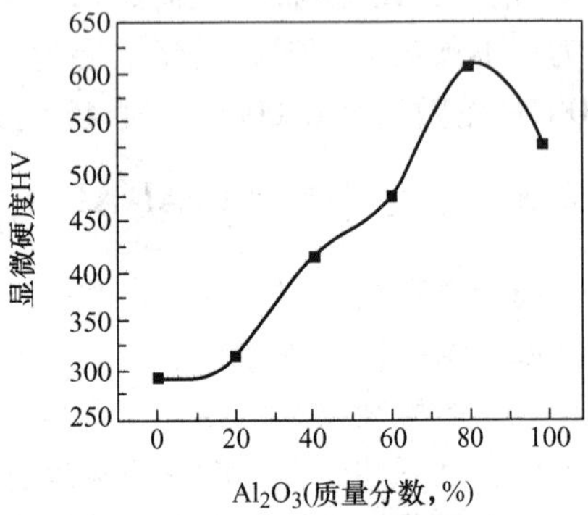

图7-33　梯度涂层显微硬度分布

（纵轴：显微硬度HV；横轴：Al$_2$O$_3$(质量分数，%)）

7.3　陶瓷材料的涂层

7.3.1　等离子ZrO$_2$涂层

1. 喷涂ZrO$_2$ + Y$_2$O$_3$涂层

近年来随着燃气涡轮机向高流量化、高推重比、高进口温度发展，燃烧室中的燃气温度和压力也不断提高。目前，燃气温度已达1650℃，预计将达到1930℃，这个温度远远超过现有金属和合金的熔点。因此，必须采取冷却措施，改进冷却技术。研究表明，在受热零件表面涂以ZrO$_2$为基的热障碍涂层，具有良好的隔热效果。由于ZrO$_2$的导热系数小，只有一般叶片材料的3%，Al$_2$O$_3$的1/3；耐高温，耐腐蚀；线胀系数较高，与基体材料热膨胀性匹配较好；与基体的结合力和抗热震性均优于其他陶瓷。因此，ZrO$_2$涂层的应用受到重视，尤其是加入稳定剂Y$_2$O$_3$的ZrO$_2$ + Y$_2$O$_3$涂层更为优越，一般加入（质量分数）6% ~ 12%的Y$_2$O$_3$，以加入8%最好。

2. 喷涂 $ZrO_2 + Y_2O_3$ 涂层的问题

喷涂 $ZrO_2 + Y_2O_3$ 涂层的主要问题是涂层容易脱落, 其原因有三:

1) 涂层受到的应力。涂层受到四种应力的作用。

① 瞬时诱发应力。它是在工作中由于涂层急剧的温度梯度的变化引起的。

② 稳定态热应力。它是在工作中由于涂层与基体的热膨胀系数的不匹配引起的。

③ 残余应力。它是在涂层制备时产生的。

④ 相变应力。它是在涂层发生相变时产生的。

这样, 在涂层中就形成了比较复杂的应力状态, 降低喷涂功率以降低基体材料的温度和进行间歇喷涂可以明显降低涂层中的应力, 减少涂层的脱落, 提高涂层寿命。

2) 涂层与基体的结合强度和涂层本身的强度。$ZrO_2 + Y_2O_3$ 涂层与中间粘结层的结合强度是涂层的薄弱环节, 室温下, 这个结合强度只有 $4 \sim 17MPa$, 只有陶瓷本身强度的1/4。

3) 粘结层的氧化。粘结层的氧化出现的微裂纹, 在应力作用下, 形成网状裂纹, 最后使得涂层脱落。

3. $ZrO_2 + Y_2O_3$ 涂层性能的改善

(1) 在 $ZrO_2 + Y_2O_3$ 涂层中加入 SiO_2 涂层存在的热应力和粘结层氧化是出现涂层脱落的主要原因, 因此, 控制涂层结构, 使其具有不连续性, 增加涂层的空隙率, 降低涂层弹性系数, 以降低局部应力, 可以提高涂层寿命。在涂层中加入 SiO_2 就是一个有效的措施。

(2) $ZrO_2 + Y_2O_3$ 涂层优于 $ZrO_2 + MgO$ 涂层 $ZrO_2 + Y_2O_3$ 涂层的空隙率比 $ZrO_2 + MgO$ 涂层高, 因此, $ZrO_2 + Y_2O_3$ 涂层比 $ZrO_2 + MgO$ 涂层的应力低, 寿命也较长。

(3) 以其他稀土氧化物代替 Y_2O_3 以 Er_2O_3 或者 CeO_2 代替 Y_2O_3, 来稳定 ZrO_2, 可以提高涂层的断裂韧度。

(4) 对 $ZrO_2 + Y_2O_3$ 涂层进行激光重熔处理 激光重熔处理可以改善涂层表面状态, 涂层致密, 可以明显改善涂层的耐腐蚀性。但是, 由于 $ZrO_2 + Y_2O_3$ 涂层很脆, 激光重熔处理后, 容易形成裂纹。在涂层中加入 (质量分数) 2.8% 的 SiO_2 就可以避免裂纹的产生。

4. ZrO_2 涂层与金属基体的结合机理

研究表明 ZrO_2 涂层与金属基体的结合是由于 ZrO_2 涂层与金属基体之间反应产生了氧化物, 使得 ZrO_2 涂层与金属基体实现了牢固地结合。

5. 添加 SiO_2 喷涂 ZrO_2 涂层

(1) ZrO_2 喷涂工艺 采用 ZrO_2 + (质量分数)8% 的 Y_2O_3 涂陶瓷粉, 再配以 (质量分数) 2.8% ~ 8.5% 的 SiO_2 作为涂层材料。先用等离子喷涂 0.1mm 厚的粘结层 (材料是 NiCoCrAlY 或者 Al 包 Ni), 再喷涂 $ZrO_2 + Y_2O_3 + SiO_2$ 陶瓷粉。也可以在粘结层与陶瓷层之间喷涂一层中间层, 材料是 NiCoCrAlY + ZrO_2 或者 Al 包 Ni + ZrO_2, 前者写作 "NZ", 后者写作 "AZ"。涂层组合方案见表7-5。

表 7-5 涂层组合方案

编　号	粘结层	中间层	涂　层
A1	NiCoAlY	无	ZrO_2
A2	NiCoAlY	NZ	ZrO_2
A3	NiCoAlY	无	ZrO_2-2.8SiO_2

（续）

编　号	粘结层	中间层	涂　层
A4	NiCoAlY	NZ	ZrO_2-2.8SiO_2
A5	NiCoAlY	AZ	ZrO_2-2.8SiO_2
A6	NiCoAlY	无	ZrO_2-8.5SiO_2
A7	NiCoAlY	AZ	ZrO_2-8.5SiO_2
B1	Al/Ni	AZ	ZrO_2-2.8SiO_2

（2）ZrO_2 涂层粘结强度　图 7-34 所示为 ZrO_2 涂层的粘结强度。可以看到，切向强度一般比法向强度高；添加过渡层粘结强度较高，在有过渡层时在涂层中加入（质量分数）2.8% 的 SiO_2，其涂层粘结强度最高，可以提高 4~5 倍。在有过渡层时在涂层中加入（质量分数）8.5% 的 SiO_2，其涂层粘结强度与加入（质量分数）2.8% 的 SiO_2 时没有多大区别。

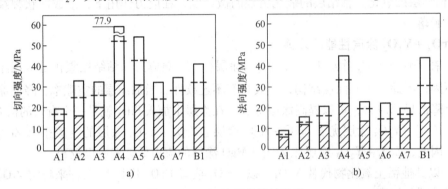

图 7-34　ZrO_2 涂层的粘结强度

a）切向强度　b）法向强度

（3）ZrO_2 涂层的热冲击寿命　图 7-35 所示为 ZrO_2 涂层的热冲击寿命。

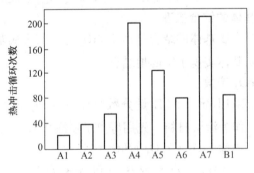

图 7-35　ZrO_2 涂层的热冲击寿命

（4）ZrO_2 涂层的残余应力　ZrO_2 涂层的残余应力见表 7-6。

表 7-6　ZrO_2 涂层的残余应力

编　号	A1	A2	A4	A7
残余应力/MPa	56.73	44.38	34.64	36.66

（5）涂层的结构　在等离子喷涂 ZrO_2 涂层时，涂层颗粒处于熔化状态，如果 ZrO_2 中含有低熔点的 SiO_2（1730℃），则在等离子弧加热之下，SiO_2 将完全熔化，并随着 ZrO_2 颗粒沉积于基体表面。在涂层形成的瞬间（温度可达3000℃），熔化的 SiO_2 一方面渗入 ZrO_2 颗粒之间和空隙中，起到液相烧结作用；另一方面，当温度达到 SiO_2 的沸点（2950℃）时，它从涂层内部和表面蒸发，因此，涂层的空隙率较高。SiO_2 含量越高，蒸发越明显，ZrO_2 涂层的空隙率越高。但是空隙率并不是与 SiO_2 含量成比例提高的，因为在喷涂过程中，涂层冷却很快，气化时间很短，大部分 SiO_2 仍然存在于涂层中，塞集在空隙中。由于涂层呈现层状结构，因此，SiO_2 的塞集也是分层，而且平行于涂层分布，形成"自封孔"状态。根据研究，在等离子弧喷涂过程中，由于 SiO_2 从涂层内部和表面的蒸发，大约损失（质量分数）30%左右。

图 7-36 所示为 ZrO_2 涂层 –（质量分数）8.5% SiO_2 涂层截面的 Si、Zr 分布。可以看到，Si 主要分布于空隙中。

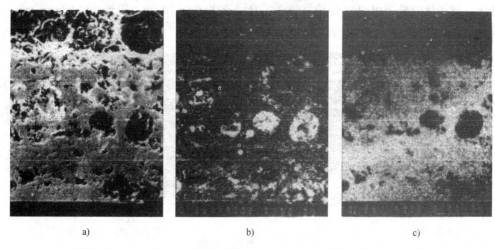

a)　　　　　　　　　　　b)　　　　　　　　　　　c)

图 7-36　ZrO_2 涂层 –（质量分数）8.5% SiO_2 涂层截面的 Si、Zr 分布

a）光镜照片　b）Si 的 X 射线图　c）Zr 的 X 射线图

至于 SiO_2 在涂层中的存在形式，有两种意见：以 $ZrSiO_4$ 及以 ZrO_2-SiO_2 石英相的形式存在。

（6）添加 SiO_2 对 ZrO_2 涂层性能的影响　涂层的性能与其结构密切相关，因此，添加 SiO_2 对 ZrO_2 涂层结构有影响，对涂层性能也有一定影响。

涂层的粘结强度与涂层内应力、涂层颗粒之间粘结力和涂层与基体之间的粘结力有关。在涂层中加入一定的 SiO_2，有利于涂层应力的释放和涂层颗粒的粘结，因此，可以提高涂层的粘结强度。但是，并不是涂层中 SiO_2 含量越多越好，因为 SiO_2 的线胀系数只有 ZrO_2 的1/2，线胀系数不匹配。一般情况下，涂层中 SiO_2 含量以（质量分数）3% 为好。

在涂层中加入过渡层也有利于提高涂层与基体之间的粘结强度。

7.3.2　硼化物涂层

1. 铁钛合金的 B_4C 涂层

（1）涂层材料　表 7-7 和表 7-8 分别为涂层材料铁钛合金粉末和 B_4C 粉末的化学成分。

表 7-7 铁钛合金粉末的化学成分

元　素	Fe	Ti	C	O	Al	Si	Ca	Mn
质量分数（%）	49.14	21.07	3.80	10.65	2.50	3.10	1.84	7.90
存在状态	Fe	Ti	$CaCO_3$	—	Al_2O_3	SiO_2	$CaCO_3$	Mn

表 7-8 B_4C 粉末的化学成分

元　素	B_4C	B	B_2O_3	游离 C	Fe_2O_3
质量分数（%）	≥95	≥76	≤0.3	≤2.0	≤1.0

（2）涂覆工艺 采用质量分数（%）分别为 80FeTi-20B_4C、95FeTi-5B_4C、90FeTi-10B_4C 三种配比的粉末，经过混合后，用水玻璃作为粘结剂调配好之后，涂覆到试样表面，静置 12h，再在 100℃之下保温 1h，立即进行等离子弧熔覆。熔覆参数为：电流 200A，转移弧电压 28~45V，离子气流量 280L/h，焊枪摆频 0.37Hz，焊枪摆幅 10mm，焊接速度 52mm/min。

（3）涂层组织 三种涂层的组织如图 7-37 所示。

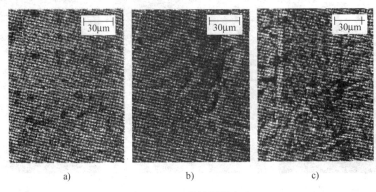

图 7-37 三种涂层的组织
a）95FeTi-5B_4C　b）90FeTi-10B_4C　c）80FeTi-20B_4C

95FeTi-5B_4C 涂层组织：由于加入的 B_4C 减少，涂层成分主要是 Fe_2B、马氏体、残余奥氏体组成的共晶组织，形成的 TiB_2 很少，出现了点状的 TiC。

90FeTi-10B_4C 涂层组织：涂层成分出现了少量细小针状的 Fe_2B，细长针状 TiB_2 的含量增多。

80FeTi-20B_4C 涂层组织：涂层成分主要是 Fe_2B 和 TiB_2 的，TiB_2 的含量增多。

（4）涂层硬度 80FeTi-20B_4C、90FeTi-10B_4C、95FeTi-5B_4C 三种涂层的硬度分别为 79~87/82.4 HRC、74.5~79.5/77.2 HRC、64.5~67.5/65.4HRC。

2. 等离子原位合成 TiB_2 基涂层

在碳化物和硼化物中强度和稳定性最好的就是 TiB_2，而且它还具有很高的硬度和抗压强度，即使温度提高到 1200℃，其硬度和抗压强度仍然很高。但是由于它的熔点很高（2980℃），因此，使得制备 TiB_2 涂层，尤其是制备大厚度涂层比较困难。但是，可以利用等离子弧，利用廉价低熔点钛粉和 B_4C 合金粉末，直接在基体上制备 TiB_2 基涂层。

（1）试验方法

1）原理。在熔化状态下钛粉和 B_4C 合金将发生如下反应：

$$B_4C + 2Ti \rightarrow 2TiB_2 + C \tag{7-1}$$

$$B_4C \rightarrow 4B + C \tag{7-2}$$

$$2B + Ti \rightarrow TiB_2 \tag{7-3}$$

B_4C 的分解在 2727℃ 以上才能发生，因此，温度在 2727℃ 以下时，只有式（7-1）发生；温度在 2727℃ 以上时，式(7-1)~式(7-3)都能够发生。

采用质量分数为 63% 的 Ti 粉和 37% 的 B_4C 合金粉末作为涂层材料。

2）涂敷工艺。将 Ti 粉和 B_4C 合金粉末混合后，加入适量的水玻璃调制后涂在 Q235 钢板上，在 300℃×30min 和 600℃×1h 两次烘干，以充分去除结晶水。表7-9 给出了等离子弧涂敷参数和相应的稀释率。

表7-9　等离子弧涂敷参数和相应的稀释率

成分质量分数（%）	行走电压/V	摆动电压/V	电流/A	电压/V	热输入/（J/mm²）	稀释率
63Ti-37B₄C	40	30	190	35	67.37	0.3273
	40	30	200	35	70.92	0.3378
	40	30	220	35	78.01	0.7527
	40	30	200	39	79.03	0.7155

（2）涂层组织　由于 TiB_2 的密度较小，在熔化状态下将向熔池表面浮升，造成涂层以一定的浓度梯度分布，使得上层密集分布着棒状和针状的 TiB_2 组织，如图7-38a 所示；而下层则基本上没有 TiB_2 组织存在，大都是以枝晶奥氏体为主的亚共晶组织，如图7-38b 所示。

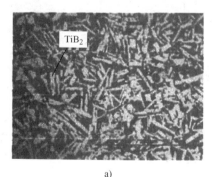
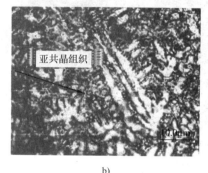

a)　　　　　　　　　　　　　　　　　b)

图7-38　涂层组织

a）涂层上部组织　b）涂层底部组织

涂层这种浓度梯度的现象，在涂层硬度分布上明显地显示出来。表7-10 给出了沿涂层深度方向上的硬度分布。

表7-10　沿涂层深度方向上的硬度分布

与熔合线距离/mm	-0.553	0.540	1.098	1.464	2.030	2.477	2.936
硬度 HV	242	514	792	988	1064	1310	1206

由于 TiB_2 的熔点很高，因此，涂层表面优先凝固；而涂层底部，由于基体金属的导热作用，也优先凝固，从而造成涂层中间的凝固滞后，使得其中的气体和杂质不易排出，形成

气孔和夹杂，如图 7-39 所示。这种涂层内部的夹杂，严重时，也能造成涂层的脱落。为了排出熔池中的气孔和夹杂，应当使熔池停留时间长一些，以便使气体和杂质尽可能地排出去。所以，热输入不可太小。

（3）TiB₂ 涂层的抗氧化性   图 7-40 所示为不同涂层在 900℃下的氧化增重曲线。可以看到 80FeTi-20B₄C 涂层的抗氧化性远远不如 TiB₂ 涂层。

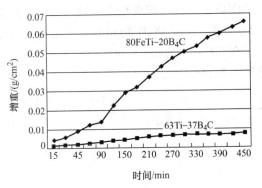

图 7-39   涂层内部的夹杂   图 7-40   不同涂层在 900℃下的氧化增重曲线

图 7-41 所示为经过 900℃高温氧化以后 TiB₂ 涂层的能谱分析。可以看到，在 TiB₂ 涂层上没有发现氧元素的存在。

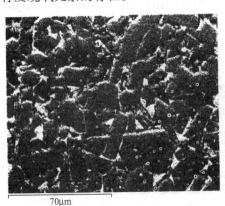

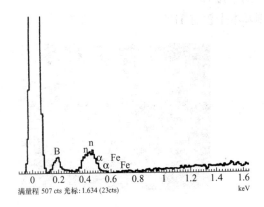

图 7-41   经过 900℃高温氧化以后 TiB₂ 涂层的能谱分析

7.3.3   Cr₂O₃-8％TiO₂ 喷涂涂层

（1）材料   粘结层材料为镍基材料，化学成分（质量分数，％）为：17～19Cr-5～6Al-余 Ni，工作涂层材料（质量分数，％）为：Cr₂O₃-8％TiO₂ 粉末。

（2）喷涂工艺   喷涂粘结层和工作涂层的参数见表 7-11，其中焊接速度为 100mm/min。喷涂粘结层厚度为 100μm，工作涂层厚度为 350～550μm。

（3）涂层粘结强度与涂层厚度的关系   涂层厚度为 350μm、450μm 和 550μm 时，其对应的涂层粘结强度分别为 29.2 MPa、11.5 MPa 及 7.2MPa。可见，涂层越厚，涂层粘结强度越低。

表 7-11 喷涂粘结层和工作涂层的参数

参 数	喷涂距离 /mm	I（喷涂） /A	v（氩气） /(L/min)	v（氢气） /(L/min)	v（送粉） /(g/min)
NiCrAl 涂层	120	700	67.1	23.1	23.7
Cr_2O_3-8%TiO_2 涂层	130	800	67.1	27.2	47.2

（4）涂层表面显微硬度与涂层厚度的关系 涂层厚度为 350μm、450μm 和 550μm 时，其对应的涂层显微硬度分别为 2528HV、2190HV 及 1930HV。可见，涂层越厚，涂层显微硬度越低。

（5）涂层空隙率与涂层厚度的关系 涂层厚度为 350μm、450μm 和 550μm 时，其对应的涂层空隙率分别为 3.8%、3.95% 及 4.45%。可见，涂层越厚，涂层空隙率越高。

参 考 文 献

[1] 山口正治，马越佑吉. 金属间化合物 [M]. 丁树深，译. 北京：科学出版社，1991.

[2] 中国机械工程学会焊接学会. 焊接手册：材料的焊接 [M]. 3 版. 北京：机械工业出版社，2008.

[3] 任家烈，吴爱萍. 先进材料的焊接 [M]. 北京：机械工业出版社，2000.

[4] 刘庆瑢. NiAl 基 IC6 高温合金工程应用研究 [J]. 航空材料学报，2003 (10)：209 – 214.

[5] 王灿明，孙宏飞，万殿茂，等. 高温扩散法制备铁铝金属间化合物涂层 [J]. 材料保护，2003 (3)：35 – 37.

[6] 陈瑶，王华明. 激光熔敷 TiC 增强 FeAl 金属间化合物基复合材料涂层磨损性能研究 [J]. 稀有金属材料与工程，2003 (10)：840 – 843.

[7] 冯拉俊，惠博，梁天权. 等离子喷涂 FeAl-Al_2O_3 梯度陶瓷涂层的性能研究 [J]. 表面技术，2005 (2)：15 – 17.

[8] 宫文彪，陈光，刘威，等. 电弧喷涂 Cr_3C_2 增强 Fe-Al 涂层的组织和性能 [J]. 材料热处理学报，2007 (6)：139 – 142.

[9] 陈汉存，许麟康，刘正义. 等离子喷涂 ZrO_2 热障碍陶瓷涂层 [J]. 兵器材料科学与工程，1992 (10)：6 – 11.

[10] 陈汉存，刘正义，庄育智，等. SiO_2 添加剂对等离子喷涂 ZrO_2 涂层结构和性能的影响 [J]. 材料科学进展，1992 (4)：146 – 150.

[11] 肖川，王惜宝，刘舒. 等离子堆焊原位合成 TiB_2 基涂层及其抗高温氧化性能研究 [J]. 中国表面工程，2008 (6)：13 – 17.

[12] 石中泉，王惜宝，王晓锋. 原位合成的硼化物类高温陶瓷涂层的研究 [J]. 焊接技术，2004 (6)：26 – 27.

[13] 段忠清，张宝霞，王泽华，等. Cr_2O_3-8%TiO_2 等离子喷涂层结合强度、表面状态和喷涂层厚度之间的关系 [J]. 材料保护，2010 (1)：60 – 61.

[14] 叶雷，毛唯，谢永慧，等. 定相凝固合金 IC10 瞬态液相（TLP）扩散焊接头组织研究 [J]. 材料工程，2004 (3)：42 – 44.